VOLLSTÄNDIGES

HANDBUCH

DER

ORYKTOGNOSIE

VON

HENRICH STEFFENS

Zweiter Theil.

HALLE
IN DER CURTSCHEN BUCHHANDLUNG
1815.

VORREDE.

Als ich den ersten Theil des Handbuchs vollendet hatte, erhielt ich einen Ruf nach Breslau. Die veränderte Lage und mancherlei Geschäfte verhinderten mich, so anhaltend an der Vollendung des Handbuchs zu arbeiten, wie ich wünschte. Der Krieg brach loss, und beschäftigte mich auf eine andere Weise. Daher erſcheint dieſer zweite Theil ſo ſpät. Sechs bis ſieben Bogen waren ſchon gedruckt vor dem Kriege. Daher ſind die neuern Entdeckungen in dieſen nicht benutzt. Erſt in dieſem Augenblick lerne ich das groſse Werk „Traité complet de la Chaux carbonatée et de L'Arragonite etc. par le Comte de Bournon. London 1808. 3 Vol. kennen. Auch Hausmanns Handbuch erhielt ich leider zu ſpät, um es für dieſen Theil benutzen zu können. Der dritte Theil wird bald nachfolgen, und das Allgemeine über die Claſſification enthalten.

METALLISCHE FOSSILIEN

DER

KIESELREIHE.

METALLISCHE FOSSILIEN

DER

KIESELREIHE.

130.

GADOLINIT, (Wr. u. H.). *Sammt*- ins *raben*-, seltener ins *pech*-Schw. beim durchscheinenden *gras*-Grn. Selten *hyacinth* R. (G. roussatre H.). In derben, oft ellipsoidischen Stücken von *Haselnuss*, selten von *Wallnuss*-Grösse. Undeutliche Spuren von Krystallisat.

(Kerngest eine schiefwinkl. 4s S. Stumpfer Winkel der Neig. der Stfl gegen einander 110°. Neig. der Endfl. gegen die stumpfe Stk. 136°. Nach Eckeberg findet man Spuren von undeutlicher Granatform, nach Hausmann Anlage zur 6s. S, nach Hauy zur 10s. S., nach Karsten undeutlich dpp. 4f. Pyr. an den abwechf. K. d. gemeinfch. Grundfl. abgeft.).

Oberfl. *uneben*, *glänzend* von *Fettgl.* — Br. *vollk.* und *grofs-mufchl.*, dann fich dem *Glasglanz* nähernd, feltener *unvollk.* und *kleinmufchl.*, dann von *Fettgl.* Zuweilen fich dem *unebenen* und *fplittr.* nähernd. — Brchft. *unbeft. eck. fcharfk.* — Zuweilen mit *fchaal- eck. körnigen* und *ftängl* abgef. St., die fchaaligen mit *concaven* Fl. — Kaum *an den Kanten drchfchnd.* — *Zieml. fchw. zrfpr.* — *Ritzt das Glas leicht, den Quarz fchwer* — *fpr.* — 4,0280 Gadolin, 4,0497 H. 4,22 Geyer, 4,2370 Kl. Die zwei letzten Angaben die ficherften. — Das Pulver *gräul. grün.*

Zerklüftet vor dem Löthrohr, bei ftarker Hitze bläht er fich auf zu einer ziegelrothen Maffe, aus welcher Glastropfen fchwitzen, und die zuletzt in eine fchwarze, dem Magnet folgfame Schlacke verwandelt wird. Yttererde 38, Kief. 31, Thon. 19, Eif. 12, Gadolin. Ytter 47,50, Kief. 25,00, Thon 4,50, Eif. 18,00, Eckeberg. Ytter 59,75, Kief. 21,25, Eif. 1750, Thon 0,50, Waffer 0,50, Kl. Ytter 38,0, Kief. 25,5, Eif. 25,0, Mangan 2,0, Kalk 2,0, Waffer u. Kohlenf. 10,5, Vq. Ytter 55,5, Kief. 23,0, Glucin 4,5, Eif. 16,5, flüchtige Theile 0,5, mit einer unwägbaren Spur von Eif. Eckeberga fpätere Analyfe.

Ist von Arrhenius entdeckt und zuerst von Geyer (Crells Annal. 1788.) bekannt gemacht. Man hielt diese Gattung erst für Pechstein, auch für Zeolith wegen seines Verhaltens vor dem Löthrohr, bis Gadolin die sie characterisirende neue Erde in ihr entdeckte. Sie ward von Eckeberg Ytterstein genannt nach dem Fundort. In der Krystallisation dieser Gattung ist noch vieles dunkel, und die oben angegebene Kerng. kann offenbar nur als eine hypothetische betrachtet werden. Obgleich ich viele ausgezeichnete Stücke zu untersuchen Gelegenheit fand, habe ich doch nie etwas anderes, als eine undeutliche Säulenform wahrgenommen, und mir, wie Hausmann, gelang es nie Spuren der krystallinischen Structur zu entdecken. Der Gadolinit hat grosse Aehnlichkeit mit dem undurchsichtigen Obsidian, unterscheidet sich aber durch die geringere Tiefe der sammtschwarzen Farbe, durch die weniger scharfkantigen Bruchstücke, und vorzüglich durch weit geringeres specifisches Gewicht. Viele Aehnlichkeit hat er auch, nach Hausmann, mit seinem muschlichen Glimmer, geringere mit phosphors. Eisen, chromsaurem Eisen und Uranpecherz. Desto grössere Verwandtschaft aber mit Tantal und Ytterotantal, wovon unten ein Mehreres. Die genaueste Beschreibung, der ich auch hier gefolgt bin, verdanken wir Hausmann. Nach ihm könnte man vielleicht den rothen als eine Unterart absondern, da er nicht allein durch die hyacinthrothe Farbe, sondern auch durch den unvollkommen kleinmuschligen, fettglänzenden Bruch unterschieden wird. Die grosse Verschiedenheit in den Analysen rührt wohl daher, daſs die Chemiker, die mit der Yttererde so übereinstimmende Glucine nicht unterschieden haben; wenigstens zeigt sich, wenn man dieses annimmt, eine grosse Uebereinstimmung zwischen Eckebergs letzter und Klaproths Analyse. Die Einwirkung auf den Magneten, die Hauy anführt, hat Hausmann nicht bestätigt gefunden.

Fundort. Bis jetzt nur Schweden. Am ausgezeichnetsten in Roslagen, drei Stunden von Stockholm, auf einem Feldspathlager in neuerm Granit; ausserdem bei Finbo, in der Nähe von Fahlun, in Granit mit Pyrophysalith, Zinnstein und einem Fossil, welches wahrscheinlich eine Abart vom dichten Fluſs ist. Klaproth hat einen Gadolinit (Beitr. 5. p. 175.) analysirt, angeblich aus Bornholm. Die Analyse stimmt mit der oben angeführten des schwedischen Gadolinits fast ganz überein. Unwahrscheinlich ist dieses Vorkommen nicht, da der Granit auf Bornholm auf allen Fall als eine Fortsetzung der Formationen Schwedens zu betrachten ist.

Hauy 3. p 177. Reuſs a. a. p. 7. Brochant 2. p 512. tabell. Uebers. p. 26. und n. 78. Karsten p. 22.

und n. 3. p. 87. Brongniart 1. p. 267. Tabl. compar. p. 47. und no. 60. p. 192. Hausmann in Webers Beitr. z. Naturkunde 2. p. 81. Leonhard topogr. Min. I. 291.

Anmerkung. Nichts zeigt deutlicher, wie durchaus die Willkührlichkeit bei der Anordnung der Fossilien vorwaltet, als die, in der That unnatürlichen Trennungen, die durch die einmal angenommene Classen-Bestimmung veranlaſst werden. Da man bis jetzt allein die chemischen Kennzeichen benutzte, um die Classen zu bestimmen, so schien freilich die Classe der Metalle vorzüglich genau bestimmt zu seyn, und man brauchte nur den überwiegenden Metallgehalt, und mit diesem das zunehmende specifische Gewicht zu kennen, um den Platz des Fossils mit Bestimmtheit angeben zu können. Dennoch traten mehrere Fossilien hervor, die allen Kennzeichen nach eher den erdigen als metallischen Fossilien anzugehören schienen, und so ward der Sphen, der Dioptas, der Anatas von Hauy zu den erdigen, von Werner zu den metallischen Fossilien gerechnet. Am unnatürlichsten ist die Trennung des Gadolinits von dem Tantal und Ytterotantal, mit welchen er im äuſsern Vorkommen wie in den Bestandtheilen so genau übereinstimmt. Seit der Entdeckung der Metallität der Erden, und so vieler anderen nicht erwarteten Verhältnisse, die in den Schlüssen, die man aus den chemischen Analysen mit so groſser

Sicherheit zog, eine bedeutende Revolution herbeizuführen droht, ist die chemische Grundlage der Mineralsysteme in dem innersten Grunde erschüttert, und diejenigen, die das veraltete Gebäude stehen lassen, es aber hie und da auszubessern suchen, indem sie an der Stelle der schwankenden chemischen Analysen, Versuche mit dem Löthrohr setzen, oder alles Chemische verschmähend sich nur an die äussere Gestalt halten, was dennoch, aus Respect gegen das Herkömmliche, keiner mit vollständiger Consequenz zu thun wagte; beurkundete, durch die Unsicherheit ihres Verfahrens, die Baufälligkeit des Gebäudes immer mehr und mehr, was allerdings als ein Verdienst anzusehen ist, weil in der Mineralogie diejenige Umwälzung immer bestimmter herbeigeführt wird, die diese Wissenschaft in ihrer lebendigen Verbindung mit dem übrigen Theil der Naturwissenschaft überhaupt, immer mehr fordert. Da ich *hier* nur die gegenwärtige Lage der Oryktognosie schildern will, so ist es mir hinreichend, auf das Schwankende der Grundlage aller Systeme aufmerksam zu machen, welches weder durch die Chemie, die selbst in gährender Entwickelung begriffen ist, noch durch das Compositum äusserer Kennzeichen, durch welche die Gattungen oft, wenn sie allein angewandt werden, unnatürlich vervielfältiget werden, noch durch einseitige Betrachtung der kryſtalliniſchen Struktur, durch welche das Eigenthümliche, der Mannichfaltigkeit der Betrachtung ſchadend, innerhalb zu enger Schranken eingeſchloſſen wird, am wenigſten durch logiſche Kunſt, die ohne lebendige Anſchauung als Leiterin, die unnützeſte von allen iſt, gehoben werden kann. Erſt müſste man ſcharf unterſuchen, was Gattung, was individuelle Geſtaltung, und ob ein wahrhaftes Syſtem der Oryktognoſie möglich ſey, wozu hier indeſſen nicht der Ort iſt. Unter dieſen Umſtänden, und um das einmal, wenn gleich willkührlich angenommene, nicht durch neue Willkührlichkeit zu verdrängen, habe ich die obengenannten Foſſilien, die früher unter die erdigen Foſſilien gerechnet wurden, deswegen zu den Metallen gezählt, weil in der letzten Zeit auch Hauy ſie, wie Werner dahin rechnet. Zu den metalliſchen Foſſilien der Kieſelreihe könnte man aber, nach der gegenwärtigen Lage der Wiſſenſchaft, ohne allen Zweifel, mit Recht den Ilvait (I. 91. p. 356.) mitrechnen.

ANHANG ZUR KIESELREIHE.

131.

Baikalith (Sewergin) *oliven*-Grn. auch *leber*-Br. kryſtalliſ.

1) Primitiver (Kerng. eine S. mit rhomboidalen ſchiefangeſetzten Grundfl. (T. LIV. f. 139.) einer rechtwinklichen nahe, gröſster Winkel der Stfl. 92° 18. kleinſter 87° 42′. Die S. ſowohl nach der Richtung der groſsen, als nach der Richtung der kleinen Diagonale der Grundfl. in vier kleine ſchräge 3ſ. S theilbar. Die Schnitte parallel mit mit den Grundfl. ſelten deutlich wahrzunehmen, integr. Molec. ſchräge 3ſ. S. Alſo die Kerng. des Augits und Diopſits (1. 88. p. 340. no. 89. p. 349.).

2) Octaëdriſirter no. 1. mit abgeſt. Stk. Neig. der Abſtfl. der ſtumpfern Stk. gegen die Stfl. 133° 51, der Abſtfl. der ſcharfen Stk. gegen die Stfl. 136° 9′. (Die breitern Stfl gehören der Kerng.).

Die Kryſtalle von *mittlerer Gröſse* und *groſs*, *glatt*, zuweilen *der Länge nach geſtreiſt* — *glänzend*, von *Glasgl.* — inw. *wenig glänzend* — Hauptbruch, *unvollk. blättr. von 2ſ. faſt rechtwinkl. ſich ſchneidenden Drchg.*, der Querbr. *muſchl.*, ins *ſplittr.* — Brchſt. *unbeſt. eck.*

stumpfk. — an den Kanten drchschnd. — ritzt kaum das Glas (Harte des Pyroxens) — *spr.* — *nicht snd. schwer zrspr.* — 3,200 Sewergin.

Schmilzt zu einem dunkelgrünen Glas. Kies. 44, Talk 30, Kalk 20, Eis. 6. Lowitz.

Dieses Fossil, zuerst von Laxmann entdeckt, ward bald für Schörl, bald für krystallisirte Hornblende gehalten. Weder Hauy noch Werner hacen es in ihren Systemen erwähnt, obgleich es seit zwanzig Jahren öfters in den mineralogischen Schriften vorkömmt. Ein grosser, schöner Krystall, no. 2. in der Jenaischen Sammlung, überzeugte mich, dass das Fossil dem Augit verwandt sey, und die Neigung der Abstumpfungsflächen gegen die Seitenflächen, die vollkommen mit denen des octaëdrisirten Augits übereinstimmte, so wie die schiefangesetzten Endflächen, waren mir ein Beweis, dass die Kerng. die des Augits sey, mit welchem das Fossil auch in Farbe, Härte und Schwere ganz übereinstimmt. Ich vermuthe daher, dass man dem Baikalith mit dem Augit vereinigen muss. Dass die Kerng. die des Augits sey, hat auch Weiss durch genauere Untersuchung gefunden, wie ich aus mündlicher Mittheilung weiss. Eine wiederholte vergleichende Analyse muss zeigen, ob das Verhältniss der Bestandtheile wirklich so abweichend ist, als es bis jetzt erscheint.

Fundort. Bricht am Ausfluſs des Schamankabaches in den Baikalſee auf einem Kalkſpathgange. Ob das Foſſil, welches, nach Leonhard, auf dem Glockner vorkömmt, hierher gehört, können wir nicht beſtimmen.

Sewergin. Crells Beitr. zu den chemiſchen Annal. 5 B. p. 406. Kirvan 2. p. 235. Reuſs 2. 1. p. 172. tabell. Ueberſ. p. 42. und no. 76. VII. Karſten p. 44. Leonhard topogr. Min. I. 35.

132.

Anmerk. Wir erwähnen hier diejenigen Foſſilien, die Sauſſure im Journ. d. Phyſique 1794. T. I. p. 325. in ſeinem Aufſatz: ſur les collines vulcaniques de Brisgaw als unbekannte aufgeführt hat. Wohl wiſſen wir, daſs dieſe Foſſilien nicht die Aufmerkſamkeit der Naturforſcher weiter auf ſich gezogen haben, und auſser dem nouveau Dictionnaire d'Hiſtoire naturelle, Paris 1805, und Leonhards tabellariſcher Ueberſicht, ſind uns keine Schriften bekannt, in welchen ſie angeführt würden. Auch hier findet man nur die Sauſſuriſche Beſchreibung, und dieſe iſt viel zu unvollkommen, als daſs ſie im Stande wäre, die angeführten Foſſilien als wahrhaft neue Gattungen uns erkennen zu laſſen. Wir folgen aber hier, wie bei den meiſten nachfolgenden Foſſilien, dem ſchon öfters aufgeſtellten Grundſatz, alles, was zur genauern Beſtimmung zweifelhafter Subſtanzen reitzen kann, zweifelhaft und abgesondert anzuführen, ein Grundsatz, der bei der noch immer herrschenden Unbestimmtheit und Willkührlichkeit in der Festsetzung der Gattungen, von grosser Wichtigkeit ist.

1) Chusit. *Wachs*-Glb. ins *grünliche.* — *Kleine nierenförmige* St. — *Glatt, wenig glänzend, schwacher Wachsgl.* — Brchst. *unbest. eck. wenig schrfk.* — *drchschnd* — *weich* — *l. zrspr.*

Leicht schmelzbar, giebt ein blasiges Email. Wird vom Kali leicht ohne Brausen aufgelöst, von Säuren wenig angegriffen.

Fundort. In den kleinen Höhlungen eines porphyrartigen Gesteins (Lava nach Saussure) bei Limburg in Breisgau.

Saussure. Journ. d. physique 1794. T. I. p. 340. tabell. Uebers. p. 42. Leonhard topogr. Min. III. 37.

Anmerk. Ein anderes Fossil, von Saussure Sideroklepte genannt, hat mit dem Chusit viele Aehnlichkeit, die nierenförmigen St. scheinen concentrisch abges. St. zu zeigen, besonders aber zeigt es vor dem Löthrohr bedeutende Abweichung, indem es sehr schwer, und nur in grosser Hitze schmilzt, a. a. O. p. 345.

2) Limbilit. *Honig*-Glb. ins *Braune.* — *In kleinen Körnern eingespr.* — *Glänzend, wenig gl., schimmernd* (von eingespr. Hornblende) — Br. *muschl.*, ins *splittr.* — *Drchschnd. an den*

Kanten. — *Weich an Halbhärte gränzend* — *l. zrſpr.*

Schmilzt leicht zu einem dichten ſchwarzen Email. Die Säuren ſind ohne Wirkung.

Fleuriau findet zwiſchen dieſen Gattungen und ſeinem Semelin einige Verwandtſchaft, doch unterſcheiden ſie ſich durch äuſsere Kennzeichen und Verhalten vor dem Löthrohr, Journ. der phyſ. T. LI. p. 453.

Fundort. Eingeſprengt in der Gebirgsart des Chuſits.

Sauſſure a. a. O. p. 341. tabell. Ueberſ. p. 43. Leonhard II. 211.

133.

DIASPORE, (Hauy). *Aſch*-Gr. — *derb* — *glänzend* von *Perlmuttergl.* — Br. *dicht* — Spuren von Drchg. deuten auf eine Rhomboidalſäule, die durch einen Drchg. nach der Richtung der kleinen Diagonalen der Grundfl. in zwei 3ſ Prismen getheilt wird. Die Stfl. der S. bilden Winkel, wahrſcheinl. von etwa 130° und 50°. Aber die parallelen Drchg. ſind zu undeutlich, daher die Beſtimmung unſicher. — Brchſt *unbeſt. eck.* — *krummſchaal. abgeſ. St.* — *drchſchnd.* — *ritzt das Glas* — 3,4324. H.

Kniſtert, der Flamme ausgeſetzt, und zerſpringt durch eine plötzliche Exploſion in eine unendliche Menge von kleinen Splitterchen, die nach allen Seiten fortgeschleudert werden, und so, vermöge der Zurückstrahlungen der perlmutterartigen Facetten, eine Art von Funkensprühen in der Luft hervorbringen. Daher die Benennung. Erhitzt in einem bedeckten Tiegel, verwandelt er sich in glänzende Schuppen, denen der Boraxsäure ähnlich. — Thon 80, Eis. 2, Wasser 17 — 18. Vq.

Leliévre hat zuerst auf dieses Fossil aufmerksam gemacht. Merkwürdig ist die grosse und überraschende Uebereinstimmung dieses Fossils, in Rücksicht seiner Bestandtheile, mit dem Saphir und Korund, bei einer so bedeutenden Abweichung in der Struktur und in dem Verhalten vor dem Lörhrohr. Dieses zwar läst sich aus der überwiegenden Menge von Krystallisationswasser erklären; die auffallend verschiedene Struktur aber auch daher zu leiten, würde offenbar zu willkührlich seyn, und wir haben hier einen Beweis, dass die Differenz der Formen tiefer liegen mag, als uns die chemische Analyse bis jetzt ahnden läst.

Hauy 4. p. 506. tabell. Uebers. p. 42. Karsten p. 102. Tabl. compar. p. 59. und p. 217. Leonhard III. 38.

134.

FIBROLIT, H. (Fibrit Bournon). Nur einmal beobachtete Bournon *eine rhomboidale Säule* von 100° und 80° — Br. *fasrig*, die Fasern wechſelnd *weiſs* und *grau.* — Wenigſtens *von der Härte des Quarzes* — 3,214. Bournon.

Der von Carnate Kieſ. 38, Thon 58,25, Eiſ. und Verl. 3,75, der aus China Kieſ. 38, Thon 46, Eiſ. 13, Verl. 8. Beide Analyſen von Chenevix.

Bournon hat die bis jetzt ſo unvollſtändigen Nachrichten von dieſem Foſſil, welches doch alle Aufmerkſamkeit verdient, geliefert.

Fundort. In der Gangart des Korunds aus dem Königreich Carnate und aus China.

Bournon Philoſoph. Trans. 1802. Journ. des Mines no 80 p. 87. Karſten p. 102. Tabl. compar. p. 60. u. 219.

135.

GABBRONIT, Schumacher. *Blaulich*-Gr. ins *lauch*- und *gräul- berg*-Grn. — *derb und eingeſpr.*—*ſehr ſchwach ſchimmernd, faſt matt* — Br. *eben* und *flachmuſchl. ins ſplittr.* — Brchſt. *unbeſt. eck. zieml. ſchrſk.* — *Stark an den Kanten drchſchnd.* — *etwas mehr als halbhart, giebt aber keine Funken, und läſst ſich nicht ritzen* — *ſchwer zrſpr.* — *mager anzufühlen, doch dem fettigen nahe* — 2,947.

Wird vor dem Löthrohr weiſs und ſchmilzt ſchwer zu einer undurchſichtigen Perle.

Iſt intereſſant wegen ſeiner ſehr wahrſcheinlichen Verwandtſchaft mit dem Sauſſurit, ſo daſs die

Gattungsbestimmung dieses Fossils manche nöthige Berichtigung durch die genauere Untersuchung des Gabbronits erhalten könnte. Das Fossil ist zuerst von Schumacher benannt und beschrieben. Die Verwandtschaft mit den Saussurit vermuthete schon Reuss, eben so Hauy. Uns ist das Fossil unbekannt.

Fundort. Der graue kömmt selten bei Arendal in der Kenliggrube mit Hornblende und Kalkstein, der gräulich-berggrüne im Friedrichwärner grosskörnigen Syenit vor.

Schumacher Verzeichniss der dänisch-nord. Mineral. p 23. Reuss 2. 2. p. 568. Tabl. compar. p. 61 u. 220. Leonhard I. 291.

136.

ILYN. *Perl-asch-rauch*-Gr., seltener *fleisch*- und *mordore*-R. — *derb* — Oberfl. *uneben*. Zuweilen *rauh*, inw. *matt* — Br. *uneben* ins *kleinsplittr.* — Brchst. *unbest. eck. nicht sndr. schrfk.* — *undrchstg. wenig an den Kanten drchschnd.* — Strich *weisslich* — *halbhart, dem Weichen nahe* — *nicht snd. spr.* — *nicht snd. schwer zrspr.* — *Giebt beim Anhauchen einen Thongeruch* — *hängt wenig oder nicht an der Zunge* — *mager* und *ziemlich kalt im Anfühlen* — *nicht snd. schwer.*

Kömmt als Grundmasse vieler Gebirge auf beiden Rheinseiten vor, unterscheidet sich von Thon und Thonstein durch leichtere Schmelzbarkeit. Man findet ihn nicht als einfaches Gestein, sondern nur als zusammengesetzte Gebirgsart, er enthält Feldspath, Hauyne u. s. w., und soll in Basalt, Wacke und Feldspath übergehen. In wie fern er verdient als eigenthümliches Fossil betrachtet zu werden, müssen genauere, besonders geognostische Untersuchungen bestimmen.

Nöggeraths mineral. Studien p. 16. Taschenb. 3. p. 133.

137.

KEFFEKILITH. *Perl*- Gr. ins *bläul.* — in *grossen Massen*, die zuweilen *nierenförmige* mit einem grünl. Rand umzogene St. einschliessen — *matt* oder *schimmernd* (von eingeschlossenem Glimmer) — Br. *splittr.* oft *muschl.* — Brchst. *unbest. eck. nicht snd. schrfk.* — *undrchsfg.*, *auch an den Kanten drchschnd.* — *weich* — *l. zrspr.* — *Fett anzufühlen* — *hängt etwas an der Zunge* — 2,400. John.

Wird durch Calcination so hart, das er Glas schneidet. Kies. 45,00, Thon 14,00, Kalk 2,25, Eis. 12,25, Natron 1,50, Wasser 22,00, Mangan, Chrom, Talk und Verl. 3,00. John. Die kleine Menge des Fossils erlaubte von den letztgenannten

Substanzen nur eine ohngefähre Schätzung. Die Analyse scheint kaum zuverlässig.

Man rechnete dieses Fossil zum Thonstein, Meerschaum, Steinmark. Ob es eine eigene Gattung sey, mag eine genauere Untersuchung ausweisen.

Fischer in den Memoires de la Société des naturalistes de Moscou 1. 60. Taschenb. 3. p. 134 Leonhard III. 101.

138.

LYTHRODES. *Mordore-* ins *bräunl* R., durch *fleisch*-R. ins *gelbl-* und *blass*-Br., hin und wieder *isabellgelb* und *grünlich gefleckt* — *derb und eingesprengt* — Hauptbr. *fettigschimmernd*, Querbr. *matt* — Br, *uneben* ins *splittr.*, doch *versteckblättr mehrf. Drchg.* — Brchst. *Anlage zum Regelmäfsigen* — *körnig* abgeſ. St. Absndrfl. *rauh*, *sammtartig* — *undrchsig.* höchstens *an den Kanten drchschnd.* — *weisser Strich* — *halbhart im hohen Grade* — *zieml. l. zrspr.* — 2,510.

Kies. 44,62 Thon 37,36, Kalk 2,75, Natron 8,00, Wasser 6,00, Eis. 1,00, Verl. 0,27. John.

Dieses Fossil ist nur von Karsten beschrieben.

Fundort. Friedrichwärn in Norwegen in dem dortigen Zirkonsyenit.

Karsten Magazin der Berl Gesellsch. naturf. Fr. 4. 1, p. 78. Taschenb. 5. p. 155.

139.

MELILITH. *Wein-honig*-Glb. ins *hyacinth*-R., oft mit einem bräunl-R. Ueberzug. *kryſtalliſ.* — 1) in Würfeln; 2) enteckter no. 1. mit zwei einander gegenüber ſtehenden abgeſt. Eck., ſelten alle vier Ecken abgeſt. 3) Octaëdr. Die Neig. der Flächen einer Pyr. gegen die andere ſchien auf einer Seite 115°, auf einer andern 70°; 4) no. 2. keilförmig, wodurch ein Prisma von 115° und 65°; 5) no. 3. die ſpitze Stk. abgeſt. — Die Kryſt. ſind *klein* und *ſehr klein* — Br. *undeutl. blättr.* — Inw. *glänzend* von *Glasgl.* — *Halbdrchſig.* — *giebt mit dem Stahl Funken.*

Schmilzt ohne Aufwallen zu einem durchſichtigen Glas. Das Pulver, in Salpeterſ. geworfen, giebt eine ſchöne durchſichtige Gallert.

Dieſes von Fleuriau de Bellevue in der römiſchen Trappformation entdeckte Foſſil ſcheint viele Aehnlichkeit mit den Spinellin und Spinellan von Noſe und Nöggerath zu haben, und dürfte, nach der Analogie der Kryſtalliſation, und den äuſsern Kennzeichen, die wir an ſehr kleinen Kryſtallen wahrzunehmen Gelegenheit hatten, zur Familie der Spinelle gehören. (Vergl. 1. p. 20. u. f.).

Fundort. Capo de Bove bei Rom in Baſalt mit Leucit, Meionit, Augit u. ſ. w.

Fleuriau Journ. d. physique T. LI. 1800. p. 455. tabell. Uebers. p. 43. Tabl. compar. p. 64. Leonhard II. 273.

140.

PETALITH, *röthl-* zuweilen *gräul-*W. — *derb* — *schimmernd*, auch *wenig glänzend*, dann von *Perlmuttergl.* — Br. *grob- klein-* auch *zartschuppig-blättr.*, *1 f. Drchg.* — Brchst. *unbest. eck.*, *wenig schrfk.* — *grob-* und *kleinkörnig abges. St.* — *an den Kanten wenig drchschnd.* — *ritzt das Glas und giebt kaum Funken mit dem Stahl* — *sehr l. zrspr.* — 2,620. d'Andrada.

Unschmelzbar.

Dieses Fossil hat d'Andrada beschrieben.

Fundort. Schweden bei Uitön, Sahla und Fingrube bei Nyökoparberg.

d'Andrada in Scherers allg. Journ. d. Chem. 4. 3. p. 36. Reuss a. a. p. 494. tabell. Uebers. p. 43. Karsten p. 30. und no. 16. p. 89. Leonhard II. 273.

141.

SPINTHER. *Grünl-*Gr. — *kryſtallis.* (Kerng. unbekannt).

1) Dekaëdrischer (T. LXXXVI. f. 240.), eine irregulaire, dpp. 4s. Pyr. mit geschobener, gegen die Pyr. schief stehender gemeinsch. Grundfl., ungleich stumpfer Neig. der Flächen einer Pyr. gegen zwei gegenüberstehende Stk., sehr starker Neig.

an der gemeinsch. Grundfl. und auf die stumpfen Stk. aufgeſ. sehr schiefer Abſtfg. der Endſp. Wenn man diese Kryſtalliſ. so hält, daſs die der stumpfen Stk. aufgeſ Endſp. dem Gesichte zugekehrt ist, so findet man die zwei obern, an der Endſp. angrenzenden vordern Stfl. der Pyr. mit einer Neig. gegen die Endſp. und gegen die vordern Stfl. der untern Pyr. von 153° 46′, Neig. der vordern Stfl. der untern Pyr. gegen die obere Endſp. 131° 49′, beider gegen einander 116° 22′, der vordern Stfl. der obern Pyr. gegen einander 134° 42′, Neig. der Stk. der vordern Stfl. der untern Pyr. gegen die obere Endfl. 141° 40′. Winkel der vordern Ecke der gemeinsch. Grundfl. 105° 16′, der vordern Ecke der obern Endſp. 53° 8′, der vordern Ecke der untern Endfl. 90°.

Die Kryſt. *eingewachſen* und *klein* — *ſtarkglänzend* — Br. *blättr.*, der Drchg. unbekannt — *an den Kanten drchſchnd* — *hart in geringem Grade.*

Flieſst vor dem Löthrohr ziemlich leicht für sich.

Fleuriau de Bellevue (Journ. d. phyſ. T. 51. p. 453.) hat zwischen dem Spinther und seinem Semelin Aehnlichkeit gefunden, doch auch Kennzeichen, die auf eine eigenthümliche Gattung deuten. Hauy hat den Semelin mit dem Sphen oder kieselhaltigen Titan verbunden, den Spinther aber läfst er noch unter den bis jetzt unbestimmten Fossilien stehen, obgleich, wie Weifs bemerkt, die Reduction seiner Krystallform auf die Kerng. des Sphens nicht schwer scheint, wovon bei diesem Fossil ein Mehreres. Bis jetzt kennt man nur die Hauyschen Exemplare dieser Gattung, die, dem äufsern nach auch mit dem Oxinit Aehnlichkeit haben. Wenn man die Krystalle gegen die Flamme einer Lichtkerze bewegte, so wurde ihre Oberfläche wie funkelnd, wegen einer grofsen Menge äufserst lebhafter Reflexionen des Lichts, daher die vorläufige Benennung.

Fundort. Das Departement Ifere. Eingewachsen in den primitiven Rhomboëder des Kalkspaths.

Hauy 4. p. 566. tabell. Ueberf. p. 43. Tabl. compar. p. 67. Leonhard II. 437.

142.

SUCCINIT, (Bonvoisin) — *gelbl.* fast *honig-Glb.* — *kugl. unregelmäfsige Körner, von der Gröfse einer Erbfe oder Bohne, zerstreuet und schichtenmäfsig zusammengehäuft* — äufserl. *matt,* inw. *glänzend* — Br. *körnig* — Brchst. *unbest. eck. schrfk.* — *drchschnd. in dünnen Splittern drchstg.* — *ritzt den Kalkspath, aber nicht das Glas, giebt auch keine Funken* — *l. zrspr.*

Giebt vor dem Löthrohr ein schwärzliches Glas.

Fundort. Departement Po im Thale von Viu an dem Gipfel Calcante in einem Lager von Serpentin.

Bonvoisin Journ. d. Phys. T. 62. p. 409. Taschenb. 1ster Jahrgang p. 267. Leonhard II. 462.

143.

TRIKLASIT. Schmutzig *oliven*, seltner *öl*-Grn. Dunkler äusserl. als innerl. *krystallis.*

1) Prismatischer, eine geschobene 4s. S., zuweilen an den Ecken schräg abgest., die Abstgfl. auf die stumpfen Stk. aufges.

2) Hexaëdrisirter no. 1., die scharfen Stk. zugeschrft. oder abgest., ausserdem mit verschiedenen Abstg. der Endk. und Ecken.

Die Krystalle sehr klein, und ihre Oberfl. und Kanten, besonders die Endk. wie *geschmolzen*, die Stfl. der stark geschobenen 4s. S., so wie die Abstgfl. der Stk. derselben *gefurcht.* — Oberfl. *glatt* und *wenig glänzend*, oft *firnissartig* — inw. auf den Bruchfl. *matt*, auf den Spaltungsfl. *glänzend* von *Glasglanz* — Br. *sehr fein splittrig*, dem *unebenen nahe* — *undrchsig.*, nur in dünnen Splittern *sehr wenig an den K. drchschnd.* —

weich,

weich, dem Halbharten nahe — weisser Strich — nicht sonderlich schwer.

Wird vor dem Löthrohr weiss und schmilzt schwer zu einem weissen Email. Seine Hauptbestandtheile scheinen Kiesel und Thon zu seyn.

Wallmann, ein Geschworner in Fahlun, hat dieses Fossil entdeckt, Hausmann es zuerst beschrieben. Der letztere findet keine nahe Verwandtschaft zwischen diesem und irgend einem andern Fossil. Das Struktur-Verhältniss scheint ihn zwar dem Epidot nahe zu bringen, aber die meisten übrigen Kennzeichen weichen gar zu sehr ab.

Fundort. Fahlun auf den tiefsten Punkten der grossen Kupfergrube, in Quarz, eingewachsen in Bleiglanz und oft diesen einschliessend, dann auch auf Insiö-Gesenk tief unter Tage in reichen Kupferkies eingewachsen.

Hausmann, Molls Ephemer. IV. 3. p. 396. Taschenb. 3. p. 151. Leonhard III. 104.

144.

WAWELIT. (Babington und Karsten. Hydrargilit Davy). *Gräul- grünl-* W. ins *spargel-* Grn., bei anfangender Verwitterung *gelblich gefleckt—traubig* und *kuglig*, die Oberfl. *drusig*, bestehend aus äusserst kleinen mikroskopischen Krystallen, nach

Davy ſäulenförmige, nach Karſten 4ſ. Tafeln — äuſserl. *glänzend*, inwend. *bis ins ſtarkglänzende. Perlmuttergl.* — Br. *ſchmalſtrahlig*, theils *ſtern*- theils *büſchelförmig auseinander laufend* — Brchſt. *keilförm.* — *groſs- und grobkörnig* abgeſ. St. — *drchſchnd.* — *weich* — *ſpröde* — 2,700. Davy.

Verliert vor dem Löthrohr Härte und Durchſichtigkeit. Thon 71,50, Waſſer 18,00, Eiſ. 0,50, Kl. Thon 70,0, Kalk 1,4, Waſſer 26,2, Verl. 2,4. Davy. Er ſieht die Kalkerde als zufällig an.

Dieſes Foſſil iſt von Dr. Wawell entdeckt und zuerſt von Davy beſchrieben. Eine genauere Beſchreibung verdanken wir Karſten. Die bedeutende Waſſermenge ſcheint es mit dem Steinmark und der Walkerde (1. 65. p. 246, und 66. p. 250.) zu verbinden, ſo wie mehrere Kennzeichen. Der erdige Talk nach Werner enthält zwei Foſſilien, die, ihren Beſtandtheilen nach, ſehr von einander verſchieden ſind. Den von Meroniz hat Karſten, ohne allen Zweifel mit Unrecht, unter der Benennung *ſchuppiger Thon*, mit dem gemeinen Thon verbunden (1. p. 202.), den von Freiberg, der nach Karſten *ſchnee*- W. iſt — *wenig zuſammengebacken*, mehr *körnig* als *ſchuppig* — *perlmutterartig ſchimmernd* — *leicht* — *zieml. ſtark abfärbend* — *ganz mager anzufühlen* — verbindet er, unter dem Namen *erdiger*

Wawelit mit dieſer Gattung, vorzüglich dazu bewogen durch Johns Analyſe, nach welcher dieſes Foſſil aus Thon 81,00, Waſſer 13 50, Talk 0,83, Kalk 4,00, Kali 0,50 beſteht. Uns ſcheint dieſe Verbindung, ſelbſt den äuſsern Kennzeichen nach, nicht ganz ohne Grund. Hydrargilit hat Davy das Foſſil genannt, um die ausgezeichneten Beſtandtheile anzudeuten.

Fundort. Devonſhire in einem Steinbruche bei Barnſtaple als Ausfüllungsmaſſe der Höhlungen eines Thonſchiefers, den es zugleich in zarten Adern durchzieht. Ein den Beſtandtheilen nach ähnliches Foſſil bei St. Auſtle in Cornwallis, hat Gregor zerlegt, und Humboldt hat den Wawelit von Hualgayock in Südamerika, wo er mit Graugültigerz vermengt vorkömmt, mitgebracht.

Bibliotheque brittannique 1805. no. 239. p. 303. Karſten Magaz. d. naturf. Fr. in Berlin 2. p. 3. Karſten p. 48. und no. 60. p. 93. Taſchenb. 2. p. 228 und 3. p. 153. Leonhard III. 104.

Anmerk. Einige bis jetzt ungenannte Foſſilien, die theils nichs zerlegt und zu unvollſtändig beſchrieben, theils bloſs zerlegt, aber kaum, den äuſsern Kennzeichen nach angedeutet worden, ſind folgende:

1) Ein Foſſil bei Friedenfels in der Oberpfalz — *ſmaragd-* und *gras-*, an der äuſsern Oberfl.

zuweilen in *lauch*-Grn. selten *grünl*-Bl. — kryſtalliſ. in rechtwinkl. und geschobenen 4ſ. S. mit vollkommen abgerundeten Enden, (die Abdrücke verwitterter Kryſtalle in der Gebirgsart lieſsen auf eine 4ſ. Zuſpg. ſchlieſsen), die ſtumpfen Stk. der verſchobenen S. abgeſt., die Stfl. zuweilen *convex*. — Die Kryſtalle *ſehr klein* und von *mittlerer Gröſse*, zuweilen *büſchel*- und *ſternſ.* zuſammengehäuft — die Oberfl. *rauh* und *ſchuppig*, die Kanten meiſt *abgerundet* — auſsen *wenig glänzend*, inw. *glänzend* von *Fettgl.* — Br. *ſplittr.* dem *verſtecktblättr.* nahe — *undrchſtg.*, ſelten *an den Kanten drchſchnd.* — *weich*, *oft ſehr weich* — *fett anzufühlen* — *weiſser Strich.* — Dieſes Foſſil iſt von v. Gumpenberg entdeckt und beſchrieben, und verdient genauer unterſucht zu werden. Es kömmt in einer Gebirgsart vor, die nicht genau beſtimmt iſt, nach Leonhard dem Kieſelſchiefer verwandt ſeyn ſoll. Die Aehnlichkeit ſeiner Kryſtalliſation, und beſonders ſeines Vorkommens, hat v. Gumpenberg veranlaſst, es dichten Chiaſtolith (im Gegenſatz gegen den hohlen von Gefrees 1. 115. p. 447.) zu nennen. Doch ſcheint es ſich in Rückſicht mehrerer Kennzeichen von dieſem zu unterſcheiden. Molls Ephemer. 2. 3. p. 349.

2) Ein Foſſil von Sterzing in Tyrol — *weiſs* — kryſtalliſ. in 4ſ. ſehr plattgedrcükten, an den Stk.

abgerundeten S., ſeltner in 6ſ. S. mit 2 breitern und 2 ſchmälern Stfl. und in nadelförmigen S — die Kryſt. *klein* und ſehr *klein*, häufig in Chlorit *in* und *durch einander gewachſen*, und *der Länge nach geſtreiſt* — äuſserl. *glänzend* von *Glasgl.*, dem *Fettgl.* nahe, inw. *ſtarkglänzend* — Br. *blättr.* *2ſ. Drchg.* einer im Querbr. der zweite parallel mit einer Linie, gezogen von einer ſtumpfen Stk. zur anderen. — Nach der Breite der S. iſt der Br. *uneben* ins *kleinmuſchl.* und *ſplittr.* — Brchſt. *unbeſt eck.*, *wenig ſchrfk.* dem *würflichen* nahe — *drchſchnd.*, ſelten ins *drchſtg.* übergehend — *ritzt das Glas*, *wird von dem Quarz wenig angegriffen* — *l. zrſpr.* — *nicht ſnd. ſchwer.* — Bläht ſich vor dem Löthrohr phosphorescirend etwas auf, und ſchmilzt, nicht vollſtändig, zu einer grünlichgrauen poröſen Schlacke — Bricht im Glimmerſchiefer und ſoll dem Zoiſit ähnlich ſeyn — v. Pflaunder in Molls Ephemer. 2. 3. p. 53. Taſchenb. 2. p. 243.

3) Ein Foſſil von la Boueche in Auvergne — *Bräunl*- ins *gräul*- und *grünl* Schw. — *derb* — äuſserl. *rauh* und *matt*, häufig mit einer erdigen Maſſe überzogen, inw. *wenig glänzend*, hin und wieder nur *ſchimmernd*, *Wachsgl.* zuweilen dem *Glasgl.* nahe — Br. *klein und unvollk. muſchl.* — Brchſt. *unbeſt. eck. nicht ſnd. ſchrfk.* — *undrchſtg.* — *hart*, giebt doch nur ſparſam Funken

— *fpr.* — *l. zrfpr.* — Nähert fich dem Obfidian, mit fclackenartigem, wahrfcheinlich vulkanifchem Geftein verwachfen. Ift das Foffil nicht ein umgeänderter Obfidian?—Leonhard.Magaz. d. Gefellfch. naturf. Fr. in Berlin 3. 1. p. 77. Tafchenb. 4. p. 191.

4) Ein Foffil von der Gegend zwifchen Treffelftein und Waldmünchen in der Oberpfalz — *Gräul- gelbl- röthl- milch-*, felten *fchnee-* W. auch *ifabell-* Glb. — *eingefpr.* und *in körnigen St.* bis zur Gröfse eines Hühnereies, *eingewachfen* — Längebr. *wenig glänzend* dem *Glänzenden* nahe. *Glasgl.* in Perlmuttergl. übergehend. — Querbr. *fchimmernd* dem *Glänzenden fich nähernd* von *Fettgl.* — Längebr. *zart-*, bald *grade-*, bald *büfchelförm. aus einander laufend* fafr. ins *fchmal-* ftrahl., Querbr. *uneben*, *kleinfplittr.* — *drchfchnd.*, dem *halbdrchfig. nahe*, felten *drchfig.* — *fpröde* — *weich.* — Einzeln und in parthieenweife angehäuften, meift langen Fafern, eingewachfen in Quarz, zuweilen von Schwefel- und Kupferkies begleitet. Voith. Molls neue Jahrb. 1. 1. p. 56, Tafchenb. p. 207.

Unter den Foffilien, die analyfirt, aber nicht genauer beftimmt find, finden wir ein von Berzelius analyfirtes, dem Epidot ähnliches, und mit ihm vorkommendes von Degero bei Helfingfors in Finnland. Kief. 50,0, Kalk 20,0, Talk 4,5, Eif.

21,0, Mangan 3,0, flüchtige Th. 0;6, 0,6. — Der Talkgehalt und der gänzliche Mangel an Thon unterscheidet dieses Fossil von dem Epidot (1. p. 10.). Afhandl. i Fysik 2. p. 208. Taschenb. 5. p. 169.

Ein unbekanntes Fossil von den Ufern des Kennebecks ohnweit Bath in Nordamerika, in Gneis. Es ist *rosenroth*, mit schwarzem Eisenoxyd durchzogen — ritzt das Glas stark und giebt lebhaftes Feuer mit dem Stahl — 3,800. — Scheint allerdings mit dem Korund verwandt. Kies. 38, Thon 13, Eis. 34, Mangan 14, Verl. 1. Vq.

Annal. d. Museum an. 8. 1. p. 154. Taschenb. 5. p. 153. und 171.

Ein Fossil von Glanzhammer in Nerike — *gräul.* — *durch* — hat Aehnlichkeit mit dem levantischen Werzlebieser. Kies. 77,0, Thon 14,5, Talk 4,0, Kalk 0,5, Eis. 0,5, eine Spur von Mangan. Verl. beim Glühen 2,0, Verl. 1,3. Berzelius Afhandl. in Fysik 2. p. 205.

KALKREIHE.

I.

1. Kalkstein.

a) Blättriger Kalkstein.

1) Kalkspath, (chaux carbonatée H.). *Schnee- gräul- grünl- röthl-* W., aus dem gräul- W. ins *asch- perl- grünl- rauch- gelbl-* Gr., aus dem grünl- W. ins *öl- oliven- spargel- pistazien- lauch-* Grn., aus dem röthl W. ins *fleisch- pfirsichblüth- ziegel- bräunl-* R., aus dem gelbl- W. ins *ocker- wachs honig- wein- oranien-* Glb., aus dem ocker- Glb. ins *gelbl-* Br., selten *himmel-* und *veilchen-* Bl., noch seltener, doch nur auf der Oberfl. einiger Krystalle, *schwarz.* Zuweilen ist die Oberfl. *bunt* und *mit Regenbogenfarben spielend.*

Derb eingesprengt, als Ueberzug, in *Kugeln* (im Mandelstein) *kuglicht, traubig, nierenförmig, tropfsteinartig, zellicht, rohrförmig, pfeifenröhrig*, (meiſt in Stalaktiten von blättriger Struktur) *knollicht* und ſehr häufig kryſtalliſ.

1) Rhomboëder.

a) Eigentliche.

1) Primitiver (primitif Tab. XXIII. f. 1.). Ein ſtumpfes Rhomboëder. Neig. der Fl. gegeneinander 104° 29′ 40″ und 75° 31′ 30″, ebene Winkel 101° 32′ 13″ und 78° 13′ 47″, Winkel des Hauptdurchſchnitts 108° 26′ 6″ und 71° 33′ 54″. Die rhomboidalen Bruchſtücke des ſogenannten isländiſchen Doppelſpaths ſtellen zwar die Kerngeſtalt des Kalkſpaths genau dar, ſind aber bloſs Theile derber Maſſen. Spath calcaire rhomboidal, vulgairement criſtal d'Islande D'Isle var. I. Spathum tesſulare Spec. 60. Criſtallus islandica Spec. 64. Wall. — Die integr. Molec. eben ſolche Rhomboëder.

2) Baſiſirter (Baſé 8.) no. 1. die zwei in der Diagonale befindlichen Ecken der obern und untern Grundfl abgeſt Neig. der Abſtgfl. gegen die angränzenden Stfl. 135°.

3) Gleichaxiger (equiaxe f. 2.). Ein ſehr ſtumpfes Rhomb. (eine ſehr flache dpp. 3ſ. Pyr., die Fl. der obern auf die Stk. der untern aufgeſ. nach Wr.). Die Axe iſt die der Kerng. Spath calcaire en parallelipedes rhomboidaux tres comprimés. De Lisle var. 2. Den Kryſt. als dpp. 3ſ. Pyr. betrachtet, iſt die Neig. der Stfl. der obern

Pyr. gegeneinander 134° 25′ 38″, der Stfl. der obern Pyr. gegen die untern 45° 34′ 22″, ebene Winkel 114° 18′ 56″ und 65° 41′ 4″, Winkel des Hauptdurchschnitts 139° 23′ 32″ und 40° 36′ 8″.

4) Numerischer (numerique Journ. des mines. no. 106. p. 299.) no. 3. an den Kanten der gemeinsch. Grundfl. zugeschrft. Neig. zweier Zuschrfgfl. derselben Kante gegeneinander 118° 29′ 14″, der angränzenden Zuschrfgfl. zweier Kanten gegeneinander in einer Richtung 115° 1′ 44″. in einer andern 142° 24′ 6″, der Zuschrfgfl. gegen die Stfl. 143° 32′ 39″. In den Gipsbrüchen von St. Maurice am Grunde des Puy Saint-Romain im Departement Puy de Dome.

5) Winkelvertauschender (inverse f. 3.). Ein spitzer Rhomboëder (ein etwas scharfwinklichtes vollkommenes gleichs. Hexaëder Wr.) fast das umgekehrte der Kerng. Spath calcaire muriatique. De Lisle var. 12. Als dpp. 3s. Pyr. betrachtet, Neig. der Stfl. der obern Pyr. gegen einander 78° 27′ 47″ der Stfl der obern gegen die der untern 101° 32′ 13″. Hierher gehören auch die sogenannten kryftall. Sandsteine von Fontainebleau (chaux carb. quarzifére. H.).

6) Unitairer (unitaire f. 9.) no. 5. als dpp. 3s. Pyr. betrachtet, die Stk. beider Pyr. abgest. Neig. der Abstgfl. gegen die Stfl. 129° 13′ 53″. Von Coulon bei Lyon.

7) Gürtelförmiger (zonaire f. 39.) no. 5, als dpp. 3f. Pyr. betrachtet, die Kanten der gemeinsch. Grundfl. abgest., die Ecken derselben zugeschrft. Neig. der Abstgfl. gegen die Stfl. 140° 46′ 6″, der Zuschrfgfl. gegen einander 134° 23′ 38″, der Zuschrfgfl. gegen die Abstgfl. 165° 31′ 20″.

8) Verwickelt gefügter (complexe f. 43.) no. 5. als dpp. 3f. Pyr. betrachtet, die Kanten der gemeinsch. Grundfl. zugeschrft, die Ecken derselben abgest. Neig. der Abstgfl. gegen die Stfl. 157° 31′ 15″. Findet sich bei Coulon bei Lyon mit den Krystallen var. 3.

9) Quadruplirender (quadruplant. Annal. d. Museum Cob. 2. T. 8. t. 7.) no. 5. als dpp. 3f. Pyr. betrachtet, die Kant. und Ecken der gemeinsch. Grundfl. abgest. Die Spitzen der Pyr. sehr stark abgest., die Kant. dieser Abstgfl. und der Stfl. der Pyr. ebenfalls abgest., die Ecken aber zugeschrft. Neig. der Abstgfl. der Kanten der gemeinsch. Grundfl. gegen die Stfl. 140° 46′ 6″ der Abstgfl. der Ecken der gemeinsch. Grundfl. gegen dieselben 116° 33′ 55″, der Abstgfl. der Kanten der Abstgfl. der Spitze und Stfl gegen diese 143° 7′ 48″, gegen die Abstgfl. der Spitze 153° 26′ 6″, der Zuschrfgfl. der Ecken gegen einander 159° 11′ 34″. Der Krystall kömmt auf dem Harz vor.

b) Pyramidale

α) die metastat. Krystallis. mit ihren Modificat.

10) Winkel-übertragender (metastatique f. 4.). Eine scharf- und abwechselnd gleich-winkl. vollk. dpp. 6f. Pyr., die Flächen der obern und die der untern schief aufges., gewöhnlich *Schweinszähne* genannt; dent de cochon De l'Isle t. 1. p. 530. var. 21. Die Neig. der Stfl. gegen einander sind abwechselnd 104° 28′ 40″ und 144° 20′ 26″. Die Stfl. der obern Pyr. gegen die der untern 135° 26′, die ebenen Winkel jeder Stfl., an der gemeinschaftl. Grundfl. sind = 54° 27′ 30″ und 101° 32′ 13″, der ebene Winkel an der Spitze = 24° 0′ 17″. Der stumpfe Winkel jeder Stfl. an der Ecke der gemeinsch. Grundfl., ist gleich dem stumpfen Winkel des primitiven Rhomboëders, und die Kante der gemeinsch. Grundfl. gehört der Kerng. Vorzüglich schön bei Derbyshire in England. Woll. Spec. 65. c. p. 146. T. 1. f. 4. Spathum crystallisatum hexangulare, pyramidale duplicatum.

11) Gerückter winkel übertragender (metastatique transposé). Zwillingskrystall der dpp. 6f. Pyr. nach Wr. no. 10, aber die Stfl. der obern Pyr. auf die der untern grade aufges., die abwechselnden Ecken der gemeinsch Grundfl., welche von den scharfen S k jeder Pyr. und der Kante der gemeinsch. Grundfl gebildet werden, so zugeschrft, dass die zusammentreffende Zuschrfg. der obern und untern Pyr *einspringende* Winkel bilden. Man muss sich vorstellen, dass die dpp. 6f.

Pyr. durch eine Ebene, die auf der Axe senkrecht steht, in zwei Hälften getheilt sey. Diese Ebene wird ein Zwölfeck seyn, welches mitten durch die Kanten der gemeinsch. Grundfl. und durch gewisse Punkte der stumpfern Längen und Seitenkanten gelegt ist. Nimmt man nun an, die obere Hälfte habe ihre Lage behalten, während sich die untere von der Linken nach der Rechten um den sechsten Theil des Umkreises gedreht hat, so werden die kleinen, durch die schneidende Ebene abgeschnittene Dreiecke, deren längste Seite die Hälfte der durchschnittenen Kante der gemeinsch. Grundfl. ist, sich so zusammenfügen, dass sie sechs abwechselnd ein- und ausspringende Winkel bilden, von denen jeder einspringende von vier von diesen Dreiecken gebildet wird. (Man erhält dasselbe Resultat, wenn man annimmt, sie habe sich um die Hälfte des Umkreises gedreht. Allein die obige Ansicht hält Hauy mit Recht für die einfachere. Die Polarität der Bildung, die die Gesetze der ursprüngl. Gestaltung modificirt, ohne sie aufzuheben, ist klar, dennoch aber der Grund derselben, wie bei so vielen andern Zwillingskrystallen — des Spinells, Kreutzsteins, Feldspaths, der labradorischen Hornblende — bis jetzt verborgen.

12) Binärer (binaire f. 11) no 10 an jedem Ende mit drei auf die abwechselnden Stk. aufges. Fl. flach zugesp. Neig. der Zuspgfl. gegen die Stfl.

15°, 2' 40°. Die Zuſpgfl. gehören der Kerng., und wenn dieſe wachſen, die Stfl. alſo verdrängt werden, ſcheint es nur die primitive Geſtalt an den Stk. zgſchrft. Findet ſich in der Dauphiné mit Chlorit.

13) Bisalternirender (bisalterne f. 23.) no. 10, an allen Kanten der gemeinſch. Grundfl. ziemlich ſtark abgeſt. Theilt man die Abſtpfgfl. durch eine Diagonallinie in zwei Dreiecke, ſo iſt das eine Dreieck gleichſeitig und grade noch einmal ſo hoch als das andere. Oberer Winkel des oberen Dreiecks 98° 12'46'', des niedern 60°, jeder Lateralwinkel 100° 55'37''. Findet ſich in Derbyſhire. De L'Isle t. 1. p. 536. var. 22. und p. 539. var. 24.

a) Abſtehend (diſtante) die Abſtgfl. ſo klein, daſs ſie ſich nicht berühren.

b) Prismatiſch (prisme f. 24.), die Abſtgfl. ſo ſtark, daſs ſie ſich nicht bloſs durch einen Winkel, ſondern durch eine verlängerte Stk. berühren. Alſo eine 6ſ. S. 6ſ. zugeſp. bilden.

14) Bibinärer (bibinaire f. 26.) no. 13. 3ſ. faſt rechtwinklich zugeſp., ſo, daſs die Zuſpgfl. auf den abwechſelnden ſtumpfen Stk. aufgeſ ſind. Die Zuſpg. gehört der Kerng. De l'Isle p. 543. p. IV. f. 10.

15) Analogievoller (analogique f. 34) no. 14, nur die Abſtg. der gemeinſch. Grundfl. ſtärker und

die Zuſpg. viel ſtumpfer. De l'Isle var. 26. p. IV. t. 36. Dieſe Kryſtalliſation ſpielt eine zu bedeutende Rolle in der Kryſtalliſations-Lehre des Hauy, als daſs wir nicht die Hauptmomente der Beſtimmung derſelben, wie ſie bei Hauy T. I. p. 142. ſteht, herſetzen ſollten. Die Abſtgfl. der gemeinſch. Grundfl. entſpringen aus dem Geſetz, welches bei der prismatiſchen Varietät Statt findet, die 6ſ. Pyr. gehört der metaſtatiſchen, und die 3ſ. Zuſpg. (wie bei der bibinären der primitiven) ſo hier der gleichaxigen Varietät. Der ganze Kryſtall beſteht aus 24 Trapezoiden, 6 gehören der Abſtg. 12 der Pyr., und 6 der 3ſ. Zuſpg. an beiden Enden. Die Trapezoiden der Abſtpg. laſſen ſich in zwei Dreiecke theilen, von welchen das eine gleichſeitig nnd grade doppelt ſo hoch als das andere iſt. Die Trapezoiden der Zuſpg. geben, getheilt, zwei Dreiecke, von welchen das eine obere gleich iſt der Hälfte der Flächen der gleichaxigen Varietät, das untere gleich der halben Fläche der metaſtatiſchen; die Trapezoiden der Pyr. geben zwei Dreiecke, von welchen das eine gleich iſt dem vierten Theil der Fläche des primitiven Rhomboëders. Der eine Winkel iſt daher ein rechter, wie er bei doppelter Theilung der Fläche des primitiven Rhomboëders entſtehen würde, von den entgegenſtehenden Winkeln iſt aber der eine 50° 46′ 6″, der andere 39° 13′ 54″ genau die Hälfte der correſpondirenden

Winkel des primitiven Rhomboëders. Die Neig. der Stfl. der Pyr. gegen die Abstgfl. der gemeinsch. Grundfl beträgt genau 135°, das Supplement zu der Hälfte eines rechten Winkels. Die Neig. der Zuspgfl. gegen die Stfl. der Pyr. beträgt 129° 13′ 54″, das Supplement zu 50° 46′ 6″, welches die Hälfte des stumpfen Winkels der Fläche des primitiven Rhomboëders ist. Endlich ist hier die Neig. der Stfl. der Pyr. gegen einander, wie bei der metastatischen Varietät, gleich dem Neigungswinkel der Rhomben der Kerng.

a) Prismatisirt (prismée f. 35.), wie b. no. 13.

b) Abstehend (distante) die Abstgfl. schneiden schon einen Theil der Zuspgfl. ab, und trennen abwechselnd die Stfl. der Pyr.

c) Prismatisirt und abstehend. Am häufigsten. Die Varietät findet sich in Derbyshire.

16) Subtractiver (soustractif f. 37.) no. 13, an den Enden mit 6 auf den Stfl. aufges. Fl. zugesp. Neig. zweier angrenzender Stfl. gegen einander nach einer Richtung 159° 11′ 34″, nach einer andern 137° 39′ 26″. Neig. der gemeinsch. Kante der beiden erstgenannten Fl. gegen die correspondirende Abstpgfl. der gemeinsch. Grundfl 122° 0′ 15″, der letztgenannten Fl. gegen die ihr correspondirende Abstpfgfl 116° 33′ 54″.

17) continuirender (continue f 48.) no. 14. aber die abwechselnden drei Zuspgk., welche den

schärfern Stk. correspondiren, abgest. Neig. dieser Abstpgfl. gegen die Zuspgfl. 158° 49′ 43″.

18) polysynthetischer (surcomposée f. 50.) no. 17, ausserdem die drei abwechselnden Stk. der Pyr. abgest. Dieser Krystall hat 42 Flächen.

19) Stenonomischer (stenonomique Journ. d. mines no. 133. f. 7.) no. 14, die abwechselnden Ecken der Zuspgfl. und Stfl. abgest. die Zuspgk. zugeschrft. Dieser Krystall hat 48 Flächen. Die Abstgfl. der Kanten der gemeinsch. Grundfl. sind so angewachsen, dass sie eine 6s. S. bilden und die ursprüngl. Pyr. der metastatischen Varietät, beschränkt durch die Zuspg. und Abstg. der Ecken, fast ganz verdrängen.

20) Disjunctiver (disjointé f. 38.) no. 13, die prismatische Modification dieser Varietät, stark 6s. zugesp., so dass die ursprüngl. Stfl. der metastatischen Pyr., nur als schief aufges. Abstpgfl. der 6s. Zuspg. erscheinen. Neig. zweier Zuspgfl. gegen einander nach einer Richtung 108° 53′ 14″, nach einer andern 122° 5′ 23″.

21) Additiver (additif Annal. d. Museum cah. 2. t. 8. f. 3.) no. 20, die Zuspgk. abgest. Neig. dieser Abstg. gegen die Zuspgfl. 151° 2′ 41″, der Stfl. der Pyr. gegen die starken Abstpgfl. der gemeinsch. Grundfl. 152° 6′ 52″. Findet sich in Derbyshire.

22) Wegfacettirter (emoussé f. 40.) no. 13. die abwechselnde Kante der Stfl. der Pyr. abgest. Neig. der Abstgfl. gegen die angränzende Stfl. 142° 14' 20''. De l'Isle 1. p. 537. var. 23. Findet sich in Derbyshire.

23) Binosenärer (binosenaire Annales d. Museum cah. 1. t. 3. f. 3.) no. 10. 6f. zugesp. Neig. zweier Zuspgfl. gegen einander nach einer Richtung 168° 53' 14''., nach einer andern 122° 5' 23''. Neig. der Zuspgfl. gegen die Stfl. der Pyr. 145° 33' 18''. Champeaux hat diese Varietät auf dem Simplon entdeckt.

24) Tridodecaëdrischer (tridodecaedre Annal. d. Museum cah. 2. t. 8. f. 5.) no. 10, die Ecken der gemeinsch. Grundfl. sehr stark zugeschrft, die eine Zuschrfgfl. gröfser als die andere, und zwar so, dafs die gröfsern und kleinern Zuschrfgfl. abwechselnde Reihen an der gemeinsch. Grundfl. der obern und untern Pyr. bilden. Die Pyr. 6f. zugesp., so dafs die Zuspgfl. auf die Stfl. der Pyr. schief aufges. sind. Neig. der Zuschrfgfl. gegen einander 175° 36' 5''. Die Fl. der metastatischen Pyr sind sehr zurückgedrängt. Findet sich in Derbyshire.

25) Quadridodecaëdrischer (quadridodecaedré a. a. O. t. 8. f. 6.) no. 10, an den Ecken der gemeinsch. Grundfl. schwach abgest., die Spitze der Pyr. 3f. zugesp., die Zuspgfl. auf die abwech-

felnden Stk. aufgeſ., die Kanten der Zuſpgfl. dpp. zugeſchrft. Neig. der dpp. Zuſchrfgfl. *einer* Fl. gegen einander 132° 12′ 58″, der untern Zuſchrfgfl. gegen die Zuſpgfl. 171° 11′ 49″. Die Zuſpg. gehört der Kerng. Derbyſhire.

26) Trugfügiger (paradoxal f. 42.) no. 10, an den abwechſelnden ſchärfern Stk. zugeſchrft, und an den Enden mit 3.Flächen, faſt rechtwinkl. zugeſp., die Zuſpgfl. auf den abwechſelnden ſtümpfen Stk. aufgeſ. Neig. der Stfl. der Pyr. gegen einander an den zugeſchrften Stk. 92° 3′ 10″, an den nicht zugeſchrften 153° 13′ 58″, der Stfl. der obern Pyr. gegen die der untern 153° 51′ 22″, der Zuſpgfl. gegen die Stfl. 162° 58′ 34″.

27) Aufhellender (delotique f. 46.) no. 26, die Zuſpgk. abgeſt. Dieſe Abſtgfl. gehören der Kerng.

28) Zweideutiger (ambigu, Journ. d. mines no. 133. t. 1. f. 5) no. 10. die Endſp. ſcharf 3ſ. zugeſp., ſo daſs die Zuſpgfl. auf die abwechſ. Stk. aufgeſ. ſind. Hauy zeigt zwar, daſs nach ſeiner Anſicht, die 6ſ. Pyr. aus einem andern Geſetz, als dem bei der metaſtatiſchen Varietät herrſchenden, entſpringen muſs, nach der vollkommenen Uebereinſtimmung der äuſsern Form müſſen wir ſie aber hier aufſtellen, wo man ſie ſuchen wird. Hier, wie bei no. 10, gehört die gemeinſch. Grundfl. der Kerng., aber hier treffen die weniger

ſtumpf. Stk. der Pyr. mit den Flächen der Kerng. zuſammen, wie dort die am meiſten ſtumpfen, welche merkwürdige Veränderung der Lage nicht bloſs durch Rechnung, ſondern auch durch Zerlegung gefunden iſt.

29) Sexduodecimaler (ſexduodecimale f. 22.) eine ſehr ſcharf- und ungleichwinklichte dpp. 6ſ. Pyr., die Flächen der obern, auf die der untern ſchief aufgeſ., an beiden Enden mit drei auf den ſchärfern Stk. aufgeſ. Flächen, beinahe rechtwinklicht zugeſp. Unterer Flächenwinkel der Zuſpgfl. 28° 57′ 20″, ſtumpfer Flächenwinkel der Stfl. an der gemeinſch. Grundfl. 107° 53′ 15″, ſpitzer 57° 9′ 28″, Flächenwinkel an der Spitze, wenn man ſich dieſe als nicht abgeſt denkt 14° 57′ 17″. Neig. der Stfl. gegen einander nach einer Richtung 134° 25′ 2″, nach einer andern 108° 56′ 2″. Wir geſtehen, daſs wir dieſen nicht ſeltenen Kryſtall nicht gehörig zu ſtellen wiſſen. Er iſt, wenn gleich im Aeuſsern der metaſtatiſchen Varietät ähnlich, doch durch die Winkel ganz von ihm verſchieden, und wir haben ihn hier, wo man ihn wahrſcheinlich ſuchen wird, anhangsweiſe angeführt. Daſſelbe gilt von dem nachfolgenden.

30) Doppeltpaariger (bigeminée f. 49.) eine völlig ungleichwinkl. dpp. 6ſ. Pyr. an allen Ecken der gemeinſch Grundfl. ſo abgeſt., daſs die Abſtgfl. ſchief aufgeſ. ſind, an den Enden mit 3 auf

den abwechselnden stumpfen Stk. aufges. Fl. flach zugesp., und die zwischen den Stfl. der Pyr. und Zuspgfl. befindl. Kante an der Zuspg. abgest. Neig. der Abstgfl. der Zuspg. gegen einander in einer Richtung 101° 52′ 53″, in einer andern 166° 37′ 44″, gegen die Zuspgfl. 170° 26′ 29″. Neig. der Abstgfl. der gemeinsch. Grundfl. gegen die eine Stk. auf welche sie aufges. ist 163° 4′ 21″, gegen die andere 139° 23′ 54″. Findet sich in Derbyshire.

β) Die kontrastirende Krystallisation, mit ihren Modificationen.

31) Kontrastirender (contrastante f. 5.). Eine etwas spitzwinklichte dpp. 3s. Pyr., die Fl. der obern auf den Stk. der untern aufges. Das Rhomboëder etwas spitziger als no. 5, so dass es mit no. 3. eine Art von Kontrast bildet. Neig. der Stfl. derselben Pyr. gegen einander 65° 41′ 4″ der Stfl. der obern Pyr. gegen die der untern 114° 18′ 56″, ebene Winkel 45° 34′ 22″ und 134° 25′ 38″. Winkel des Hauptdurchschnitts 40° 36′ 8″ und 139° 23′ 52″. N. 3, 1, 10 und 24 bilden zusammen eine Reihe von Gliedern, in welcher die mittleren und äussern ihre ebenen und Flächen-Winkel unter einander vertauscht haben, und dieser Tausch zwischen den stumpfesten und spitzesten, macht eine Art von Kontrast. — Wird gefunden bei Aunis, nicht weit von la Rochelle; ich kenne diese Var. vom Harz.

32) Uniternärer (uniternaire f. 16.) no. 31. die obere sowohl als die untere Spitze zieml. stark abgest. Neig. der Abstgfl. gegen die Stfl. 104° 28′ 40″.

33) Binoternärer (binoternaire f. 25.) no. 31. an allen Stk. zieml. stark zugeschrst. In Derbyshire und in Aunis nach Fleuriau.

34) Progressiver (progressif f. 41.) no. 33. die Zuschrfgk. wieder abgest. In Aunis, nach Fleuriau.

35) Duplirender (doublante f. 47.) no. 34, an beiden Enden mit drei auf die Abstgfl. der Zuschrg. aufges. Fl. ganz flach zugesp. Neig. der Zuspgfl. gegen die Abstgfl. der Zuschrfg. 43° 7′ 48″.

36) Mittlerer (moyenne Annal. d. Museum cah. 1. t. 3. f. 4.) no. 31, 3f. zugesp., die Zuspgfl. auf die Stk. aufges. Die Zuspfl. so stark, dass sie die obere Hälfte der Stfl. der Pyr. verdrängen, und bilden eine weniger spitze Zuspg. Neig. der Zuspgfl. gegen einander 18° 27′ 47″, der Zuspgfl. der obern Pyr. gegen die der untern 101° 32′ 13″, der Stfl. der obern Pyr. gegen die Zuspgfl. derselben 122° 50′ 32′, gegen die der untern 139° 23′ 56″. Diese Varietät ist zusammengesetzt, aus der contrastirenden und winkelvertauschenden, die Zuspg. gehört der letztern.

37) Ascendirender (ascendente f. 44.) no. 31, alle Stk. stark und mit zunehmender Breite abgest.,

an den Enden mit 6 Fl., wovon immer zwei und zwei, die unter sehr stumpfen Winkeln zusammenschliessen, auf einer und derselben Stfl. aufges. sind, rechtwinkl. zugesp. Neig. der Zuspgfl. derselben Stfl. gegen einander 161° 48′ 18″, der Zuspgfl. verschiedener Stfl. gegen einander 101° 32′ 13″, also gleich dem stumpfen Winkel des primitiven Rhomboëders.

38) Vierteldupliter (souquadruplé Annal. d. Mus. cah. 3. t. 8. f. 2. no. 37. eine neue 6s. Zuspg. zu der vorigen (also dpp. zugesp.), die neue Zuspgfl. auf die vorigen aufges. Neig. dieser Zuspgfl. gegen die vorigen 127° 17′ 40″. — Findet sich im Sainte-Marie aux mines.

γ) Die gemischte Krystallisation mit ihren Modificationen.

39) Gemischter (mixte f. 6.), eine äusserst scharfwinklichte dpp. 3s. Pyr. Neig. der Stfl. derselben Pyr. gegen einander 63° 44′ 55″, der Stfl. der obern Pyr. gegen die der untern 116° 15′ 5″, ebene Winkel 37° 31′ 4″ und 142° 28′ 56″. Derbyshire.

40) Birhomboidaler (birhomboidale f. 15.) no. 39, an jedem Ende mit 3 Fl., die auf Stfl. aufges. sind flach zugesp. Die Zuspgfl. gehören der Kerng.

41) Trirhomboidaler (trirhomboidale f. 27.) no. 37. an den Stk. stark abgest., so, dass die Zu-

ſpgſl. nun auf die abgeſt. Stk. aufgeſ. ſind. Neig. der Stſl. einer Pyr. gegen die Abſtgſl. der andern 154° 12′ 44″, der Abſtgſl. gegen die Zuſpſl. 149° 2′ 11″. Die Abſtgſl. gehören der kontraſtirenden Varietät.

42) Quadrirhomboidale (quadrirhomboidale Annal. d. Muſeum cah. 2. t. 8. f. 4.) no. 41. die Zuſpgk. ſo abgeſt., daſs die Abſtgſl. eine 3ſ. Zuſpg. bilden. Neig. dieſer Abſtgſl. gegen die Zuſpgſl. nach einer Richtung 140° 37′ 34″, nach einer andern 96° 20′ 24″. Ebene Winkel an der Spitze 107° 2′ 36″.

No. 40. entſteht aus der Verbindung zweier Rhomboëder, nämlich des gemiſchten und primitiven, no. 41, aus drei, nämlich des gemiſchten, primitiven und kontraſtirenden, no. 42. endlich aus vier, indem ein viertes mittleres, zwiſchen dem primitiven und gleichaxigen dazu kömmt.

43) Einfach gemiſchter (unimixte Annal. d. Muſeum cah. 1. t. 3. f. 2.) no. 39. äuſserſt flach, 3ſ. zugeſpitzt. Neig. der Zuſpgſl. gegen einander 134° 25′ 38″, gegen die Stſl. 126° 51′ 46″. Die Zuſpg. gehört der gleichaxigen Varietät.

c) Kuboidiſche.

44) Kuboidiſcher (cuboide f. 7.) ein faſt rechtwinkliches Rhomboëder — als dpp. 3ſ. Pyr. betrach-

trachtet, Neig. der Stfl. der obern Pyr. gegen einander 87° 47′ 45″, der Stfl. der obern Pyr. gegen die der untern 92° 12′ 15″, ebene Winkel 87° 42′ 30″ und 92° 17′ 30″ — Von Dodün bei Castelnaudary gefunden. Macie hat zuerst das wahre Verhältnifs wahrgenommen. Man hielt die Krystallis. erst für eine kubische, die aber nie beim Kalkspath vorkömmt.

45) Kernverrathender (apophane f. 15.) no. 44. als dpp. 3s. Pyr. betrachtet, die Spitzen abgest. Neig. dieser Abstgfl. gegen die Stfl. 125° 41′ 25″.

2) Säulen.

46) Prismatischer (prismatique f. 14.). Die vollkommene 6s. S. Am Harz. Kanonendrusen. De l'Isle 1. p. 514. var. 10. Waller. Spec. 65. 1. p. 146. f. Spathum crystallisatum prismaticum, oblique truncatum. Neig. der Stfl. gegen einander 120°.

a) Alternirend (alternante) abwechselnd mit drei breitern und drei schmälern Stfl.

b) Breitgedrückt (comprimé) zwei gegenüber stehende Stfl. breiter als die übrigen.

c) Geweitet (évasé) vier Stfl. breiter als die andern.

Oft sind die Enden dieses Krystalls matt, indess das mittlere Stück durchsichtig ist — oft liegt der undurchsichtige Theil in der Mitte um die Axe, bei andern nimmt man auf den Grundfl. concentrische Sechsecke wahr, oder man sieht wohl auch in der Mitte der Grundfl. das Ende einer kleinen aus der grössern hervorragenden Säule, ohne dass diese Zufälligkeiten, die von dem Wachsen des Krystalls abhängen, an dem Mechanismus der Structur das mindeste ändern. Es ist eine der gewöhnlichsten Varietäten, besonders häufig am Harz, (Andreasberg) im Erzgebirge, (Marienberg) in Böhmen.

47) Tafelartiger (prismatique lamelliforme) die vollk. 6s. T. Wr. Waller. Spec. 65. 1. p. 147. l. Spathum crystallisatum lamellosum.

48) Dodecaëdrisirter (peridodécaèdre f. 33.) no. 46. an allen Stk. abgest. Neig. der Abstgfl. gegen die Stfl. 150°

49) Spitzfacettirter (acutangle f. 32.) no. 46. alle Ecken an den Enden stark abgest. Neig. dieser Abstgfl. gegen einander 121° 12′ 16″, gegen die Endfl. 100° 53′ 37″. Winkel an der Spitze der Abstgfl. 36° 14′ 36″.

50) Octoduodecimaler (octoduodecimale f. 31.) no. 49. aber die Abstpg. der Ecken so stark, dass die Stfl. der S. ganz verdrängt werden, so, dass der Kryst. als eine sehr scharf und völlig ungleichwinklige dpp. 6s. Pyr. erscheint, deren beide Endspitzen ausserordentlich stark, und die Kanten

an der gemeinsch. Grundfl. schwach abgest. sind. Neig. der Stfl. der Pyr. gegen einander 134° 25′ 2″, der obern Stfl. gegen die untern 108° 56′ 2″.

51) Ringfacettirter (annulaire, Annal. d. Mus. cah. 3. t. 8. f. 1.) no. 46, alle Endk. abgest., die abwechselnden Abstgfl. grösser. Neig. der grossen Abstpgfl. gegen die Endfl. 101° 18′ 26″, gegen die Stfl. 168° 41′ 24″. Neig. der kleinern Abstpgfl. gegen die Endfl. 104° 28′ 50″ gegen die Stfl. 165° 21′ 20″.

52) Imitirender (imitaire f. 12.) no. 46. an beiden Enden mit drei auf den abwechselnden Stfl. aufges. Flächen, fast rechtwinklich zugesp. Neig. der Zuspgfl. gegen die Stfl. 135°. Die Zuspgfl. gehören der Kerng. Nicht selten im Erzgebirge.

53) Dodecaëdrischer (dodécaèdre f. 18.) wie no. 52, nur flach zugesp. Neig. der Zuspgfl. gegen die Stfl. 116° 33′ 54″.

54) Gekürzter dodecaëdrischer (dodécaèdre raccourcie f. 19.) no. 53. aber die Stfl. der S. so verkürzt, dass sie gleichschenkliche Dreiecke bilden. Bald berühren sie sich an den Stk., und dann bilden die Zuspgfl. Fünfecke, bald kommen sie nicht bis zur Berührung, und in diesem Falle sind die Zuspgfl. Siebenecke. Nach Werner eine flache dpp. 3s. Pyr. die Stfl. der obern auf die Stk. der untern aufges., die Kanten der gemeinsch. Grundfl. alle stark abgest. No. 46 und 47. gehören

zu den gewöhnlichſten, zumal am Harz. Oft ſind die Decreſcenzen an den Endk. des Kerns, durch Streifen, die mit der Höhe des Kerns parallel gehen, ſehr deutlich wahrzunehmen. Die Zuſpg. gehört der gleichaxigen Varietät.

55) Aequivalenter (équivalente f. 28.) no. 53. Die Spitze abgeſt. Neig. der Abſtpgfl. gegen die Zuſpgfl. 163° 26′ 6″. Zuweilen ſind die Zuſpgfl. convex und in die Quere geſtreift, die Abſtpgfl. aber gekörnt.

56) Winkelbeſtändiger (perſiſtante f. 29.) no. 46, 3ſ. ſcharf und ſehr ſtark zugeſp., ſo, daſs die Zuſpgfl. auf die abwechſelnden Stfl. aufgeſ. ſind, die Spitze wieder abgeſt. Neig. der Zuſpgfl. gegen die Stfl. 153° 26′ 6″, gegen die Abſtpgfl. der Spitze 116° 33′ 54″. Die ebenen Winkel der Zuſpgfl. ſind an den Ecken der Stfl. der S. und an den Ecken der Abſtpgfl. der Spitze = 104° 28′ 40″, an den beiden mittlern = 75° 31′ 20″, d. h., gleich den Winkeln der winkelvertauſchenden Varietät.

57) Unibinärer (unibinaire, Annal. d. Muſ. cah. 1. t. 3. f. 5.) no. 56. ſtatt der Abſtpg. aber faſt rechtwinklicht 3ſ. zugeſp. Neig. dieſer neuen Zuſpg. gegen die Stfl. der S. 135°. Neig. der vorigen Zuſpgfl. (no. 49.) gegen dieſe neue 129° 13′ 53″. Die neue Zuſpg. gehört der Kerng., wie die alte der winkelvertauſchenden Varietät — England (?).

58) Coordinirte (coordonnée a. a. O. t. 3. f. 6.) no. 56. aber ſtatt der Abſtpg. eine ſehr flache 3ſ. Zuſp. Neig. dieſer neuen Zuſpg. gegen die Stfl. der S. 116° 33′ 54″, gegen die alten Zuſpgfl. 143° 7′ 48″. Die neue Zuſpg. gehört der gleichaxigen Varietät. — Zuerſt beſchrieben von Creſſac (Journ. d. mines no. 67. p. 14.), der den Kryſtall bei Port Seguin im Departement de la Vienne fand.

59) Trimorphiſcher (triforme f. 45.) no. 52. die Zuſpgsk. und die Spitze wieder abgeſt. Die Zuſpg. gehört der Kerng. die Abſtpgfl. der Zuſpgsk. der gleichartigen Varietät — Harz (?).

60) Prismatiſirter (prismée f. 10.) no. 46. 3ſ., faſt rechtwinklicht zugeſp., ſo, daſs die Zuſpgfl. auf die Stk. aufgeſetzt ſind. Neig. der Zuſpgfl. gegen die Stfl. 127° 45′ 40″. De l'Isle p. 503. var. 1. In der Dauphiné, jedoch ſelten. Die Zuſp. gehört der Kerng.

61) Biſunitairer (bisunitaire f. 17.) no. 46. 3ſ. ſehr flachwinklicht zugeſp., ſo daſs die Zuſpgfl. auf die Stk. aufgeſ. ſind. Neig. der Zuſpgfl. gegen die Stfl. 112° 47′ 11″. Die Zuſpg. gehört der gleichaxigen Var.

62) Trihexaëdriſcher (trihexaèdre, Journ. d. mines no. 133. t. 3. f. 4.) no. 46. 6ſ. zugeſp., ſo daſs die Zuſpgfl. auf die Stfl. aufgeſ. ſind. Drei abwechſelnde Fl. der 6ſ. Zuſpg. gehören der Kerngeſtalt, dennoch ſind die übrigen 3 Zuſpgfl., wenn ſie für

ſich betrachtet werden, unter demſelben Winkel von 135° auf die Stfl. aufgeſ.

3) Pyramidale Abweichungen der Säule.

63) Contrahirter (contractée f. 20.). Eine dpp. 3ſ, ſehr ſpitze Pyr., deren Stfl. ſo in einander greifen, daſs ſie, drei und drei, als verlängerte, oben ſpitze und unten breite Abſtpgfl. der Stk. der einen Pyr. der andern, angeſehen werden können, an beiden Spitzen mit 3 Fl., die auf die abwechſelnden Stfl. aufgeſ. ſind, zugeſp. Eigentlich die Var. no. 53, wo 3 abwechſelnde Fl. ſich der pyramidalen Form nähern. Oft ſind die 6 Stfl. anfangs alle grade ſo, daſs der Kryſtall, an ſeinem untern Theile eine regelmäſsige 6ſ. S. darſtellt, und oben fangen die 3 abwechſelnden Stfl. an, ſich gegen einander zu neigen, während die drei übrigen grade bleiben. Neig. der letztern gegen die Zuſpgfl. in dieſem Falle 116° 35′ 54″, wie bei no. 53. Neigen ſich aber die drei andern nach entgegengeſetzter Richtung, ſo iſt ihre Neig. gegen die Zuſpgfl. 112° 9′ 59″. Neig. der Zuſpgk. gegen die Stfl. 108° 26′ 5″. Sehr ſelten auf dem Segen Gottes zu Gersdorf bei Freiberg.

64) Dilatirter (dilatée f. 21.) no. 63. die Pyr. ſo in einander gewachſen, daſs am obern Ende nur die zugeſpitzte Grundfl. der untern, am untern Ende nur die zugeſp. Grundfl. der obern Pyr. zu ſehen iſt. Die vorige Varietät alſo, nur ſtärker

gebogen, und im Ganzen ſymmetriſcher. De l'Isle t. 1. p. 510. t. IV. f. 10. Neig. der Zuſpgfl. gegen die Stfl. 120° 39′ 3″, der Stfl. gegen einander 119° 29′ 52″.

65) Auſserordentlich ſpitzer (hyperoxyde f. 30.) eine 3ſ. S. an alle Stk. ſtark, und zwar ſo abgeſt., daſs die Abſtpgfl. mit zunehmender Breite vom obern Ende nach dem untern hinablaufen, und an dieſem Ende die obere Breite der dazwiſchen liegenden Stfl. erreichen, an den Endk. ebenfalls abgeſt., die Abſtpgfl. ſchief aufgeſ. De l'Isle p. 518. var. 11. Neig. der Stfl. gegen die Endfl. 94° 5′ 9″, gegen die ſtarke Abſtpgfl. der Stk. 85° 54′ 51″. Neig. der Abſtpgfl. der Endk. gegen die Stfl. 157° 31′ 14″, gegen die Endfl. 116° 33′ 55″.

66) Rückwärtsgezogener (retrograde f. 36.) no. 65. aber dick, und auſser den Abſtpfg. der Endk. auch an den Enden 3 abwechſelnd auf den Stfl. und Abſtpgfl. der Stk. aufgeſ. Fl. flach zugeſp. Neig. der Abſtpgfl. der Endk. gegen die Stfl. 132° 44′ 45″, gegen die Zuſpgfl. 167° 54′ 18″. Findet ſich mit no. 64, von welcher Varietät er nur eine Modification iſt.

67) Fünffach gebildeter (quintiforme, Annal. d. Muſ. cah. 3. t. 8. f. 8.), die abweichende Säule no. 63. aber die Stk. der in einander greifenden Pyramidalfl. wieder abgeſt., nicht zugeſp., ſondern nur die Endk. abwechſelnd mit einer gröſsern und

kleinern Neigung der Abſtpgfl. abgeſt., auch die Abſtpgk. dieſer Flächen ſo abgeſt., daſs die Fl. auf die Abſtpgfl. der Stk. aufgeſ. ſind. Neig. der Stfl. gegen einander 119° 29′ 52″, gegen die Abſtpgfl. der Stk. 149° 44′ 56″, der drei abwechſelnden Abſtpgfl. der Endk. gegen die Endfl. 116° 33′ 54″, gegen die Stfl. 149° 44′ 56″, der drei übrigen Abſtgfl. der Endk., gegen die Stfl. 161° 26′ 11″, gegen die Abſtpgfl. der Abſtpgk. 157° 12′ 31″.

4) Undeutliche Kryſtalliſationen.

68) Rundlicher und platter, no. 47, der ſich der Linſe zuweilen nähert.

69) Linſenförmiger — entſpringt aus Var. 3.

70) Sattelförmig gebogener no. 69, wo die undeutlich gewordene Stfl. der 3ſ. Pyr. mit der ihr correſpondirenden Stk. der andern Pyr. eine einwärtsgehende Biegung annimmt.

71) Nadelförmiger, entſpringt aus no. 31, wenn dieſe Varietät ſich zuſchärft und in die Länge dehnt; man ſieht nur die obere Endſp. als eine 3ſ. Pyr., deren Fl. oft geſurcht ſind.

Die Kryſtalle ſind *an- und durch-einander gewachſen, reihen - büſchel - ſtangen - ſterngarben - baum - nadel - haar - förmig*, ferner *kugel- nieren- pyramiden förmig* zuſammengehäuft. Die Rhomben findet man auſserdem *traubig*, die Tafeln und Linſen *zellig auf-* und *durch-*

einander gewachsen, die letztern auch *rosenförmig zusammengehäuft*. Die Stfl. der Kryst. sind gewöhnlich *glatt*, selten *gestreift* oder *drusig*, die Zuspgfl. *glatt*, zuweilen *zart in die Länge gestreift*, theils *glänz.* und *starkgl.*, theils nur *schimmernd*, zuweilen *matt*-, inw. *stark* und *spiegelfläch-gl.*, *glänzend bis zum weniggl.* von *Glasgl.*, zuweilen zum *Perlmuttergl.* und *Fettgl.* sich hinneigend. — Br. *blättr.* gewöhnlich *gerad*- selten *sphärisch krumm-blättr.*, von ein. *3f. Drchg. schiefwinkelich sich schneidend.* Aufserdem ein *versteckter 3f. Drchg. parallel mit den langen Diagonalen der Bruchflächen des erstern.* Der letzte wird oft durch eine Streifung angedeutet. — Brchst. *rhomboidal.* — Sehr *grofs*- und *grobkörnig*, auch *keil- dick- dünn- büschelförmig aus einander-* und *unter einanderlaufend stänglich* abgef. St. — Die Absndrfl. der stängl. abgef. St. *schief der Länge nach gestreift.* — Der derbe *drchschnd.*, die Krystalle *halbdrchsfg.*, bis zum völlig *drchsfg.*, (Str. Br. *doppelt*). — Ritzt den Gips, wird aber von Flusspath geritzt — *etwas spr.* — *l. zrspr.* — 2,720 Muschenbroeck und Wr. 2,693 — 2,718 Kirvan, 2,7115 2,7182 und der isländische Doppelspath 2,715 Brisson, 2,705 — 2,718 Karsten — 2,6753 der krummblättrige. Einige Varietäten *phosphoresciren*, wenn sie auf glühende Kohlen geworfen werden.

Unschmelzbar für sich, wird aber undurchsichtig im Feuer, indem er zerspringt. Braust mit Säuren, und wird durch Calcination in ätzenden Kalk verwandelt. Kalk 55, Kohlensäure 34, Wasser 11, Bergmann. Kalk 56,50, Kohlens. 43,00, Wasser 0,50, Buchholz. Kalk 56,327, Kohlens. 43,045, Wasser 0,628, Biot und Thenard. Kalk 56,75, Kohlens. 42,25, Wasser 1,00, der krummblättrige von Kilgrube bei Norberg in Schweden. Hisinger.

Der Kalkspath gehört zu den wichtigsten und interessantesten Fossilien, so wie unter den krystallisirten zu den häufigsten. Er hat auch sehr frühe die Aufmerksamkeit der Mineralogen auf sich gezogen. Er ist *oryktognostisch* merkwürdig, besonders durch seine Krystallisation, durch die große Mannichfaltigkeit seiner regelmäßsigen Formen, durch die merkwürdige innere Organisation derselben und durch die Leichtigkeit, die Structur durch Zerlegung zu enthüllen. Romé d'Isle und Werner gründeten auf die Kalkspathkrystalle vorzüglich ihre Systeme der Krystallographie, und Haüy ward durch die Betrachtung derselben zuerst auf seine merkwürdige und scharfsinnige Ansicht geleitet. Haüy hat indessen die Winkel des primitiven Rhomboëders, wie es scheint, nicht genau genug bestimmt. Aus Wollastons Beobachtungen mit seinem Reflexionsgonyometer (philos. Transact. an. 1809. Gilber'ts Annal. 1811. 4s St. S. 357. und schon früher philos. Transact. an. 1802.), so wie aus Malus Untersuchungen erhellt, daſs man den stumpfen Neigungswinkel der Flächen gegen einander 105° 5′ statt 104° 28′ setzen muſs, eine Bestimmung, die schon Huygens (opera reliqua T. I. Tract. d. lumine cap. 5.) angenommen hatte. Zwar behauptet Hauy noch immer (Tabl. compar. no. 1. p. 123.), daſs die genaueste Messung weit öfter 104½° als 105° gäbe. Eine Differenz aber, die von so groſser Bedeutung, bei der nämlichen primitiven Gestalt, in den ganzen Hauyschen krystallographischen Calcul ein gefährliches Schwanken hineinbringen würde. Auch scheint die Beobachtung von Wollaston mit dem genauern Reflexionsgonyometer entscheidend zu seyn. Den Winkel von 105° für die primitive Gestalt angenommen, werden einige nicht unbedeutende Veränderungen in den Winkel-Bestimmungen der Varietäten Statt finden, die Hauy (a. a. O. p. 122.) so angiebt: bei der gleichaxigen Var. no. 3. die Neig. der obern Pyr. gegen einander 134° 57′ statt 134° 25′, also eine Differenz von 32′, bei der winkelvertauschenden Var. no. 5. Neig. der Sfl. der obern Pyr. gegen die der untern 101° 9′ statt 101° 32′, also eine Differenz von 23′, bei der metastatischen Var. no. 10. die Neig. der Sfl. gegen einander 144° 24′ und 104° 38′ anstatt 144° 20′ und 104° 28′, also eine Differenz von 4′ und 10′, bei der contrastirenden Var. no. 31, die

Neig. der Stfl. der obern Pyr. gegen die der untern 114° 10′ ſtatt 114° 18′, alſo eine Differenz von 8′. — Die Organiſation aller Kalkſpathkryſtalle unter ſich findet vorzüglich Statt durch die bald flächere Zuſpitzung ſpitzerer, bald ſpitzere Zuſpitzungen ſtumpferer Rhomboëder, wodurch mehrere Varietäten, indem die Zuſpitzungsflächen wachſen, in einander übergehen, durch die Abſtumpfung der ſechs Ecken der gemeinſchaftlichen Grundfläche der widerſinnig aufgeſetzten doppelt dreiſeitigen Pyramiden; denn wenn dieſe wachſen, entſtehen 6ſeitige Säulen, ſo wie die Säulen, wenn ihre Zuſpitzungen die Seitenflächen verdrängen, in 3ſeitige Doppelpyramiden oder Rhomboëder übergehen. Zuweilen verbinden ſich mehrere Varietäten, wovon die bisrhomboidale (no. 40.), trirhomboidale (no. 41.), und quadrirhomboidale Varietät (no. 42.) ein auffallendes Beiſpiel geben. Die Tafeln ſind nichts als niedrige Säulen, die Linſen nichts als verdrückte Rhomboëder. Wir haben unbedenklich mit Hauy die metaſtatiſche Varietät, obgleich ſie eine doppelt 6ſeitige Pyramide darſtellt, unter die Rhomboëder geſetzt, theils weil die abwechſelnden äuſserſt ſtumpfen Seitenkanten der Pyramide, die urſprüngliche rhomboidale Form deutlich genug erkennen laſſen, theils weil wir die ſchöne Reihefolge der immer ſpitzern Endſpitzwinkel von der gleichaxigen Varietät durch die primitive, winkelvertauſchende, metaſtatiſche, contraſtirende und gemiſchte ungern aufgeben wollten. Auch haben wir die einfache Pyramide deswegen nicht aufgeführt, weil ſie, von welcher Art ſie auch ſeyn mag, auf die doppelte, als eine unvollſtändige Kryſtalliſation zurückgeführt werden kann. Eine zweite oryktognoſtiſche Merkwürdigkeit iſt die Abweichung der kryſtalliniſchen Structur des Kalkſpaths von derjenigen des Arragonits bei der Aehnlichkeit der Beſtandtheile, wovon unten ein Mehreres. — Ferner iſt der Kalkſpath phyſiſch merkwürdig, durch die auffallend deutliche doppelte Strahlenbrechung, ein Phänomen, welches ſchon die Aufmerkſamkeit des berühmten Huygens auf ſich zog, der die Geſetze derſelben auch, wie neuere Beobachtungen beweiſen, glücklicher als Newton beſtimmte. Es würde uns zu weit führen, wenn wir die neuern Entdeckungen über dieſes intereſſante Phänomen von Hauy, vorzüglich aber von Wollaſton, Malus und Laplace hier entwickeln wollten. Wenn das Phänomen ſelbſt in eine genauere Verbindung mit der Structur gebracht ſeyn wird, was den Naturforſchern bis jetzt nicht gelang, wird es ohne allen Zweifel auch für die Mineralogie ſelbſt wichtiger werden.

Fundort. Der Kalkſpath iſt ebenfalls geognoſtiſch ſehr merkwürdig. Er kömmt nie als Gebirgsart vor, und faſt durchgängig auf beſondere Lagerſtätte eingeſchränkt. — Sehr häufig findet man ihn als Gangmaſſe. So in den älteſten Gebirgen, wie es ſcheint, ſehr alte Gänge mit Feldſpath, Bergkryſtall, vielleicht mit Epidot, Sphene, Chlorit u. ſ. w. (Mohs). Auf den Gängen findet man die ſchönſten Kryſtalle, die wohl öfters ganz neuen Urſprungs ſeyn können, und von dem, in den Gängen noch immer fortdaurenden chemiſchen Proceſs auffallende Beweiſe geben. Wo Höhlen ſind, oder überhaupt freier Raum iſt, beſtrebt er ſich, in ſeinen mannichfaltigen Formen anzuſchieſsen. Einige Gegenden ſcheinen durch beſtimmte Formen vorzüglich charakteriſirt zu ſeyn: ſo ſcheint die metaſtatiſche Varietät vorzüglich charakteriſtiſch für Derbyſhire, die Säulenform für Andreasberg, die dpp. 3ſ. Pyr. für das Erzgebirge. Auf Lagern kömmt er ebenfalls häufig vor, und hier begleitet von Augit, Hornblende, Magneteiſenſtein, Granat, ſo wie auf den Gängen von dichtem und körnigen Kalkſtein, Braun- Schiefer- Fluſs- Schwer- Feld-Spath, Quarz, Kupfer- Schwefel- Arſenikkies, Spatheiſenſtein, Brauneiſenſtein, ſchwarzer und brauner Blende u. ſ. w. Auch in den Flözgebirgen findet man ihn, theils eigene Gänge conſtituirend, theils im Mandelſteine, Wacken, Baſalte, wie in Ur- und Uebergangskalkſtein verwachſen und gleichzeitig. In den verſteinerten Muſcheln findet man ihn häufig, ihre Höhlungen ausfüllend, doch wohl nur Rhomboëder, oft die winkelvertauſchende Varietät. Endlich entſteht er noch in den Höhlen des Uebergangs und ältern Flözkalks, als Tropfſtein, wenn dieſer meiſt bei bedeutender Mächtigkeit eine ſpäthige Structur annimmt. Es giebt wohl kein Gebirge, in welchem der Kalkſpath nicht vorkäme, ſo daſs es unnütz ſeyn würde, ſeine Geburtsörter anzugeben, dennoch zeichnen ſich einige Oerter, wie Andreasberg am Harz, Derbyſhire in England, Aunis, Lyon in Frankreich, Erzgebirge, Tyrol, vorzüglich durch ſchöne Kryſtalle aus.

Bei Fontainebleau kömmt ein Kalkſpath (die winkelvertauſchende Varietät no. 5.), ſo innig durchdrungen mit Sand vor, daſs er faſt wie ein kryſtalliſirter Sandſtein ausſieht, wofür er in frühern Zeiten öfters gehalten wurde.

Cronſtedt §. 10. ſpathartiger Kalkſtein, Spathum calcareum, Kalkſpath §. 11 kryſtalliſirt. Lapis calcareus cryſtalliſatus. Kalkſpathdruſe, §. 12. ſtalaktitiſcher Kalkſtein zum Theil p. 16—21 Wallerius gen 12. ſpec. 60. Spathum rhomboidale opacum. Sp. teſſulare p. 141. ſpec. 63 Sp. pellucidum molle ſpec. 64. Sp. pellucidum objecta duplicans, Cryſtallus islandica, ſpec. 65. Sp. cryſtalliſatum, Syſt. nat. XII. 3. no. 10. Sp. (fugax) ſolubile opacum ſecundum ſitum lucis fugax, p. 48. no. 1. Sp. (ſpeculare) ſolubile pellucidum, objectis ſimplicibus p 50. no. 6. Sp. ſolub. pelluc. coloratum p. 48. no 2. Sp ſolub pelluc. objecta duplicans p. 179. no. 4. Aëtites (marmoreus) embryonibus fixis cryſtallinis Natri hyodontis p. 86. no. 5. γ. Cryſtallus ſubnitriformis ſpatoſa plana ſuborbicularis hexaëdra — δ. Cryſt ſubnitrif. plana trifariam imbricata p. 99. n. 5. Muria (teſtarum) lapidoſa ſpatoſa aggregata effervefcens p. 100. no. 9. Muria lapidoſa ſpatoſa ſolitario-rhombea fixa p. 86. no. 5. Nitrum (truncatum) lapidoſum ſpatoſum octaëdrum, prismate hexaëdro utrinque truncato p. 91. no. 11. Natrum lapidoſum ſpatoſum dodecaëdrum prismate hexaëdro, pyramidibus triëdris planis omnibus pentagonis p. 86. no. 6. Natrum (14ëdrum) lapid. ſpat. decateſſeraëdrum, prismate triedro - ſubhexagono, pyramidibus truncatis p. 92. no. 13. Natrum lapid. marmoreo - ſpatoſum obliquum, dodecaëdrum, pyramide hexaëdra no. 12. Natrum (urinoſum) lapid. marmoreo - ſpatoſum erectum, pyramide triëdra p. 191. no. 19. Tophus (ſpathoſus) ſubrotundus tunicatus, marginibus ſerratis. De l'Isle 1. p. 490. gen. 11. Spath calcaire p. 497. Crystallisàtion déterminée. Espèce 1. Sp. calcaire rhomboidal, dit vulgairement crystal d'Islande (der ſtumpfe Winkel wird angegeben 102° 30', der ſpitze 77° 30') p. 503. var. 1. Sp. calc. en prismes hexaèdres terminés par des pyramides triedres à plans rhombes p. 504 var. 2. en parallélipipèdes rhomboidaux très comprimés p. 507. var. 3. les six angles solides formés par la rencontre de deux pyramides triédres obtuses de la variété précédente, sont tronqués net, ce qui ajoute à la bàse de pyramides six petits plans triangulaires isocèles, alternativement verticaux et change en pentagones les six rhombes de la figure précédente p. 509. var. 4. prismatique hexaèdre à plans pentagones, terminé par des pyramides triédres obtuses à plans pentagones alternativement opposés sur chaque pyramide et qui forment, par leur rencontre avec les pentagones du prisme, un angle obtus de 117° p. 513. var. 5. hexaèdre de la précédente variété précédente, dont les arêtes, formées par la rencontre des bases des pentagones extrêmes ou des pyramides avec les bases de pentagones intermédiaires, sont legèrement tronquées, ce qui ajoute trois trapèzes à la base de chaque pyramide et rend heptagones les faces pentagones du prisme. var 6. var 4. dont le sommet de deux pyramides est legèrement tronqué, ce qui ajoute à chaque pyramide un petit plan triangulaire équilateral et change leur pentagones en hexagones var. 7. les deux mêmes sommets tronqués plus avant, d'où resulte pour chaque pyramide un plan triangulaire équilatéral, ceint de trois trapézes p. 513. var. 8. var. 5. dont l'angle solide du sommet de pyramide est aussi tronqué var. 9. var. 7. dont les deux pyr. sont tronquées plus avant p. 514 var 10 prismatique hexaèdre tronqué net aux deux bouts p 518. var. 11. var. 10. tronques qui paraissent triangulaires p. 520. var. 12. Sp. calc. muriatique ou rhomboidal à plans rhombes de °—75°—105° (diese Varietät stellt also die Kerng. dar) p. 526. var. 13 var. 12. tronqué plus ou moins profondement dans les bords qui concoûrent à formes les deux angles solides aigus et diagonalement opposés de ce parallélipipède p. 527. var. 14. var. 12. tronqué dans toutes ses arêtes ou bords (un polyèdre à dix huit facettes) var 15. var. 14. dont les six angles solides intermédiaires sont legèrement tronqués p. 528. var. 16. quelquefois les deux angles solides extrêmes sont aussi tronqués plus ou moins profondement var. 17. le parallélipipède rhomboidal de la variété 12 tronqué dans ses huit angles solides (un polyèdre en 14 facettes). var. 18. var. 12. dont les huit angles solides tronqués de biais par les faces, ce qui ajoute à cette variété vingt-quatre petits triangles isocèles en biseau, qui, conjointement avec les six faces octogones, porteroient à trente le nombre des plans de ces cristaux, s'ils étoient solitaires et complets. var. 19. var. 18. dont les huit nouveaux angles solides formés par la rencontre des biseaux triangulaires, sont eux-mêmes surtronqués, ce qui porte à trente-huit le nombre de ses facettes et change en trapèzes ses vingt-quatre triangles isocèles en biseau. var. 20. quelquefois toutes les arêtes du parallélipipède rhomboidal sont aussi tronquées, ce qui change en rectangles et en trapezoides les vingt-quatre trapèzes en biseau de la var. précédente et lui ajoute douze hexagones lineaires. Le nombre total des facettes sont alors à cinquante, qui toutes, à l'exception des six faces octogones, sont produites par les troncatures et surtroncatures des angles solides des bords de la var. 12. p. 530. var. 21. Sp. calc. à pyr. hexaèdres aigues (die metastatische Var), p. 536. var. 22. (die bisalternirende Var.) p. 537. var 23. var. 22. dont les trois arêtes les plus saillantes de chaque pyr. sont remplacées par un biseau mousse plus ou moins large (die wegfacettirte Var.), p. 539. var. 24. (die prismatische Modification der bisalternirenden Var), p. 542. var. 25. var. 24. tronqué net, terminé par un plan hexagone, plus ou moins irrégulier, qui change en pentagones irrégulières les plans trapezoidaux des pyramides. var. 26. (die analogievolle Var.), p. 544. var. 27. Lorsque la troncature des pyram. s'est faite sur les arêtes les plus saillantes et assez profondement pour faire disparoitre la pointe des hexagones alongés du prisme qui repondoient à ces arètes, les trois plans trapezoidaux se changent en pentagones lisses ou striés parallelement aux arêtes qui ont ici disparu — mehrere Modificationen dieser Krystallis. p. 545. var. 26.

Lorsque la troncature des pyr. de la var. 26. au lieu de se montrer sur les arêtes les plus saillantes, s'est faite au contraire sur arêtes alternes ou les moins saillantes, les plans rhombes qui en resultant forment par leur inclinaison sur les faces correspondantes du prisme un angle de 134°, mais souvent ces plans rhombes se subdivisent en deux plans triangulaires par une arête de plus legères, qui part du sommet de la pyr. pour former un angle tres-obtus avec l'arête la moins saillante sur laquelle s'est faite la troncature. Mehrere Modificationen p. 549. var. 29. la troncature oblique des pyram. hexaèdre par les arêtes les moins saillantes, qui dans la var. précédente n'entame point, ou entame à peine les faces hexagones du prisme, est dans celle-ci plus profonde, de manière qu'il en résulte des espèces d'octogones curvilignes formés par deux pentagones réunis, comme le sont sur l'arête obtuse les deux plans triangulaires de la var. qui précède; alors il ne reste plus des faces trapezoidales de la pyr. tronquée, que six petits triangles isocèles ou scalènes, quelquefois surtronqués sur l'arête du prisme et les faces hexagones du prisme deviennent decagones ou subdecagones p. 548. var. 30. Sp. à pyr. hexaèdres obtuses dont trois faces, alternativement opposées sur chaque pyr., sont communement pentagones, curvilignes et striées, tandis que les faces alternes, qui sont de même alternativement opposées sur chaque pyr., sont ou triangulaires ou pentagones ou plutot subheptagones, mais constamment planes et lisses. — B. Cristallisat. indéterminée var. 31. verschiedene Zusammenhäufungen var. 32. Sp. calc. en roses ou en crêtes de coq. p. 554. Espèce 2. Spath calc. en stalactites et stalagmites, ou par depôt secondaire — (Wir sind hier bei den Citaten aus D'Isle deswegen so ungewöhnlich weitläufig gewesen, weil es mit vielen Schwierigkeiten verbunden ist, die Krystallformen bei Hauy und D'Isle mit einander durchgängig zu vergleichen, und weil einige Formen bei D'Isle noch nicht gehörig untersucht und bestimmt sind). Kirvan 1. p. 120. Hauy 2. p. 138. Tabl. compar. p. 2. u. no. 1. p. 121. Reuss 2. 2. p. 234. Mohs 2. p. 31. Brochant 1. p. 636. tabell. Uebers. p. 33. Karsten p. 50. Brongniart 1. p. 18.

2) KÖRNICHTER KALKSTEIN (Chaux carbonatée lamellaire et saccaroide, H.). *Schnee- gelbl- grünl- graulich-*, selten *röthl*- W., aus dem graul- W. ins *bläul- asch- rauch*- Gr. bis ins *graul*-Schw., aus dem gelbl- W. ins *isabell*- Glb., aus dem röthl- W. ins *fleisch-* und *bräunl*- R. Meist *einfarbig*, aber auch *gestreift*, *gewölkt*, *gefleckt* und *geadert* — *derb* — inw. *glänzend* bis zum *schimmernd.*, nach der Art des Bruchs, zwischen *Glas-* und *Perlmutter gl.* — Br. *blättr.* bis ins *splittrige* — Brchst. *unbest. eck. n. s. schrfk.* — Selten von *grob-* häufiger *klein-* und *feinkörnig* abges. St. — *mehr* oder *weniger drchschnd.*, der schwarze an *den K. drchschnd.* — *halbhart* — *nicht snd. spr.* — *zieml. l. zrspr.* — 2,658 — 2,711. K. 2,711 — 2,831. Brisson.

Der körnichte Kalkstein einiger Gegenden, wie der gelblich-weisse aus Sanara in Sibirien, eben so eine Abänderung aus Karelien geben einen phosphorigen Schein, wenn sie auf Kohlen gestreut werden. — Unschmelzb. Kalk 52, Thon 3, Kohlens. u. Wasser 45. Die alte Analyse von Bergmann. Kalk 56,50, Kohlens. 43,00, Wasser 0,50, Buchholz. Ganz die Bestandtheile des Kalkspaths.

Der körnichte Kalkstein ist nichts als ein Kalkspath, bei welchem die Masse im Grofsen der krystallinischen Tendenz einzelner Theile widerstrebt, ohne sie heben zu können. Je mehr diese vorherrscht, desto gröfser und gröber sind die abgesonderten Stücke (einzelne Krystalle, die sich von der Masse abzusondern streben), desto deutlicher ist der blättrige (eigentlich krystallinische) Bruch, desto gröfser der Glanz. — Je mehr aber die Masse als ein Ganzes vorherrscht, desto mehr sehen wir die krystallinische Tendenz einzelner Theile von ihr verschlungen, desto feinkörniger werden die abgesonderten Stücke, desto undeutlicher der blättrige Bruch, desto geringer der Glanz, endlich verschwinden die abgesonderten Stücke ganz, der blättrige Bruch derselben verschwindet ebenfalls. Was sonst abgesondert noch Spuren eigenthümlicher Bildung trug, erscheint nun als feine Schuppen des splittrigen Bruchs einer dichten, unabgesonderten Masse, der Glanz, steter Begleiter des krystallinischen Strebens ist fast erloschen, und kaum durch ein mattes Schimmern noch wahrzunehmen, und der körnichte Kalk bildet so, durch allmählige Abſtufung den Uebergang in den dichten Kalk, in welchem eine jede Spur von Glanz, blättrigem Bruch, Abſonderung, alſo überhaupt von Kryſtalliſation verſchwunden iſt. Bei den ältern Mineralogen findet man häufig den körnichten Kalkſtein unter dem Namen *ſaliniſcher Marmor.*

Fundort. Am häufigſten findet man den körnichten Kalkſtein in den Urgebirgen, wo er nicht allein Lager, ſondern auch Stückgebirge (beſonders in den Schweizergebirgen, in den Apenninen) bildet. Die Lager ſind häufig gleichförmig gelagert in Gneis- Glimmerſchiefer- und Thonſchiefer-Gebirge. — In Granit- Sienit- Trapp- und Porphyr-Gebirgen kömmt er nicht vor, doch kann er mit dem Porphyr, wenn dieſer in Urgebirgen gleichförmig gelagert iſt, gemeinſchaftlich vorkommen. In den Urgebirgen kömmt er indeſſen ſelten ſo mächtig vor, wie in den Uebergangsgebirgen, wo doch die kryſtalliniſche Structur, im Ganzen genommen, mehr zurückgedrängt iſt, und die Maſſen meiſt ſchon dicht ſind. Er kömmt in Uebergangsgebirgen, wie auf dem Harz, abwechſelnd mit Grauwacke und Grauwackenſchiefer vor. Gegen Norden ſcheinen die Urkalklager ſeltener und weniger mächtig zu werden. Wenigſtens iſt dieſes in

Norwegen, in Schweden, in Schottland, ſelbſt nach Schöpf in Nordamerika der Fall. Auch in den nördlichen uraliſchen Gebirgen ſcheint es der Fall zu ſeyn. In den ſüdlichern Gebirgen hingegen, wie in den Pyrenäen, Schweizeralpen, in Tyrol, in Italien, ſelbſt im Caucaſus iſt er offenbar mächtiger, und bildet, nach Ebel, eine doppelte merkwürdige Reihe, die ununterbrochen durch die Schweiz und Tyrol auf dem nördlichen und ſüdlichen Abhang zu gehen ſcheint. Der körnige Urkalkſtein kann wohl mit Glimmer, Quarz, Hornblende, Thonſchiefer, auch mit Serpentin gemengt ſeyn, indeſſen bildet er *keinen Uebergang* in irgend eine andere Maſſe. Während alle andere Gebirgsmaſſen durch Uebergänge in einander verſchlungen ſind, und ein groſses Ganze bilden, wo man die Verkettungen der Glieder nach mehreren Richtungen deutlich genug verfolgen kann, ſieht man die Kalkmaſſen auf eine merkwürdige Weiſe abgeſondert, wie ein *Fremdes* nur äuſserlich durch Lagerung, oder Beimengung, im Ganzen aber mit einer merkwürdigen Einfachheit vorkommen, immer getrennt. Auf ſeinen Lagern findet man Bleiglanz, Magneteiſenſtein, Blende, Strahlkies, Rotheiſenſtein, auch Glimmer, Chloritſchiefer, Quarz, Hornblende, Talk, Speckſtein, Asbeſt, Strahlſtein, Tremolith, Schweerspath u. s. w. Auch den Flözgebirgen ist er keineswegs fremd, dennoch in dem Flözkalk seltener; so findet man einen einfarbigen, schimmernden, in der That krystallinischen Kalkstein selbst in der neuen Kreideformation in Dänemark. Dennoch darf man die Ansicht nicht aufgeben, dass der körnichte Kalkstein den ältern Gebirgen vorzugsweise, wenn auch nicht ausschliessend, angehört. Sollte es sich, was durch Raumers Untersuchungen, die auch Buch anerkennt, immer gewisser wird, bestätigen, dass die bis jetzt sogenannten Urgebirgsmassen, auch in den Uebergangsgebirgen gleichförmig gelagert vorkommen, so würde daraus folgen, dass die krystallinische Bildung der ältesten Gebirge wieder auf eine bis jetzt nicht geahndete, mächtige Weise in den Uebergangsgebirgen hervortreten könnte, und sollte die Vermuthung, die ich in der Recension der Raumerschen Schrift (in der Jenaer Litter. Zeit.) über die Structur des Harzgebirges zu äussern wagte, nach welcher dort alle sogenannte Urgebirge gleichförmig in das herrschende Uebergangsgebirge gelagert sind, sich bestätigen, was ich aus den höchst flachen, und theils auf Missverständnisse, theils auf offenbare Irrthümer gegründeten Einwürfen des sonst so verdienstvollen, und mit dem Harzgebirge

birge sehr genau bekannten Göttinger Recensenten der Raumerschen Schrift, um so mehr schliessen muss, da ich in der genannten Recension die meisten seiner Einwürfe schon widerlegt habe, und da er, wenn irgend jemand sonst, die bündigste Widerlegung, wäre diese nur sonst durch die Natur zu unterstützen, würde liefern können — so ist es klar, dass auch die Lager von körnichtem Kalkstein, die auf dem Harz mit Hornfels in Granit gelagert sind, dem Uebergang- und nicht dem Urgebirge zuzuzählen sind.

Cronstedt §. 8. p. 16. körniger Kalkstein. Lapis calcareus particulis granulatis §. 9. schuppenartig. Lap. calc partic. squamosis. Er bemerkt schon, dass ganze Berge dieser Steinart keine Spur von Versteinerungen zeigen. Wallerius 1. p. 126. gen. 11. Calcareus granularis, densus, particulis micantibus immixtis. Calcareus micans. Spec. 50 p. 128. Calcareus particulis spatosis dispersis, planis, irregulariter dispositis, nitentibus. Calcareus inaequabilis Spec. 52. Marmor unicolor. p. 133. Spec. 56. zum Theil. Syst. nat. XII. 3. p. 41. n. 6. Marmor (rude) particulis granulatis micantibus n. 7. Marmor particulis spatoso-squamosis. De l'Isle 1. p. 571. Marbre zum Theil. Kirvan 1. p. 117 blättriger und körniger Kalkstein. Hauy 2. p. 185. 6 u 7. Tabl. compar. p. 3 la mallaire 8. saccaroide 9 subgranulaire. Reuss 2. 2. p. 273. Mohs 2. p. 28. Brochant 1. p. 539. tabell. Uebers. p. 32. Karsten p. 50. Brongniart 1. p. 192.

b) DICHTER KALKSTEIN.

1) GEMEINER DICHTER KALKSTEIN (chaux carbonatée compacte et grossière, H.). *Gelbl- rauch- asch- bläul- perl- grünl-* Gr., aus dem gelbl-Gr. in *isabell-* und *ocker*-Glb., aus dem asch-Gr. in *graul*-Schw., aus dem perl-Gr. in *pfirsichblüth- fleisch- bräunl*-R., aus diesem in *röthl- gelbl-* und *leber*-Br., aus dem grünl-Gr. in *berg-* und *schwärzl*-Grn., selten *graul*-W. — *Einfarbig*, nicht selten aber auch *gefleckt, geflammt, gestreift, geadert, ruinenförmig*, und auf den Klüften mit *gelb-Br. und schwarzen dendritischen Zeichnungen*. Durch eingewachsene Muschelversteinerungen erhält eine Abänderung (in Kärnthen) ein *eigenes opalisirendes Spiel* (Reste des Perlmutters der Muscheln) vorzüglich mit *purpurrothen* und *smaragdgrünen* Farben (Lumachello) — *derb, in grossen Platten, in Geschieben*, besonders als *Fisch-Versteinerung* (nur Gräten und Gerippe) als *Corallen- Schnecken-* und *Muschel-Versteinerung* — *matt* — Br. *klein* und *fein-splittr.*, ins *unebene, ebene, flachmuschliche*, oft *im Grossen schiefrig* (Kalkschiefer). — Brchst. *unbest. eck. mehr oder weniger schrfk*, seltener *scheibenförmig*. — *An den K. drchschnd.* — *halbhart* — *n. snd. spr* — *zieml. l. zrspr.* — 2,594 — 2,714 Brisson, 2,675 Blumenbach, 2,646 — 2,708 K.

Unschmelzb. Braust leicht mit Säuren. Kalk 53,00, Kohlens. 42,50, Wasser 1,63, Kiesel 1,12, Thon 1,00. Simon.

Der dichte Kalkstein unterscheidet sich von dem körnichten dadurch, dafs eine jede Spur von Krystallisation aus ihm verschwunden ist, und er wird daher mit Recht von Werner von dem Kalkspath getrennt, dem der körnichte Kalkstein als eine Unterart beigefügt ist. Die Farben des dichten Kalksteins, besonders desjenigen der Uebergangsgebirge, sind bunt, sie sind tief und mannichfaltig gefärbt (bunter Marmor), da der körnichte Kalkstein hauptsächlich weifs und mit geringen Abweichungen weniger lebendigen und tiefen Farben vorkommt. Vollkommen weifs ist der dichte Kalkstein nie. Der matte, dichte Bruch, der völlige Mangel an körniger Absonderung (Reufs nennt einen dichten Kalkstein von doppelt abgesonderten Stücken, und zwar im Grofsen gerad- und rundstänglich, im Kleinen krummschaalig, der bei Christophgrund im Bunzlauer Kreise vorkommen soll) und die gänzliche Undurchsichtigkeit sondern ihn hinlänglich von dem körnichten Kalkstein, in welchen sich aber dennoch, wie oben gezeigt, Uebergänge bilden. Die von Simon angeführte Analyse des dichten Kalksteins läfst sich freilich nicht auf die höchst mannichfaltigen Modificationen desselben anwenden. Besonders der Muschelkalk ist oft sehr thon- und kieselhaltig, und bildet einen Uebergang zum Mergel, auch der Eisen-, oft auch der Mangangehalt muss in dem dichten Kalkstein aus verschiedenen Gegenden sehr verschieden seyn.

Fundort. Man unterscheidet geognostisch 1) den Uebergangskalk, der meist sehr bunt ist, sich an den körnichten Kalkstein anschliesst, grössere Härte besitzt., daher eine bessere Politur annimmt (bunter Marmor), oft ist er auch grau, und graul. Weiss. Er kömmt in mächtigen Lagern und grossen Gebirgen vor, die in den Pyrenäen, in der Schweiz, in Tyrol, in dem Oestreichischen, auf den Apenninen, Karpathen, auf dem Caucasus u. s. w. besonders hervortreten. Der Uebergangskalk ist, wo er vorkömmt, ganz besonders durch mächtige, tief hineingehende, Höhlen charakterisirt, die oft, mehrere mit einander verbunden vorkommen. 2) Der ältere Flözkalk, der noch eine bedeutende Härte zeigt, meist rauch-'auch schwärzl. Grau ist, oft aber auch, in mächtigen Gebirgen heller, und graulich Weiss. Er ruht auf dem ältesten Flözconglomerat (das Rothe und Todte liegende), nimmt einen grossen Theil von Deutschland ein, lagert sich an und um das Harz- Thüringerwald- Erz- Riesengebirge, und bedeckt das, unmittelbar auf dem Rothen und Todten liegende Kupferschieferflöz (den kupferhaltigen bituminösen Mergelschiefer), wo dieser vorkömmt (wie im Mansfeldischen, in Hessen, auf dem Thüringer-Wald). Im nördlichen Deutschland ist er weniger mächtig, im südlichen aber, nach der Schweiz, Tyrol, nach dem Oestreichischen zu, erhebt er sich, unter dem Namen Alpenkalkstein, zu grossen mächtigen, oft steil zu bedeutender Höhe emporsteigenden Bergen. Als eine Modification dieser Formation sieht man den jüngern, auf dem Alpenkalkstein ruhenden Höhlenkalk des Juragebirges an, der auch in mehrern Gegenden des südlichen Deutschlands vorkömmt, und der in den nördlichern Gegenden, weniger mächtig, unter dem Namen Rauchwacke vorkömmt. Auch in Frankreich, Spanien, Italien, Amerika, und fast an allen Orten der Erde in der Nähe der Urgebirge findet man diese mächtige Formation, mehr oder weniger hervortretend, mehr oder weniger modificirt. Gegen Süden scheint er, wie der Urkalk, mächtiger zu werden. 3) Der zweite Flözkalk, der auf einem Sandstein (dem bunten Sandstein) der die ältere Kalkformation deckt, ruht, und unter dem Namen Muschelkalk bekannt ist. Er ist meist grau, im Ganzen genommen weniger dicht wie der ältere Kalk, immer geschichtet, und kömmt in allen angeführten Gegenden vor, meist in grösserer Entfernung von dem Urgebirge, wo er weitläufige flache Gegenden meist horizontal deckt. 4) Ein neuerer Kalkstein (der Pläner), der mit Werners Quadersandstein vorkömmt, von diesem bedeckt. Man findet ihn in Sachsen vorzüglich, und die Verbreitung desselben, so wie die genauern Verhältnisse erfordern eine detaillirtere Untersuchung. — Eine Flözebene von sehr bedeutender Ausdehnung, in Rücksicht auf den Wechsel von Sandstein und Kalk fast ganz mit der genannten europäischen übereinstimmend, scheint (nach den zwar unvollständigen Aeusserungen von Stainton) fast das ganze Innere von China bis an das tartarische Urgebirge einzunehmen. — An die scandinavischen und schottländischen Gebirge schliesst sich eine Flözreihe an, die in mehrern Rücksichten von der deutschen bedeutend abweicht, und in England und Schonen hervortritt. Die Unterlage scheint ein eigenthümlicher Uebergangskalk zu seyn, der in England und Schweden viel Uebereinstimmendes zeigt, und zu welchem man auch den bekannten rothen Oeländischen Kalkstein mit den ausgezeichneten Orthoceratiten rechnen muss. Die jüngste Kalkbildung ist die bekannte Kreideformation, die hier angeführt wird, in sofern sie nicht bloss Kreide, sondern auch wahren dichten Kalkstein enthält, der sogar oft, mit einer ausgezeichnet weissen Farbe in körnichten Kalkstein übergeht, dann glänzender wird, eine bedeutende Politur annimmt, und zum Beweise dient, wie auch im Grossen, die krystallinische reine Bildung der Urgebirge, in den jüngsten Gebirgen hervortreten kann. Merkwürdig ist es, dass aus dieser krystallinischen Masse alle Versteinerungen verschwinden, da doch die Kreideformation von Versteinerungen wimmelt, eine Beobachtung, die zu bedeutenden, die herrschende Ansicht der Gebirgsbildung, auf mannichfache Weise modificirende, Schlüsse führen könnte; denn hier tritt eine Masse, durch äussere krystallinische Form sowohl als durch den Mangel an Versteinerungen, ganz mit derjenigen der ältern Gebirge übereinstimmend, mitten in einem ganz jungen Flözgebirge hervor. Sind die versteinerten Formen von der krystallinischen Tendenz verschlungen, vielleicht verschwunden, *wo sie waren?* und wenn dieses hier möglich ist, kann man dann nicht behaupten, dass es auch im Grössern Statt finden kann, dass organische Form da gewesen seyn kann, wo wir sie *nicht mehr finden?* vielleicht in den Urgebirgen selbst? und dass tausend unbekannte Umstände, die das krystallinische Streben, einer jeden eigenthümlichen Masse eigen, begünstigte, vielleicht selbst die lange Dauer der Bedeckung, auf deren Einfluss man überhaupt zu wenig rechnet, die organische Form vernichtete? Denn zwar kann die organische Form der Versteinerungen selbst im Kleinen die krystallinische Bildung begünstigen', wie die Krystallisationen in den Muscheln beweisen, ein erwachtes allgemeines krystallinisches Streben muss aber nothwendig vernichtend auf sie wirken. Wir behaupten nicht, dass es sich so verhält, ja wir glauben es nicht einmal, es ist aber eine wichtige Einwendung, der man ernsthaft begegnen muss, wenn man die herrschende Ansicht sicherstellen will. Mehr oder weniger dunkel schwebte sie mehrern Geognosten, besonders Lamark, vor.

Alle dichte, nicht krystallinische Kalkmassen der Gebirge, sind mehr oder weniger durch Versteinerungen charakterisirt, und zwar fast ausschliessend durch Thier-Versteinerungen. Alle versteinerte Formen des Kalksteins herzuzählen, hiesse in der That alle Thier-Versteinerungen anführen, welches man hier nicht erwarten wird. Wir können aber, ohne ins Hypothetische zu fallen, der gegenwärtigen Lage unserer Erfahrungen nach, folgende Sätze aufstellen: 1) Je älter die Gebirge sind, desto mehr sind die Versteinerungen auf die niedrigste Stufe der thierischen Entwickelung eingeschränkt. Bloss Corallen und Schnecken in den Uebergangsgebirgen, Fische schon im ältesten Flözgebirge, Vögel und Insekten in den neuern (natürlich mit den niedern Stufen zugleich), Säugthiere (fossile Knochen) nur in den neuesten. — wofür nun auch — nach Cuvier und Brongniart — das Vorkommen der Säugthierknochen in dem Pariser Gips spricht. 2) Die ältesten Versteinerungen sind diejenigen, die im Ganzen genommen, am meisten von der gegenwärtigen Bildung abweichen; je jünger sie sind, desto mehr nähern sie sich der Bildung der jetzt herrschenden Epoche. 3) Aber kann man kaum von irgend einer Versteinerung behaupten, dass sie vollkommen mit den jetzt herrschenden Formen übereinstimme. Zu auffallend ist, selbst bei den fossilen Knochen, die Abweichung, und wo man glaubte, vollkommene Uebereinstimmung zu finden, möchte es wohl eher in der Unvollständigkeit der Reste liegen, die uns verhindert, die oft kleine, und doch für die ganze Form nicht unbedeutende Abweichung zu finden.

Es ist bekannt, dass die figurirten Marmor, wie der Ruinen-Marmor (Florentiner Marmor), die dendritischen Kalksteine durch wahrhafte galvanische Anschüsse verschiedener Metalle an den Klüften des Gesteins, und von diesen in diese Masse hinein entstehen. Meist durch Anschüsse von Mangan.

Cronstedt §. 7. p. 14. Versteinerte oder harte Kalkerde. Terra calc. indurata. Kalkstein partic. impalpabilibus. Cronstedt war der erste, der Kalkstein und Marmor, nur durch die Zufälligkeit der Politur von einander verſchieden, ganz mit einander verband. Eine Verbindung, die ſeitdem immer Statt gefunden hat. Wallerius gen. 11. p 123. Calc. rudis vulgaris ſolidus partic. impalpabilibus et indiſtinctis. Calc. aequabilis ſpec. 149. Marmor unicolor. ſpec. 56. p. 133. zum Theil. Marm. diverſis colorib. variegatim maculoſum p. 135. ſpec. 57. Marmor picturae rudimentis ornatum, pictorium p. 137. ſpec. 58. Marm. petrefactis teſtaceis, integris vel fractis compoſitum. Marm. teſtaceum p. 138. ſpec. 59. Syſt. Nat. XII. 3. p. 41. n. 4. Marmor (fiſſile) partic. ſubimpalpabilibus fiſſile albidum p. 42 n. 10. Marm. partic. argilloſis, fragmentis horizontalib. p. 41. n. 3. Marm. partic. impalpab opacum compactum poliendum flavicans, p. 40 n. 2. Marm. ſolubile, partic. impalp. raſilibus — D'Isle 1. p. 571. Marbre zum Theil. Kirvan 1. p. 112. Hauy 2. p. 187. Tabl. compar. p. 4. Reuſs 2. 2. p. 262. Mohs 2. p. 14. Brochant 1. p. 523. tabell. Ueberſ. p. 32. Karſten p. 50. Brongniart 1. p. 195.

2) ROGGENSTEIN, Wr. (Ch. carbon. globuliforme, H.). *Rauch- gelbl- aſch-* Gr., am häufigſten *haar-* auch *kaſtanien-* Br. — *derb* — inw. *matt* — Br. *dicht*, wegen der Kleinheit der abgeſ. St. ſchwer zu beſtimmen, ſcheint aber *ſplittr.* zu ſeyn. — Brchſt. im Groſsen, *unbeſt. eck ſtumpfk.* — *Groſs-* u. *klein-ſphäriſch- körnicht* und *fein- körnicht* abgeſ. St. — *Sehr wenig an den Kanten drchſchnd.* — *Halbhart ins Weiche* — *wenig ſpr.* — *l. zrſpr.* — 2,456 — 2,494. Kirvan.

Kohlenſ. Kalk 90, Thon 10. Kirvan.

Der Roggenſtein iſt durch ſeine Abſonderung, ſeinen dichten Bruch und ſeine herrſchende Farbe ſehr charakteriſtiſch bezeichnet. Je feinkörniger er iſt, deſto härter wird er, zuletzt geht er in ein dichtes, gewöhnlich rauchgraues, grob- oder feinſplittriges, äuſserſt feſtes, hartes und ſchwer zerſprengbares Geſtein, das ſchwer mit Säuren brauſt, und von Freiesleben Hornmergel genannt wird (geognoſt. Beitr. z. Kenntn. des Kupferſchieferflözes, 1. p. 123.).

Fundort. Der Roggenſtein hat ein ſehr eingeſchränktes Vorkommen. Man findet ihn ſtets nur als Gebirgsmaſſe in mehr oder weniger mächtigen Lagern, meiſt in dem bunten Sandſtein, in welchen er einen Uebergang bildet, auch, wie dieſer, mit Thongallen vorkömmt; ſeltener in dem ältern Sandſtein. In den Harzer Flözgebirgen, vorzüglich bey Sangerhauſen, Eisleben, Aſchersleben, verbreitet er ſich bedeutend in dem Sandſtein, und muſs als ein untergeordnetes Lager deſſelben angeſehen werden. Auſserdem findet man ihn in der Schweiz, in England, in Schweden (Gothland).

Cronſtedt §. 12. p. 21. runder ſchaaliger Tropfſtein. Stalactites calc. globuloſus. Gothländiſcher Roggenſtein, Wallerius 2. p. 383. Stalact. calc globularis, minoribus globulis cruſtaceis ſine baſi concretus. Oolithus Spec. 415. Syſt. nat. XII. 3. p. 40.

n. 12. Marmor granis globosis crustatis confertissimus. Cronstedt, Wallerius und Linné haben den Roggenstein nicht gehörig von dem Erbsenstein unterschieden. De l'Isle 1. p. 563. auch ohne deutliche Unterscheidung von den wahren globulösen Stalactiten. Hauy 2. p. 193. Tabl. comp. p. 4. ebenfalls mit dem Erbsenstein verwechselt. Reuss 2. 2. p. 270. Mohs 2. p. 26. Brochant 1. p. 529. tabell. Uebers. p. 32. Brongniart 1. p. 203.

c) FASRICHTER KALKSINTER, Wr. *Schnee-röthl- graul- gelbl-* W., aus dem grünl-W. in *zeisig-* und *span-* Grn., aus dem gelbl-W. in *gelbl-* Gr., *wein-* und *honig-* Glb., *bräunl-pfirsichblüth-* und *fleisch-* R., *gelbl-* und *röthl-* Br., selten *veilchen-* und *himmel-* Bl. Die Farben kommen zuweilen *Streifen- Fleck-* und *Adern-* weise vor — *derb*, *als Ueberzug*, *tropfsteinartig* (die Spitzen dann zuweilen als auskrystallisirter Kalkspath), *pfeifenröhrig*, *röhrenförmig*, *zackig*, *nierenförmig*, *vorhangförmig*, *staudenförmig*, *kolbenförmig*, *knollig*, *zellich*, selten *mit pyramidalen* 6*s*. *Eindrücken* — Oberfl. meist *rauh*, oft *drusig*, selten *glatt* — inw. *wenigglänzend* bis ins *schimmernde* von *Perlmuttergl.* — Br. von grob bis höchst zartfasricht, *büschel-* und *sternförmig aus einander laufend fasricht*, selten *gleichlaufend* — Brchst. *unbest. eck.*, *zieml schrfk.*, selten *keilförmig splittr.* —

Am häufigſten *ohne Abſndr.*, zuweilen *groſs- grob-* und *eckigkörnig*, nicht ſelten *dick-* bis *ſehr dünn concentriſch ſchaalig* abgeſ. — *Stark drchſchnd.*, zuweilen *dem Halbdrchſtgen nahe* — *Halbhart*, *dem weichen nahe* (wird von der vorhergehenden Unterart geritzt,) — *nicht ſnd. ſpr.* — *l. zrſpr.* — 2,668 Briſſon, 2,454 K.

Nicht analyſirt.

Wie uns dünkt, überflüſſig hat Karſten den Kalkſinter mit ſchaaliger Abſonderung als eine eigne Art, unter dem Namen ſchaaliger Kalkſtein, abgeſondert.

Fundort. Seine Entſtehung iſt klar, und er bildet ſich noch täglich, durch das Durchſintern ſolcher Gewäſſer, die durch einen Ueberfluſs von Kohlenſäure die Kalkerde aufzulöſen im Stande ſind. So finden wir ihn, in ſeinen mannichfaltigen äuſsern Formen, in den Ablöſungen und freien Räumen der Kalkgebirge ſich anſetzend, beſonders in den betrachtlichen Höhlen des Uebergangs- und Flözkalks, die er vollkommen überzieht und die wunderlamſten und bizarreſten Geſtalten hervorbringt, welche, mehr als billig, da ſie bloſse willkührliche Produkte des Zufalls ſind, die Aufmerkſamkeit der ältern Mineralogen auf ſich zogen. In dieſer Rückſicht ſind die vielen Höhlen in Frankreich, Franken, Schweden, am Harz, auf Creta bekannt. Diejenigen Geſtalten, die oben herabtröpfelnd eine tropfsteinartige Gestalt annahmen, nannten die ältern Mineralogen vorzugsweise Stalactiten, die sich unten, mehr nierenförmig oder knollig auf dem Boden der Höhlen sammelten, Stalagmiten. Oft erhöhen sich diese, während die Tropfsteine nach unten zu wachsen, und beide begegnen sich in der Mitte, und bilden so nicht selten überraschend schöne Säulen, die sich, wenn man daran schlägt, durch einen hellen Glockenklang auszeichnen. Auch die warmen Quellen, wie bei Carlsbad der Sprudelstein besonders ausgezeichnet, setzen einen solchen Sinter in Menge ab, der sich durch geringere Durchscheinbarkeit unterscheidet. Oft wird eine Kalksinterbildung an kalkhaltigen Gebirgsarten durch den Bergbau veranlafst, und der Sinter überzieht dann die Firsten alter Stollen und Strecken, hängt sich in den Radstuben in gröfseren oder kleineren Zapfen an. Selbst in verlassenen Bauen erzeugt er sich. — So findet man ihn auch, besonders den mehr lockeren, schaalig abgesonderten, in Kellern, Thoren, in Gebäuden von Marmor aufgeführt. Wo der Kalksinter in Gängen vorkömmt, darf man ihn also keineswegès, seine durchaus zufällige Erzeugung erwägend, zur Gangformation rechnen. Besonders wo er sich in Gängen, in zufällig freien Räumen, bildet, findet er häufig Gelegenheit, sich während seiner Bildung durch Metalle zu färben. Der zeisiggrüne ist durch Nickel, der pfirsichblüthrothe durch Kobald, der braune und rothe durch Eisen, der spangrüne durch Kupfer gefärbt. Unter den Künstlern ist der Kalksinter unter dem Namen Marmo alabastrino bekannt.

Cronstedt §. 12. p. 21. Stalactitischer Kalkstein; Tropfstein. Stalactites calcareus, Rindenstein. Cronstedt rechnet zu diesem auch den gothländischen Roggenstein (siehe oben), und hat eine Menge überflüssige Unterabtheilungen. Wallerius 2. p. 386. Stalactites calcareus stillatitius, sub stillicidio concretus, pendulus. Stiria fossilis spec. 416. Stalactites calcareus, post stillicidum, figura globosa, botryitica vel alia concretus. Stalagmites sp. 417. Stalactites calcareus, solidus, crustosus, figura incerta. Sinter calcareum, sp. 418. Syst. nat. XII. 3. p. 183. n. 2. Stalactites stillatitius, cretaceus, tunicato-crustaceus, apice perforato natroso n. 3. solidus. Stalact. sessilis, solidus p. 184. n. 7. Stalact. marmorea spatosus solidus p 190. n. 18 Tophus turbinatus, calcar. turbin. multicorticatus interne imbricatus. De L'Isle p. 554. Espece 2. Spath calcaire en stalactites et stalagmites ou par depots secondaires. Kirvan 1. p. 123 Hauy 2. p. 190. 1) fistulaire, 2) stratiforme, 3) tuberculeuse, 4) geodique, Tabl. comp. p 4. Reuss 2. 2. p 306. Mohs 2. p. 86. Brochant 1. p. 551. tabell. Uebers. p. 34. Karsten p. 50. p. 93. n 68. sintriger und schaaliger Kalkstein. Brongniart 1. p. 219.

d) ERBSENSTEIN, Wr. (Ch. carb. globuliforme, H.) *Gelbl- graul- röthl- W.*, selten *fchnee*-W., *gelbl*-Gr., *ifabell*-Glb., *gelbl*-Br., zuweilen mehrere Farben *ftreifenweife* — *derb, als Ueberzug, in lofen runden Kugeln, kleinnierig* — inw. *matt* und *fchwachfchimmernd* — Br. *eben* ins *zart* und *fternförm. faferichte* — Brchft. *unbeft. eck., ftumpfk.* — Am häufigften *grofs*- und *fein fphärifch körnicht abgef.* St., die wieder *aus fehr dünn concentrifch fchaaligen* Abfonderungen beftehen. In der Mitte einen Steinkern, einen Waffertropfen oder eine Luftblafe einfchliefsend, oft auch ohne körnige Abfonderung, Steinmaffen *fchaalig abgefondert* überziehend — *an den Kanten drchfchnd* — *weich* — *nicht fnd. fpr.* — *l. zrfpr.* — 2,392 Wiedemann, 2,655 K.

Unfchmelzbar. Die nicht ganz zuverläffige Analyfe von Bergmann giebt Kalk 64, Kohlenf. 34, Waffer 2.

Die ältern Mineralogen haben den Erbfenftein mit dem Roggenftein verwechfelt. Er ift aber von diefem durchaus verfchieden, fowohl durch feine äufsere Geftalt, als durch fein Vorkommen, wie die flüchtigfte Vergleichung lehrt.

Fundort. Der ausgezeichnetfte Fundort des Erbfenfteins ift Carlsbad in Bohmen. Die meiften übrigen find wohl obfolet. Seine Entftehung ift en chaus charakteriftifch, und blofs, indem man diefe überfah, konnte man ihn, wie Reufs, mit dem faferichten Kalkfinter von fchaaligem Bruch verwechfeln. Er bildet fich nämlich bei Carlsbad, indem die heifse, aus Granit hervorfprudelnde kalkhaltige Quelle, Tropfen in die Höhe wirft, die einen Waffertropfen, eine Luftblafe, ein kleines Korn von Granit ergreifen, fpielend in der Luft mit einer dünnen Kalkkrufte gleichförmig überziehen, den fo überzogenen Kern nochmals in die Höhe hebend aufs neue überziehn, und das fo oft, bis die Kugel für ein folches Spiel zu fchwer wird. Dann bleibt fie liegen, durch ein kalkiges Bindemittel mit einer Menge ähnlicher gröfseren und kleineren Kugeln zu einer Maffe verbunden. Natürlicher Weife können gröfsere Steinmaffen, durch die nämliche Quelle, auf dem Boden liegend, auf ähnliche Weife fchaalig überzogen werden, und man kann einen folchen Ueberzug als den unvollftändigen Bildungsprocefs des eigentlichen Erbfenfteins anfehen.

Cronftedt §. 12. p. 21. weifser fchaaliger Tropfftein. Karlsbader Sprudelftein. Wallerius 2. p 384. fp. 415. Oolithus, majoribus globulis, pifi magnitudine. Pifolithus, Syft. nat. XII 3. p. 189 n 14. Tophus (Oolithus) calcareus globulis pififormibus cruftatis congeftus. Kirvan 1. p. 126. Hauy 2. p 193. und Tabl. compar. p. 4. (Alle bis jetzt angeführte Mineralogen haben Roggen- und Erbfenftein nicht gehörig unterfchieden.) Reufs 2. 2. p. 309. fchaaliger Kalkſtein. Mohs 2. p. 93. Brochant 1. p. 556. tabell. Ueberſ. p. 34. mit dem dichten Kalkſinter verbunden. Karſten p. 60. Brongniart 1. p. 213.

e) KALKTUFF (Chaux c. concret. incruſtante, H.). *Gelbl*-Gr. in *ocker*-Glb., und *aſch*-Gr. — *Abdrücke* von *Baumblättern*, *Röhren*, *Schilfen*, *Mooſen*, vorzüglich häufig als *Ueberzüge* von eben dieſen Pflanzentheilen — Selten *in groſsen Kugeln*, auf eine ausgezeichnete Weiſe *porös* — inw. *meiſt matt*, ſelten *bis ins wenigglänzende* — Br. *uneben* ins *ſplittr.*, zuweilen mit einer Anlage zum *grobfaſer. ſtrahl.* und *blättr.* — Brchſt. *unbeſt. eck. ſtumpfk.* — Eine ſchwache Anlage zur *ſchaal. Abſ.* — *Undrchſtg.* oder *ſchwach an den K. drchſchnd.* — *weich, bis ins ſehr weiche* — *etwas milde* — *l. zrſpr.* 2,474. K.

Eine ſehr ausgezeichnete Abänderung des kohlenſauren Kalks. —

Fundort. Man findet den Kalktuff in den aufgeſchwemmten Gebirgen, wo er ſich noch immer fortbildet. In den ältern mineralogiſchen Schriften kömmt er unter dem Namen Oſteocolla, Beinbruch, vor. — Die Eigenſchaft mehrerer kalkhaltigen Quellen, in Böhmen, Sachſen (bei Weimar, Langenſalza und Tennſtedt in Thüringen,) Würtemberg, Bayern, die hineingelegten

Körper allmählig mit einer dicken Kalkrinde zu überziehen, haben die ältern Sammlungen besonders mit einer Menge fremdartiger Substanzen bereichert, die man wohl sogar unter die Versteinerungen mit zählte (versteinerte Trauben, Vögel u. s. w.). — Allenthalben findet man fast kalkhaltige Gewässer, die die darin wachsenden Moose überziehen. — Bei einigen kryptogamischen Gewächsen aber, wie bei Chara vulgaris, Hypnum crista castrensis, Neckera dendroides, scheint allerdings der Kalk ein eigenthümliches Verhältniss zur Pflanze selbst zu zeigen. (Humboldt's Aphorismen p. 105. Scherers Journ. 5tes H. p. 537.)

Cronstedt §. 12. Stalactites figura incerta Wallerius 2. p. 389. no. 10. Stalactites calcareus solidus vel crustosus figura incerta (?) p 382. no. 6. Stalactites calcareo-arenosus circa radicem vegetabilem concretus, Osteocolla p. 380. no. 5. Stalactites calcareus, crustaceus, vel per se in canalibus vel circa alia corpora duriora concretus. Incrustatum p. 392. no. 15. Tophus fusibilis terrestris, aqua simplici generatus. Syst. nat. XII. 3. p. 189. no. 16. Tophus Osteocolla, calcareus, subcylindricus perforatus p. 188. no. 12 Tophus calcareus lebetum p 189. no. 13. Toph. calcareus granulatus p. 183 no. 1. Stalactites vegetabilia incrustans (?). Hauy 2. p. 195. Reuss 2. 2. p. 314. Brochant 2. p. 492. tabell. Uebers. p. 34. Karsten p. 50.

2.

KREIDE, (Ch. carbonatée crayeuſe, H.). *Gelbl-* in *ſchnee-* und *graul-* W. — *Gelbl. braun geadert und geſleckt* — *derb, eingeſprengt*, als *Ueberzug* des Feuerſteins — inw. *matt* — Br. *erdig*, meiſt *ziemlich ſeinerdig* — Brchſt. *unbeſt. eck. nicht ſonderlich ſchrſk.* — *Undrchſtg.* — *färbt ab und ſchreibt* — *ſehr weich* — *milde* — *l. zrſpr.* — *mager und nicht ſndrl. rauh anzuſühlen* — 2,252 Muſchenbroeck, 2,249 K.

Unſchmelzbar. Brauſt leicht mit Säuren. Kalk 53, Thon 2, Kohlenſ. 42, Waſſer 3, Kirvan. Kalk 52,603, Kohlenſ. 31,949, Waſſer 15,402 Lavoiſier. Kalk 56,50, Kohlenſ. 43,00, Waſſer 0,50 Buchholz. Die letzte Analyſe unter dieſen die vorzüglichſte.

Obgleich die Analyſe von Buchholz beweiſt, daſs die Kreide, in Rückſicht der Beſtandtheile mit der vorhergehenden Gattung und ihren mannichfaltigen Modificationen faſt ganz übereinſtimmt, ſo iſt ſie dennoch eine ſehr ausgezeichnete eigne Gattung, die durch Farbe, Bruch, Weichheit, Mildigkeit, Schreiben und Abfärben ſehr genau charakteriſirt iſt, und faſt ohne alle Modificationen, ſich ſehr rein innerhalb eines engen Kreiſes des Charakteriſtiſchen hält. Auch zeigt die Kreide wenige Verwandtſchaften.

Fundort. Die Kreide gehört ausſchlieſsend einer eigenen, beſtimmten und ausgezeichneten Kalkformation, die keinesweges allein aus Kreide beſteht, vielmehr hauptſächlich aus einer eigenen, in dicken Schichten, und groſsen, oft ungeſchichteten Maſſen vorkommenden, ziemlich harten, keinesweges ſchreibenden oder abfärbenden, meiſt weiſsen Modification des dichten Kalkſteins. Ja oft ſindet man in dieſer Formation einen wahren körnigen Kalkſtein. Hier kömmt nun die Kreide, in nicht gar mächtigen, meiſt ſöhlig liegenden Flözen vor, und iſt, wie die ganze Formation vorzüglich durch die in ihr ſo häufig vorkommenden Feuerſteine charakteriſirt. Die Kreideſormation dehnt ſich ſehr weit aus, und ſcheint mit den nördlichen Urgebirgen in Schottland, England, Norwegen und Schweden und ihren Flözgebirgen in einer Beziehung zu ſtehen, derjenigen ähnlich, in welcher der Muſchelkalk zu den ſüdlichern Urgebirgen und ihren Flözen ſteht. Sie enthält eine groſse Menge Verſteinerungen, die in dem obenerwähnten dichten Kalkſtein am häufigſten vorkommen, in der Kreide ſelbſt keinesweges fehlen, in den härtern, mehr körnigen Kalkſteinen der Formation ganz verſchwunden zu ſeyn ſcheinen. Dieſe Verſteinerungen, meiſt Corallen, die oft in einer anſehnlichen Höhe, noch ganze Corallengebirge zu bilden ſcheinen, doch auch Schnecken und Muſcheln, meiſt Nautiliten, Turbiniten, Pectiniten. Carditen und Bucarditen, ſind merkwürdig, indem ſie ſich mehr als die meiſten übrigen an jetzt noch lebende Formen anſchlieſsen. Die Kreideformation, die ſich an die Schottiſchen, Norwegiſchen und Schwediſchen Gebirge anſchlieſst, hat eine ſehr weite Verbreitung, und reicht von England herüber nach Frankreich, wo die bekannte und merkwürdig-modificirte Formation von Paris vorkömmt, von Schweden aus durch Dänemark, (Jütland und Seeland) bis Lüneburg. Die Däniſche und Norwegiſche Formation ſcheint in den ſüdlichern Gegenden (bei Segeberg und Lüneburg, an welchem letztern Orte der Gips noch von Kreide bedeckt iſt) eine eigene Gipsformation als untergeordnetes Lager in ſich zu ſchlieſsen. Mit dieſer von mir zuerſt geäuſserten Vermuthung ſcheinen einige Geognoſten zwar nicht ganz zufrieden zu ſeyn. L. v. Buch, der die Idee (Reiſe nach Norden 1ſter Th. Vorrede) zwar nicht ganz unglücklich findet, glaubt dennoch, daſs zu ihrer völligen Beſtätigung die Uebereinſtimmung mit der Pariſer Formation ſchärfer bewieſen werden müſste, beſonders dadurch, daſs man die foſſilen Knochen des Pariſer Gipſes in dem Segeberger und Lüneburger Gips, oder die charakteriſtiſchen Segeberger und Lüneburger Boraciten in dem Pariſer Gips nachwieſe. Sollte die

Richtigkeit meiner Vermuthung von einer solchen Bestätigung abhängen, so könnte man sie nicht sonderlich glücklich nennen, denn sie läſst sich, wie eine selbst oberflächliche Bekanntschaft mit beiden Formationen deutlich zeigt, keineswegs erwarten. Aber die Behauptung von Buch beruht auf einem Miſsverständniſs. Ich habe nämlich nur behauptet, die Pariser Formation bewiese, daſs die Kreideformation eine eigene Gipsformation habe, keineswegs, daſs die Verbindung von Gips und Kreide allenthalben auf die nämliche Weise gebildet, unter den nämlichen Umständen und Bedingungen entstanden wäre. Die Kreideformation kann, wie fast alle Formationen, die wir kennen, an verschiedenen Orten verschieden modificirt seyn, und ist es. Auch die Kreide selbst ist, wie Cuviers und Brongniarts Untersuchungen lehren, sehr abweichend von der nordischen Formation, aber dennoch offenbar in Verbindung mit der Englischen, die mit der Dänischen so genau übereinstimmt. Die Versteinerungen in der Kreide bei Paris sind in mehrern Rücksichten abweichend von denen in Seeland, es sind Luturliten, Vermeculiten, Belemniten, Ammoniten (die in Seeland nicht vorkommen), Pinniten, Mitiliten, Ostraciten, Pectiniten, Craniten, Terebratuliten, Spirorbiten, Ananchiten, Porpiten u. s. w. Ferner findet man zwar bei Montmartre fossile

Knochen, aber der Gips verbreitet sich sehr weit, und ist leicht zu untersuchen, da er durch häufige Steinbrüche sehr aufgeschlossen ist, und dennoch kommen, z. B. bei Argenteuil meines Wissens gar keine fossile Knochen vor. Hausmann stimmt ebenfalls meiner Vermuthung nicht bei, (skandinavische Reise 1ster Th. in der Vorrede) und hat versprochen, an einem andern Orte seine Gründe aus einander zu setzen. Seiner Behauptung nach ist der Gips bei Segeberg und Lüneburg derselbe, der eine ältere Formation in den deutschen Gebirgen bildet, und der, wie an den erwähnten Orten, durch Salzquellen charakterisirt ist. Mir sind die genauern Gründe dieser Behauptung, die meine Annahme unstatthaft machen sollten, bis jetzt nicht bekannt geworden. Nur in einer von ihm selbst verfertigten Anzeige seiner Reise in den Göttinger gelehrten Anzeigen äussert er sich etwas genauer, aber die Gründe, die dort angeführt sind, findet man in meiner eigenen Schrift viel weitläufiger und genauer aus einander gesetzt und geprüft, weil ich früher der Hausmannschen Vermuthung, als der herrschenden, zuerst von Werner aufgestellten, zugethan war. Ich finde daher bis jetzt gar keinen Grund meine Annahme aufzugeben. Auch in den Karpathen kömmt die Kreideformation mit einer eigenen Gipsformation vor. Doch wäre

wäre es zu wünschen, daſs die genaueren Verhältnisse gründlicher untersucht würden, als es bis jetzt geschehen ist. — Die Schwedische, Dänische und Norddeutsche Kreideformation (in Schonen, Seeland, Möen, Rügen) ist von der Ostsee durchbrochen und gröſstentheils zerstört, die vormals eingeschlossenen Feuersteine sind in allen Ebenen, bis ziemlich tief in Deutschland herum zerstreuet, und aus den zerstörten Ruinen der Kreideformation selbst hat sich ein aufgeschwemmtes Lager von einem eigenen Mergel gebildet, den man als ein Kreideconglomerat ansehen kann, und in welchem nicht selten ziemlich grosse, häufiger ganz kleine, Geschiebe von Kreide sich noch immer erhalten haben. Auſser Schonen, Seeland, Möen, Rügen, England, und dem nördlichen Frankreich, zeichnen sich die Karpathen, der griechische Archipelagus, und nach Seezen eine Fläche in Syrien, die nach Sinai hinführt, durch die Kreideformation aus. Vergl. meine geognost. geologischen Aufſätze, Hamb. 1810. Cuvier und Brongniart Annal. d. Museum, cah. 4. p. 293.

Cronstedt §. 6. p. 14. weiſse Kreide. Wallerius 1. p. 27. gen. 2. spec. 9. Creta cohaerens solida Syst. nat. XII. 3. p. 206. n. 1. Calx (Creta) solubilis impalpabilis cohaerens. Kirvan 1. p. 107. Hauy 2. p. 189. Tabl. comp.

p. 4. Reufs 2. 2. p. 259. Mohs 2. p. 9. Brochant 1. p. 521. 2. p. 597. tabell. Ueberf. p. 32. Karsten p. 50. Brongniart 1. p. 207.

3.

BERGMILCH (Ch. carbonatée fpongieufe H.). *Schnee- röthl- gelbl-* W. bis ins *gelbl-* Gr. — *Derb, matte ftaubartige Theile, fchwach zufammengebacken. — Färbt ziemlich ftark ab — Fühlt fich fehr mager und fanft an — leicht, oft faft fchwimmend.*

Leicht aufbraufend, Kohlenf., Kalk und Waffer. Es giebt keine genauere Analyfe.

Die fchwammartige Confiftenz, das locker zufammengebackene, Zerreibliche, und die grofse Leichtigkeit charakterifiren diefe Gattung, die durch ihre äufsere Geftalt das Eigenthümliche ihrer Entftehung verräth. Sie fteht ziemlich ifolirt, nähert fich aber dennoch der Kreide, ohne eigentlich einen Uebergang in fie zu bilden; auch, wie Mohs zeigt, mit der nächftfolgenden Gattung der Schaumerde hat fie Verwandtfchaft.

Fundort. Erzeugt fich in den Kalkgebirgen, theils aus den auf Klüften hervordringenden Waffern, theils in Höhlen, und mag auf eine eigene Weife, wenn gleich nicht mechanifch, präcipitirt feyn. Merkwürdig ift es, dafs ich in Segeberg, an dem dortigen Gips, eine feine Gipserde, die äusserst leicht war, an mehrern Stellen aber mit Säuren aufbrauste, und also ihre Schwefelsäure verlohren haben muss, eine wahre Bergmilch also, entfernt von allem Kalk, aus welchem sie ihren Ursprung haben könnte, gefunden habe. Es muss also hier eine Zerlegung Statt gefunden haben, die der herrschenden Ansicht der chemischen Verwandtschaftslehre widerspricht. Vergl. meine geognostisch-geologischen Aufsätze p. 73. Das ausgezeichnetste Vaterland der Bergmilch ist das Schweizer Alpengebirge, ausserdem Regensburg, Walkenried am Harz, Oestreich, Salzburg, Böhmen, und sie würde daher nicht so selten seyn, wie sie wirklich ist, wenn sie nicht so leicht zerstörbar wäre.

Wallerius gen. 2. spec. 11. p. 30. Creta farinacea, spongiosa mollis. Agaricus mineralis. Syst. nat. XII. p. 206. no. 2. Calx solubilis purpurea (?). Kirvan 1. p. 105. Hauy 2. p. 189. Tabl. comp. p. 4. Reuss 2. 2. p. 257. Mohs p. 8. Brochant 1. p 519. tabell Uebers. p. 32. Karsten p. 50. Brongniart 1. p. 210.

4.

SCHAUMERDE (Ecume de terre H.). *Gelbl.* ins *silber-* zuweilen ins *graul-* W. — *derb und eingesprengt*, theils *lose*, *aus feinschuppigen*

Theilen bestehend, theils *zusammengebacken*, oft auch *fest und schiefrig*. — Meist *glänzend*, zuweilen *wenigglänzend*, und die lose oft nur *schimmernd* — Brch. *blättr*. meist *krumm* und *schuppigblättr*. Bei der am meisten ausgebildeten festen findet man Spuren von *einem 3f. Drchg*. — Brchst. *im Grossen unbest. eck. und stumpfk*. — Die feste *gross*- und *klein-körnicht abges*. — *an den K. drchschnd*. — *die lose färbt ab* — *sehr weich* — *milde* — *sehr l. zrspr*. — *fühlt sich sanft, aber nicht fett an* — *leicht ins schwimmende*.

Löst sich unter heftigem Brausen in Säuren auf. Kalk 51,00, Kohlens. 39,00, Wasser 1,00, Kis. 3,20. Buchholz.

Diese sehr charakteristische Gattung, nähert sich durch ihre Zerreiblichkeit, Mildigkeit und Leichtigkeit der Bergmilch, und wird durch diese mit den übrigen Kalkgattungen in Verbindung gesetzt. Sie unterscheidet sich aber auffallend durch Farbe, Glanz, feinschuppige Theile und meist krummblättrigen Bruch. Hrn. Freiesleben (über das Kupferschieferflöz 2ter Th.) verdanken wir eine genauere Untersuchung der Gattung, und er glaubt, man könne drei Arten unterscheiden: *die eigentliche Schaumerde*, die das lose Fossil von feinschuppigen Theilen enthält, *Schaumschiefer*, durch die schiefrige Textur charakteriſirt, und endlich *Schaumſpath,* wenn der blättrige Bruch bei der feſten Schaumerde deutlicher wird; dennoch möchte es ſchwer ſeyn, irgend eine beſtimmte, oder bemerkbare Gränze dieſer Arten feſtzuſetzen, wenn ſie ſich gleich, wie ſich nicht läugnen läſst, in ihren Extremen, ſehr von einander unterſcheiden. Hauy vereinigt dieſe Gattung, die als eine ſolche zuerſt von Werner aufgeſtellt wurde, mit der nächſtfolgenden (dem Schieferſpath), und ihm folgt Karſten, der beide Gattungen unter dem Namen Aphrit verbindet, wovon unten mehr. Die Schaumerde nennt er erdigen Aphrit.

Fundort. Die Schaumerde ward bis jetzt für ein ſehr ſeltenes Foſſil gehalten, und für den vorzüglichſten Fundort ward Gera angeſehen, wo ſie ſich in den kleinen Höhlungen der groſsblaſigen Rauchwacke (einer Modification der ältern Kalkformation) findet (ſiehe oben den Artikel des dichten Kalkſteins). Lippert hat ſie bei der Verfertigung ſeiner Dactyliothek benutzt, um Baſten daraus zu verfertigen. Jetzt weiſs man, daſs die Schaumerde nicht ſo ſelten iſt. Sie kömmt auf eine ausgezeichnete Weiſe beim Meisner in Heſſen, und bei Eisleben in den dortigen ältern Flözkalkſchichten vor. In den untern Schichten kömmt, nach Freiesleben (a. a. O.), vorzüglich die eigentliche Schaumerde, in den mittlern der

Schaumſchiefer, und in den obern überhaupt mehr kryſtalliniſchen, der Schaumſpath vor.

Hauy 4. p. 506. Tabl. comp. p. 6. Ch. carbonatée unie, par voie de melange, à différentes ſubſtances, formes indeterminables f. nacrée 3) lamellaire, mit dem Schieferſpath verbunden. Reuſs 2. 2. p. 317. Mohs 2. p. 6. Brochant 1. p. 487. 557. tabell. Ueberſ. p. 34. Karſten p. 50. Brongniart 1. p. 232.

5.

SCHIEFERSPATH, (Spath ſchiſteux, H.). *ſchnee- grünl- milch- röthl-* W. — *derb, eingeſprengt, tafelartig kryſtalliſ. Hält das Mittel zwiſchen glänzend* und *wenigglänzend*, von *Perlmuttergl.* — Br. *krummblättr. einen deutlichen* mehrere *undeutliche Drchg.* — Brchſt. *ſcheibenförmig*, und *unbeſt. eck. ſtumpfk.* — Zuweilen eine Anlage zu *groſs- und grobkörnicht*, oft auch *zu krummſchaalig abgeſ. St.* — *Wenig*, meiſt *nur an den K. drchſchnd.* — *Weich* — *etwas ſpröde* — *l. zrſpr.* — 2,697 Kirvan. 2,474 Blumenbach. 2,470 K.

Unſchmelzbar, brauſt heftig mit Säuren. Kalk 56,00, Kohlenſ. 41,66, Mangan 3,00.

Hauy, und nach ihm Karſten, haben dieſe Gattung mit der Schaumerde vereinigt (ſiehe vorigen Artik.), der letzte führt ihn unter dem Namen verhärteter Aphrit auf. Wir glauben, diese beiden Fossilien fürs erste trennen zu müssen, wenn wir gleich die bedeutende Verwandtschaft beider nicht abläugnen, theils der grössern Krystallisirbarkeit, des deutlichern blättrigen Bruchs, der Absonderung, der grössern Schwere, vorzüglich aber des bestimmt verschiedenen geognostischen Verhältnisses wegen. Nach der nicht ungegründeten Annahme von Mohs scheint er eine Verwandtschaft mit dem Schaalstein (1ster Th. p. 484.) zu haben, und so die Verbindung der Kieselreihe mit der Kalkreihe zu vermitteln. Hauy hat der Richtung der Flächen des Rhomboëders von $101\frac{1}{2}^{\circ}$ Durchgänge der Blätter gefunden, und sich dadurch bewogen befunden, das Fossil mit dem kohlens. Kalk als eine eigene Abänderung in Verbindung mit der Schaumerde, zu vereinigen. Aber auch die schiefrigen und blättrigen Abänderungen der Schaumerde unterscheiden sich deutlich von dem Schieferspath.

Fundort. Am ausgezeichnetsten findet man ihn in Norwegen mit Bleiglanz, Blende, Magneteisenstein in den Urkalksteinlagern und auf den Gängen bei Kongsberg, ausserdem begleitet er die Zinnformation im Erzgebirge, man findet ihn vorzüglich bei Bergmannsgrün ohnweit Schwarzenberg. — Auch bei St. Austle in England soll er vorkommen. Immer aber findet man ihn nur in Urgebirgen, da die Schaumerde und ihre Abänderungen ganz auf die ältere Flözkalkformation eingeschränkt ist.

Hoffmann bergmann. Journ. 1789. 1stes St. p. 187. no. 378. Kirvan 1. p. 144. Hauy 4. p. 565. Tabl comp Ch. carbonatée unie, par voie de melange, à différentes substances, formes indéterminables f. nacrée 1) primitive, 2) testacée Reuss 2. 2. p. 319. Mohs 2. p. 3. Brochant 1. p. 538. tabell. Uebers. p. 34. Karsten p. 50. 2. p. 95. no. 67. Brongniart 1. p. 232.

6.

ARRAGON, K. (Arragonit Wr. H.). *Berg-* Grn., *grünl- gelbl- graul-* W., *gelbl- grünl- perl-* Gr., *veilchen-* Bl. Besonders merkwürdig ist die Farbenvertheilung in den säulenförmigen Arragonen aus Spanien. Die berggrüne Farbe zeigt sich nämlich oben und unten an den beiden Endflächen der Säule, in zwei abgesonderten Parthieen, die sich, mit beständiger Abnahme der Breite tief in die Säule hineinziehen, und so zwei grün-gefärbte Pyramiden bilden, die sich in der Mitte der Säule in einem Punkte vereinigen. Die veilchenblaue Farbe hat ihre gröſste Breite in der Mitte zweier einander gegenüberstehenden Seitenflächen, und geht ebenfalls in die Mitte des Krystalls hinein, wo sie, zwei blaue Pyramiden bilden, welche den grünen begegnen und in dem nämlichen Punkte mit ihnen zusammenstoſsen. Die grüne Farbe nimmt alſo den gröſsern Theil des Kryſtalls ein. Wenn die ſtarke Streifung des Kryſtalls, die der Textur gemäſs iſt, bei der grünen Farbe nach der Länge der Seitenflächen geht, ſo geht ſie in den blauen Parthieen quer oder den Endflächen parallel. Nie iſt dieſe Vertheilung der Farben auffallender, als beim Zerſpalten des Kryſtalls der Länge nach, denn von auſsen verläuft ſie ſich zuweilen etwas. — *Derb, kryſtalliſ.*

(Kerngeſtalt, ein rechtwinkliches Octaëder, die ſtumpfere Neig. der Stfl. zweier Pyr. gegen einander 115° 56′, die ſchärfere 109° 28′, die Neig. zweier benachbarten Flächen einer Pyr. gegen einander 107° 49′. Sie läſst ſich parallel mit der gemeinſchaftlichen Grundfl. der Pyr. weiter theilen. Tabl. comp. Pb. 1. fig. 2.)

1) Unitairer (unitaire Annal. d. Muſeum. t. 9. p. 247. T. 27. f. 6.) eine verſchobene 4ſ. S. mit abgeſtumpften ſchärfern Stk. an den Enden etwas ſtumpfwinklich zugeſchärft, die Zuſchrfgfl. auf die Abſtpfgfl. der ſcharfen Stk. aufgeſ. Neig. der Stfl. gegen die Abſtpfgfl. 122° 2′.

2) Symmetriſcher (ſymmetrique Tabl. comp. prismatique Lehrb. T. LXXXV. f. 232.) Eine niedrige 6ſ. S. mit abwechſelnd breiteren und ſchmäleren Stfl. Die Grundfl. matt, mit Streifungen von dem Mittelpunkte nach der Peripherie. Die Stfl. meiſt glänzend, häufig aber durch Longitudinalfurchen,

zuweilen durch Eindrücke, wodurch sie eine concave Gestalt erhalten, modificirt. Die Grundfl. hat vier Winkel von 116° und zwei von 128°. Diese Varietät scheint aus einer Zusammenhäufung der ersten entstanden zu seyn, außerdem zeigt sich noch eine Art von Ueberzusammensetzung, vermöge welcher eine jede Säule noch eine zweite umschliesst, deren Axe die ihrige unter einem rechten oder ungefähr rechten Winkel durchkreuzt. Diese letztere ist aber dergestalt in der Masse der ersten eingeschlossen, dass sie die Gestalt derselben durchaus nicht ändert, so dass man glauben möchte, ihre beiden Enden, welche Hervorspringungen bilden, und aus den Seitentheilen der Säule heraussteben sollten, wären weggeschnitten und mit diesen in Eine Ebene geschliffen worden. Die Verwachsung dieser beiden Säulen wird nur im Bruche recht deutlich, theils durch die sich durchkreuzenden Richtungen der Streifen, theils durch eine Art von Mosaik, in welcher sich vier, um einen gemeinschaftlichen Punkt herum vereinigte Dreiecke auf dem vertikalen Schnitt der ganzen Säule zeigen, welche sich durch die oben angegebene Farbenzeichnung deutlich genug unterscheiden. Die Grundlinien zweier liegen horizontal, die andern beiden haben ihre Grundlinien parallel mit den Longitudinal-Kanten. Die ersten beiden gehören zu der Säule, welche die andere umhüllt, die letztern zu der, welche in der ersten gleichsam eingezeichnet ist, was, nach Born, am deutlichsten in die Augen fällt, wenn man die Krystalle nach der Richtung ihrer Axe entzwey sägt, und die Durchschnitte polirt. Zuweilen scheint die Gruppirung aus prismatischen Nadeln entstanden zu seyn.

3) Vollgeformter (integriforme Annal. d. Museum T. 27. f. 8.). Diese Var. hat, wie die vorige, 4 Winkel von 116°, und 2 von 128°, weshalb sie auch durch die Gruppirung keine einspringende Winkel bildet. Drei Winkel von 116° gränzen aber an einander, und der vierte trennt die beiden Winkel von 128°.

4) Keilartiger (cuneolaire T. LXXXVI. f. 234 — 239.) 6s. S., deren Grundfl. ganz und gar mit kleinen keilförmigen Erhabenheiten bedeckt ist. Denkt man sich diese Grundfl. glatt, so sieht man, dass von den sechs Winkeln, welche die Stfl. unter einander bilden, drei von 128°, zwei von 116° und einer von 104° sind. Diese Varietät entspringt durch die Gruppirung mehrerer schiefwinkl. 4s. S. mit zugeschärften Enden, in welche sie sich sehr deutlich theilen lässt. Stumpfere Neig. der Stfl. gegen einander 116°, spitzere 64°. Die Zuschärfung ist auf die spitzere Stk. aufges., und die Zuschrfgfl. scheinen sich unter einem Winkel von 70° gegen einander zu neigen. Wenn

eine Gruppirung dieſer Art von ähnlichen Säulen, deren Stfl. ſich unter 120° und 60° gegen einander neigten, Statt fände, ſo würden drei ſolche Säulen eine reguläre 6ſ. S. bilden, deren Grundfl. aus drei keilförmigen Enden zuſammengeſetzt ſeyn würde, und deren Endkanten ſich um denſelben Punkt vereinigen, und unter einander Winkel von 120° darſtellen müſsten. — Bei dem vorliegenden Fall aber werden drei ſolche Säulen nicht mehr genau einen ſolchen Raum ausfüllen, es wird ſich vielmehr ein einſpringender Winkel von 12° bilden — (die Differenz zwiſchen der Summe dreier Winkel von 116° und dreier Winkel von 120°). Dieſer leere Raum wird durch eine vierte Säule ausgefüllt, welche zum Theil durch die eine von den übrigen durchzuwachſen ſcheint. Selten iſt dieſe Varietät ſo einfach, gewöhnlich iſt die Grundfl. ganz mit keilförmigen Erhabenheiten bedeckt. Die Gruppirung dieſer gröſseren Anzahl von Säulen geſchieht aber unter denſelben Bedingungen, und die Stfl. der gruppirten Säule ſind dann, wie bei no. 1. der Länge nach geſtreift.

5) Apotomiſcher (apotome Annal. d. Muſeum a. a. O. T. 27. f. 11. Bournon chaux carbonatée dure. Journ. d. Mines no. 103. p. 68. vielleicht der Igloit einiger Mineralogen). Eine höchſt ſpitzwinklichte dpp. 6ſ. Pyr., deren Grundfl. ein ſymmetriſches Sechseck von vier Winkeln von 116°

und zwei von 128° ist, wie bei no. 2. Die Neig. je zweier benachbarten Flächen jenseit der gemeinschaftlichen Grundfl. der Pyr. beträgt 159° 44′.

6) Confluirender (confluent Annal. d. Mus. T. 27., f. 1 u. 2.). Vier Krystalle zu den gewöhnlichen 6s. S. von 116° und 128° zusammengehäuft, die einzelnen Krystalle sind geschobene vierseitige Säulen von 116° und an den Enden scharf zugeschärft, unter dem Winkel von 70° 32′, die Zuschrfgfl. auf die scharfen Stk. der S. aufges. Die Zuschrfgen der vier Säulen fliessen zum Theil zusammen, und vereinigen sich, doch so, dass sie immer durch die äussern Flächen gesondert bleiben, welche einspringende Winkel unter einander bilden. Die Var. kömmt im Departement des Puy-de-Dome bei Vertaison vor.

7) Aus einander laufend nadelförmiger (aciculaire-radié). —

Die Krystalle *mittl Grösse* ins *Grosse*, oft *klein* — aussen *glänzend* und *starkgl.*, inw. *glänzend* und *weniggl.* von *Fettgl.* in *Glasgl.* und *Perlmuttergl.* — Hauptbr. *unvollk. blättr.*, *4f. Drchg.*, zwei Durchgänge vorzüglich deutlich, auch *fasricht*, und zwar *zart*, *grob-* und *meist gleichlaufend-fasricht* — Querbr. *splittr.*, häufig *uneben* ins *muschl.* — Der derbe *dünn dick-meist grad stänglich abges* — *Drchstg.* bis *drchschnd.*, (*dpp. Strahlenbr.*). — *ritzt den*

Kalkſpath, zuweilen *das Glas ſchwach — ſpröde — l. zrſpr.* — 2,891 Wiedemann, 2,883 — 2,928 K.

Brauſt wie Kalkſpath, phosphoriſirt ſchwach mit einem roſenfarbenen Lichte, und zerfällt durch die Hitze viel leichter und ſchneller als der Kalkſpath zu einem lockern Pulver. Die genauen vergleichenden Analyſen vom Kalkſpath und Arragon geben nach Fourcroy und Vauquelin für den Kalkſp. Kalk 57, Kohlenſ. 43, für den Arragon Kalk 58,5, Kohlenſ. 41,5, nach Biot und Thenard für den Kalkſpath Kalk 56,351, Kohlenſ. 42,919, Waſſer 0,730, für den Arragon Kalk 56,327, Kohlenſ. 43,045, Waſſer 0,628.

Dieſe Gattung ward zuerſt von Werner fixirt, und die Umgränzung, wie die, ſeitdem herrſchend gewordene Benennung, etwas zu enge gefaſst, und bloſs nach dem Vorkommen deſſelben in Arragonien beſtimmt. Die gröſsere Schwere, beträchtlichere Härte, die innere Structur, die Kryſtalliſation, machen es nothwendig, ihn von dem Kalkſpath zu trennen, obgleich Werner ſchon frühe die Verwandtſchaft beider erkannte (Bergm. Journ. 1790. 2. p. 96.). — Auf der andern Seite deuteten mehrere äuſsere Kennzeichen, als Härte, Schwere, und die gewöhnlichſte Kryſtalliſation als niedrige 6ſ. Säule ſowohl als die Phosphoreſcenz auf eine Verwandtſchaft mit dem

Apatit. Werner setzte daher den Arragon in die Nähe des Apatit, und vermuthete in frühern Zeiten einen Gehalt an Phosphorsäure. Klaproth zeigte zuerst (Bergm. Journ. 1788. 1. p. 299.), daſs der Arragon nichts als kohlensaure Kalkerde enthielt. Als in Frankreich die krystallometrischen Unternehmungen des Hauy Aufmerksamkeit erregten und Beifall fanden, als man da besonders eine auffallende Uebereinstimmung zwischen den Resultaten der krystallometrischen Untersuchungen und denjenigen der chemischen Analysen zu finden glaubte, muſste eine so auffallende Anomalie, wie diese, allgemeines Aufsehen erwecken. Hauy untersuchte den Arragon aufs genaueste, um die mögliche versteckte Uebereinstimmung mit dem Kalkspath in der Structur, wie in den Bestandtheilen zu entdecken. Das Resultat dieser genauen und scharfsinnigen Untersuchung bestätigte und befestigte die auffallende Verschiedenheit der Structur. (Annal. d. Mus. t. XI. p. 241 u. f. Journ. d. mines no. 136. p. 242 u. f.) Schon Werner erkannte bei dem Arragon einen 4f. Durchgang, er glaubte aber die primitive Gestalt in der 6f. S. zu finden, wie bei dem Apatit, und nahm drei Durchgänge an, parallel mit den Seitenflächen der Säule und eine parallel mit den Endflächen. Hauy bewies, daſs die primitive Gestalt, die des Octaëders war, welches man keilförmig verlängert in der unitairen Varietät findet, die bei der mechanischen Theilung aus der, den Arragon auf eine so merkwürdige Weise charakterisirenden Gruppirung durch mechanische Theilung wieder hervortritt. In der That, wenn man die auffallende Abweichung des Arragons von dem Kalkspath, wir möchten fast behaupten, in allen bloss äussern Kennzeichen genau erwägt, so kann man mit Wahrheit behaupten, dass in den oryktognostischen Systemen wenige Fossilien-Gattungen vorkommen, die strenger und bestimmter geschieden sind. Mit vollkommenem Recht hat Hauy die Versuche des Bernhardi die krystallinische Form des Arragons auf die des Kalkspaths zu reduciren, als zu willkührlich und zu sehr zu einem bestimmten äussern Zweck eingerichtet verworfen. Soll die Uebereinstimmung zwischen dem Chemiker und Oryktognosten fest begründet werden, so ist es vor allen Dingen nothwendig, dass der eine auf die Resultate der Untersuchungen des andern gar keine Rücksicht nimmt. Die gefundene chemische Uebereinstimmung darf also für den Krystallographen gar nicht da seyn, wenn er unbefangen untersuchen will, und dann fragen wir, ob nicht die grösste Verwirrung nothwendig entstehen müsste, wenn es erlaubt wäre, ohne Grund anzunehmen, dass die deutlichen Durchgänge einer Gattung bei einigen Modificationen ganz verdrängt wurden, während andere ganz undeutliche hervortraten? Selbst, wenn der Calcul keinen Widerspruch zeigt, ist ein solches Verfahren durchaus verwerflich. Wir sagen, *ohne Grund*, weil die Uebereinstimmung der Analysen *keiner* ist, keiner seyn darf, so lange das Zusammenfallen der Analysen mit der Structur erst bewiesen werden soll. Diese genaue Untersuchung hat auch Anlass gegeben zur Erweiterung der Gattung überhaupt. Mehrere Fossilien, die sonst zu den Kalksteinen gezählt wurden, werden jetzt zu den Arragonen mit Recht gerechnet. Hierher gehört vorzüglich Werners fasrichter Kalkstein, den wir hier, wir glauben mit Recht, nicht einmal als Art getrennt haben. Werner hat in seinen Beschreibungen schon frühe auf seinen splittrigen Querbruch, auf seine grössere Härte und Schwere aufmerksam gemacht. Dass nicht jeder faserichte Kalkstein hierher zu rechnen ist, ist wohl gewiss, dann aber ist er nur als eine Modification des Kalkspaths mit stänglich abgesonderten Stücken anzusehen. Indessen ist hier noch manches dunkel. Es ist noch ungewiss, ob der bekannte Derbyshirer faserichte Kalkstein, mit dem ausgezeichneten Seidenglanz, der als schmaler Gangtrumm im Thonschiefer vorkömmt, hierher gehört. Die Gattung des Arragon ist ferner mit einigen Krystallen, die man sonst zu den Kalkspathkrystallen rechnete, vermehrt worden. Es ſind vorzüglich lange, faſt nadelförmige Pyramiden, die man leicht von den eigentlichen Kalkſpathkryſtallen unterſcheidet, theils durch einen Fettglanz, der mit dem Perlmutterglanz verbunden iſt, theils durch den unebenen und mattern Querbruch, theils durch die Härte. Hierher gehört, was jetzt wohl keinem Zweifel mehr unterworfen iſt, auch Bournon's harter kohlenſaurer Kalk (philoſ. Trans. 1803. p. 325.). Ueber den Igloit und die Eiſenblüthe unten ein Mehreres.

Während auf dieſe Weiſe, vorzüglich Hauy, durch die genaueſten Unterſuchungen die Eigenthümlichkeit und den Umfang der Gattung feſtzuſetzen ſuchte, ſtellte man zugleich die genaueſten vergleichenden chemiſchen Analyſen an. Die Reſultate derſelben ſind oben angegeben, und ſo blieb über die chemiſche Uebereinſtimmung beider, ſo wenig wie über die oryktognoſtiſche Differenz nicht der geringſte Zweifel übrig. Selbſt die Vermuthung, die Hauy früher äuſserte, daſs die Menge des Kryſtalliſations-Waſſers eine Differenz begründen könnte, hat ſich durch Biots und Thenards Analyſe, die darauf vorzüglich Rückſicht nahm, keinesweges beſtätigt. Berthollet nimmt aus dieſer Erfahrung die Veranlaſſung allen mineralogiſchen Syſtemen es als einen groſsen Uebeſtand vorzuwerfen, daſs ſie gezwungen ſind, Subſtanzen zu trennen, die, wie die Analyſe beweiſt, völlig identiſch ſind. (Statique chimique 1. p. 443.) — Aber was beweiſt denn die chemiſche Analyſe? Daſs man dieſe beſtimmte Subſtanzen in beſtimmten Verhältniſſen durch ein auch beſtimmtes Verfahren erhält, das iſt gewiſs; daſs aber das zerlegte Foſſil zuſammengeſetzt ſey aus dieſen beſtimmten Beſtandtheilen in der Form, wie man ſie durch die Analyſe erhält, und in denſelben Verhältniſſen, iſt offenbar nur erſchloſſen, und zwar nicht unmittelbar, ſondern durch einen Sprung, kurz: es iſt keineswegesc eine reine Thatſache, wie die Structur, die Kryſtalliſation und alle äuſsere Kennzeichen. Die Brücke des Schluſſes iſt das eben herrſchende chemiſche Syſtem mit allen ſeinen Hypotheſen. Und ſind denn nicht ſelbſt die einfachen Subſtanzen der Chemiker, als ſolche, hypothetiſch? Die Frage iſt alſo, ob die reine, unmittelbare Erfahrung des Oryktognoſten (wenn ſie eine ſolche iſt, was freilich nicht immer der Fall iſt, ſeitdem die kryſtallometriſchen Hypotheſen zu kühn wurden), oder die Vermuthungen der Chemiker den Vorrang haben ſollen? Eine Frage, die nicht aufgeworfen zu werden verdient. — Daſs die oryktognoſtiſche Differenz eine chemiſche vorausſetzt, iſt gewiſs, ſo gewiſs als Structur und Qualität eins ſind, ob aber die chemiſche Kunſt im Stande iſt, in ihrer gegenwärtigen Lage diefe Differenz darzuftellen, ift ein anderes. Der Weg zu den mannichfaltigften *Vermuthungen* ift z. B. fchon durch die Entdeckung der Metallität der Erden und Kalien eröffnet. Ift es nicht möglich, dafs bei einem Foffil eine Säure, mit mehr Sauerftoff verbunden, in diefem überfauren Zuftande, das weniger oxydirte erdige Metall neutralifirt, während das mehr oxydirte erdige Metall durch eine weniger oxydirte Säure in einem andern Foffil gebunden ift? — Die bei der Analyfe benutzten Reagentien heben diefe Differenz auf, und geben ein gleichförmiges Refultat. Ich fage nicht, dafs es fich fo verhält, aber man zeige mir die chemifche Erfahrung, die die *Möglichkeit* einer folchen Vermuthung aufhöbe, und giebt man diefe zu, fo wird die herrfchende Anficht, die aus dem gleichförmigen Refultat auf ein gleichförmiges Verhältnifs der Beftandtheile des Foffils vor der Analyfe, als das Eigenthümliche deffelben beftimmend, fchliefst, felbft nur eine Vermuthung, aus mehrern *Möglichkeiten* herausgehoben. Einwendungen, freilich die treffendften, aus einem höhern Standpunkte, gehören nicht hierher. Und dann in der That, wie fieht es denn mit der geprießenen Uebereinftimmung, die den Chemikern, wie den Oryktognoften fo erfreulich gewefen ift, eigentlich aus? Dafs fie oft zufammentreffen, geben wir zu. — Aber wie oft mufs man fich die grössten Willkührlichkeiten erlauben, um die Uebereinstimmung herbeizuziehen? So wie bei völliger chemischer Identität, den Versuchen nach, ein Nichts die grösste, entscheidenste Differenz hervorruft, muss es wiederum, wenn bei der nämlichen Structur, die auffallendste chemische Differenz sich zeigt, wie bei den Granaten, bei dem spätigen Eisenstein, die reelsten Massen in bedeutender Menge chemisch gebunden, ohne allen Einfluss seyn. Freilich mit solchen Licenzen läst sich Manches in die Wissenschaft hineinbringen. Das Rathsamste ist offenbar diese, freilich zu erwartende Uebereinstimmung zwischen Oryktognosie und Chemie, dann erst in der Mineralogie für die Bestimmung der Gattungen anzuwenden, wenn sie fester und tiefer begründet seyn wird, bis dahin aber dem sichern Wege der Oryktognosie — wenn er nicht durch Hypothesen unsicher wird — den ihm gebührenden Vorzug unumwunden zuzugestehen.

Fundort. Anfänglich ward dieses Fossil zu den seltensten gerechnet, und als sein einziges Vaterland Arragonien angegeben, wo er eingewachsen in um- und um ausgebildeten Krystallen, in körnigem und faserichtem Gipse vorkömmt. Estner entdeckte darauf den Arragon bei Leogany im Salzburgischen, wo er in einem gneusartigen Gestein auffetzt, zuweilen derb vorkömmt und die schmalen Trümmer dicht ausfüllt. Die Krystalle sind aufgewachsen, bilden Drusen, und sind von Schwefelkies, Kupferkies, Quarz, Braunspath und Kalkspath begleitet. Freiesleben, der auch dieses Fossil kannte, läugnete, dass es ein Arragon wäre, glaubte es als eine neue Gattung ansehen zu müssen, und entwarf (Molls Jahrb. 3ter B. p. 368 u. f.) eine äussere Beschreibung, die, wenn sie gleich ziemlich unvollständig ist, doch beweist, dass Estners Behauptung die richtige sey. Die confluirende Varietät kömmt bei Vertaison in Puy-de-Dome vor. Da wir jetzt befugt sind, den Wernerschen faserichten Kalk, wenigstens grösstentheils hierher zu rechnen, so ist die Gattung nicht mehr so selten. Man findet diesen in England, (die Zweifel siehe oben), bei Andrarum in Schweden, mit dünnen Lagen von Schwefelkies abwechselnd, an mehrern Orten in Böhmen, bei Schneeberg im Erzgebirge auf Gängen im Thonschiefer, überhaupt am meisten auf Gängen, oft von einigen Erzen, besonders Kupfererzen, Schwefelkiesen, Eisenocker begleitet, meist schmale Gangtrümmer bildend. Die in der Anmerkung erwähnten, sonst zum Kalkspath gerechneten, zur apotomischen Varietät gehörigen Krystalle des Arragons, die Bournon zuerst unter dem Namen harter kohlensaurer Kalk unterschied, kenne ich von Kamsdorf bei Saalfeld und von

Tilkerode am Harz, wo sie mit Brauneisenstein vorkommen.

Werners bergm. Journ. 1790. 2ter B. p. 95. Hauy 4. p. 465. Tabl. compar. p. 6. u. p. 129. Reuss excentrischer Kalkstein 2. 2. p. 300. und fasrichter Kalkstein p. 304. Mohs 2. p. 98. und faserichter Kalkstein p. 85. Brochant 1. p 576 u d p. 549. tabell Uebers p. 33. u. 34. Karsten p. 50. Brongniart 1. p. 221.

EISENBLÜTHE. *Schnee- röthl- gelbl-* W. ins *rosen*-R. — Als *Ueberzug*, *zackig* (der zackige läuft oft in *nadelförmige* Krystallisationen aus) — Oberfl. *rauh*, oft *drusig* — *wenigglänzend* ins *schimmernde* von *Perlmuttergl.* — Hauptbr. *zart* und *höchst zart*- *büschel*- und *sternförmig aus einander laufend faserickt* — Querbr. *matter*, *uneben* aber undeutlich — Brchst. *unbest. eck.* — *ritzt den Kalkspath* — 2,877 eigne Beobachtung. —

Dieses Fossil ist sehr lange bekannt gewesen, und hat durch die Reinheit der Farben und des Glanzes, das Ausgezeichnete der Form, und das Zarte des Bruchs allgemeine Aufmerksamkeit erregt. Man rechnete es zu den faserigen Kalksintern, wofür die äussern Kennzeichen, so wie das Vorkommen zu sprechen schienen. Indessen hatte schon früher Cordier (Journ. d. physique an.

13. p. 77.) und später, wahrscheinlich ohne Cordiers Vermuthung zu kennen, Bournon bemerkt, dass die Eisenblüthe sich von den übrigen Kalksintern unterscheide. Der letztere verbindet sie mit seinem harten kohlensauren Kalk. Auch Hauy hat die Eisenblüthe, die er früher mit dem kohlensauren Kalk vereinigte, jetzt unter dem Namen Arrag. coralloide mit dem Arragon verbunden. Die nadelförmige Krystallisation, die derjenigen der apotomischen Varietät ganz ähnlich ist, der matte unebene Querbruch, die grössere Härte und Schwere als bei den gewöhnlichen Kalksintern, berechtigt allerdings zu dieser Trennung. Merkwürdig ist es, dass schon Mohs behauptet, dass die Eisenblüthe auf eine ganz andere Weise sich bilde, als die gewöhnlichen Kalksinter. Hauy hat zwei Unterabtheilungen: a) mit stachlichen Erhöhungen (hérissé), b) glatt (lisse). — Wir haben die Eisenblüthe hier abgesondert angeführt, weil sie, wie uns dünkt, wenn man sie zu den Arragonen rechnet, wenigstens als eine eigene Art angeführt zu werden verdient, da sie durch Farbe, Gestalt, Bruch und Vorkommen sich so sehr auszeichnet, welches mit dem Wernerschen faserichten Kalk nicht der Fall ist, denn mehrere Arragon-Krystalle, wie die von Vertaison, bilden einen unmerklichen Uebergang in diesen, der also nur

nur als derber Arragon anzusehen ist, zumal da die Längsstreifen der Arragon-Krystalle und ihre Gruppirung nur dem Grade nach von dem faserichten Bruch verschieden ist.

Fundort. Man hat dieses ausgezeichnete Fossil bis jetzt nur in Eisenerz in Steyermark und in Hüttenberg in Kärnthen gefunden, wo es in kleinen durch den Bergbau eröffneten Höhlen, auf den Lagerstätten des Spatheisensteins vorkömmt.

Cronstedt p. 22. § 12. 3 dichter, corallenförmiger, weisser Tropfstein. Wallerius 2. p. 388. Stalagmites coralloides. Flos ferri spurius. Spec. 415. Syst. nat. XII. 3. p. 183. no. 4. Stalactites marmoreus ramulosus. De l'Isle 1. p. 559. Kirvan 2. p. 206. Tabl. compar. p. 6. Alle übrigen Citate siehe oben faserichter Kalksinter.

IGLOIT. Esmark. *Graul*-W., *gelbl*-*grünl*-Gr., *span*-*seladon*-*spargel*-Grn. — *derb*, *kuglich*, in *nadelförmigen* Krystallen, die sehr spitzwinkliche 6s. Pyr. zu seyn scheinen — andere scheinen verschobene 4s. S., und noch andere lange dünne 4s. Tafeln zu seyn, die gegen ihre freistehenden kleinern Endfl. keilförmig zulaufen. Die Krystalle sind zuweilen in kleinere Kugeln zusammengehäuft und laufen sternförmig aus einander. — Die Krystalle sind äusserlich *glatt* und *wenig glänzend* — inw. *starkgl.* von *Glasgl.* —

Br. nach allen Richtungen *muschlich.* — Einzeln betrachtet, sind die Krystalle *halbdurchsichtig* — *halbhart* — *spröde* — *l. zrspr.* — 2,858.

Pulverisirt braust dieses Fossil mit Säuren. Vor dem Löthrohre phosphorescirt es sehr stark mit einem blendenden weissen Scheine, ohne zu schmelzen.

Esmark war der erste, der auf dieses Fossil aufmerksam machte — Zwar scheint es fast gewiss, wie auch Hauy vermuthet, dass der Igloit mit zu der apotomischen Varietät des Arragons gerechnet werden muss, da indessen einige Verwirrungen in den Beschreibungen der Mineralogen sich eingeschlichen haben, da ich nur den Schwazer Arragon kenne, der vielleicht in etwas von dem Ungarischen abweichen möchte, so habe ich es für das rathsamste gehalten, die ursprüngliche Esmarksche Beschreibung hier zu liefern, um die fernere Aufmerksamkeit auf dieses Fossil zu lenken. Es ist natürlich, dass der muschliche Längebruch durch die Anhäufung nadelförmiger Krystalle in einen strahligen übergehen kann. Der Querbruch eines Tyroler Igloits, wird von Mohs angegeben als *uneben*, von *kleinem Korne* und *feinsplittr. wenigl.* von *Fettgl.*

Fundort. Er bricht auf Lagern und Gängen, und ausser Fahlerz, Kupferkies, Kupfergrün,

Malachit und etwas Schwefelkies, sind Kalkspath und Quarz seine Begleiter. Man findet ihn bei Schemnitz und Iglo in Ungarn und bei Schwaz in Tyrol.

Esmark neues bergm. Journ. 2. p. 99. Mohs 2. p. 103. tabell. Uebers. p. 33.

Eine Abänderung des Kalksinters, die Schlottheim (Hoffs Magazin f. die gesammte Mineralogie p. 156 und 282.) beschreibt, scheint, wie die Eisenblüthe, ebenfalls hierher zu gehören. Sie ist *oliven-* und *spargel*-Grn., selten ins *lichte lauch*-Grn. — *derb*, *nierenförmig*, mit *ganzen Drusen zusammengehäufter Krystalle*, kleine, etwas dicke und niedrige 3s. Pyr. mit mehr oder weniger abgest. Stk. — Die Stfl. *rauh*, *drusig*, die Abstgfl. *glatt* — Aeusserl. sind die Kryst. *starkglänzend* von *Glasgl.*, zuweilen in frischen Stücken *Wachsgl* — inw. *weniggl.* — Br. *undeutl. strahlig ins grobsplittr.*, bei den Kryst. *blättr.* — *keilförmig stängl. abges. St.* — *drchschnd*, in einzeln Krystallen *halbdrchstg* — *härter als Kalkspath* — *spr.* — *nicht sndrl. l. zrspr.* — *giebt einen lichten grünlichweissen Strich* — *nicht snd schwer.* — Brauset mit den Säuren erst nachdem sie pulverisirt ist. — Sie scheint sich offenbar an die Arragone anzuschliessen. — Man findet diese Abänderung bei Glücksbrunn in den dortigen Kobaltwerken.

7.

ANTHRAKONIT, Klaproth (Madreporstein Moll).

a) SPÄTHIGER ANTHRAKONIT. *Graul- eisenpech-* Schw. — *derb, eingesprengt, in länglichtrunden Geschieben,* und *krystallinisch* (nie in deutlichen Krystallen) — Oberfl. theils *glatt,* theils *gefurcht* und *kleinlöcherich, matt* oder *wenig glänzend* —Inw. *glatt,* zuweilen *fein diagonal gestreift,* von einem Mittel zwischen *Wachs-* und *Glasglanz* — Br. *vollkommen, gerad-* und *krummblättr.* von *3f. Drchg.* (die Kerng. ganz die des Kalkspaths), zuweilen *ein 4ter Drchg.,* der sich durch die diagonale Streifung verräth, der blättr. Br. geht in den *flachmuschl.* und *splittr. über.* — Der Glanz verliert sich mit dem blättr. Br., der flachmuschl. ist *wenigl.* und *schimmernd,* der splittr. *matt* — Brchst. im Kleinen *rhomboidal,* im Grossen *splittr.* — Hat theils *gerad,* theils *aus einander laufend,* und *keilförmig stängl.* abges. St. — Die Absndrgsfl. *der Länge nach,* bei den geradstängl. *parallel,* bei den keilförmig abges. *aus einander laufend gestreift,* der Quere nach zuweilen *bogenförmig, wenig glänzend,* zugleich *ſchillernd*, Mittel zwiſchen *Seiden - Wachsgl.* — *Undrckſtg.* — *Halbhart*, dem *Weichen nahe* — *ſpr.* — *ſehr l. zrſprgb.* — 1,954 K. 2,643 v. Buch.

b) SCHUPPIGER ANTHR. Farben, wie bei a, wenn dieſer, meiſt kleinſpathig, ins ſchuppige übergeht — nur *derb* — inw. *weniggl.* oder *ſchimmernd*, zwiſchen *Glas* und *Wachsgl.* — Br. *ſchuppig*, ins *dichte* — ſonſt wie a.

c) FASRICHTER A. — nur *derb* — inw. *wachsartig ſchimmernd* — Br. theils *grob*- theils *feingleich*- und *büſchelförmig aus einander laufend*, *deutlich* oder *verſteckt faſricht*, — entſteht aus der ſtängl. Abſndrg., und verläuft ſich ins ſplittr. — Eine *parallele*, *wellenförmig-ſchaalige* Abſndrg., *durchſetzt* den faſrigen Br. — Abſndrgfl. *glatt*. — Sonſt wie a.

d) DICHTER A. — *derb*, *eingeſprengt* — inw. *matt* — Br. *feinſplittr.* — Brchſt. *unbeſt. eck.*, *ein wenig ſtumpfkantig* — *nicht ſndrl. ſchw. zerſprb.* — Sonſt wie a.

Alle geben ein aſchgraues Pulver, verlieren die ſchwarze Farbe vor dem Löthrohr, und hinterlaſſen, in Salpeterſäure aufgelöſt, einen kobligen Rückſtand. Kalk 63,250, Thon 10,125, Kieſel 12,500, Eiſenoxyd 10,988 Heim. Nach einer genauern Analyse von Klaproth, kohlens. Kalk 93,00, kohlens. Talk 0,50, kohlens. Eisen 1,25, Kohle 0,50, sandige Kieselerde 4,50. Mangan eine Spur. Kohlens. Kalk 99,1, kohlens. Talk 0,9, eine Spur von Mangan, Eisen und Kohle, von Garphytta, — kohlens. Kalk 98,6, kohlens. Talk, Mangan, Eisen 0,9, prismatischer, kohlens. Kalk 97,25, kohlens. Talk, Mangan, Eisen 1,25, kohlens. Kalk 95,0, kohlens. Talk, Mangan, Eisen 1,5. — Berzelius.

Die erste, aber unvollständige und nicht ganz richtige Beschreibung dieses Fossils rührt von Schroll her. Moll hatte es zuerst entdeckt, und nach einer, obgleich sehr entfernten Aehnlichkeit mit gewissen Madreporversteinerungen, Madreporstein genannt. Unter diesem Namen findet man es beschrieben bei Reuss, Leonhard, Menz und Kopp u. s. w. Es könnte zweifelhaft scheinen, ob man das Recht hatte, es als eine eigene Gattung aufzuführen, und nicht vielmehr als eine blosse Varietät des Kalkspaths. Hauy, der den Anthrakonit früher als ein eigenes Fossil aufstellte, musste ihn freilich später, seinen Grundsätzen gemäss, mit dem kohlensauren Kalk verbinden, auch scheint die genaue Klaprothsche Analyse keinen Grund zur Trennung zu enthalten, da man wohl mit Recht die 4,50 Kiesel als zufällig ansehen darf, und dann der kohlens. Talk, das kohlens. Eisen und die Kohle nicht viel über 0,02 des Ganzen beträgt. Die Veränderlichkeit in der Mischung zeigten auch die Analysen von Berzelius. Indessen ist es merkwürdig, dass er an den entferntesten Oertern so ganz in der nämlichen Form vorkömmt, ferner scheint die Farbe, der Glanz, selbst die stängliche Absonderung, um welche alle Varietäten sich versammeln und sich in diese verlieren, etwas Eigenthümliches anzudeuten, endlich bildet er ein eigenes, mit keinem vorzugsweise zu vereinigendes Mittelglied zwischen dem Kalkstein und Stinkstein, wie Hausmann bemerkt, dessen genauerer Beschreibung wir hier vorzüglich folgten. Die Abtheilungen scheinen bei einer so beschränkten Gattung überflüssig.

Fundort. Moll entdeckte den späthigen Anthrakonit als kuglichtes Geschiebe im Russbachthal des Salzburgschen Pfleggerichts Abtenau, wo er zuweilen Kupferkies eingesprengt enthält. Bei St. Andreasberg findet man die Varietäten a und d in Gangtrümmern oder in einzelnen Punkten und Flecken auf einem theils dichten, theils feinschuppigen lichtaschgrauen Kalkstein. In Kongsberg mit Kalkspath auf mehrern Silbererz führenden Gängen des dortigen Hornblendegebirges. In dem Uebergangs-Alaunschiefer bei Andrarum in Schonen, Garphytta in Nerike und Christiania in Norwegen, fand Hausmann den schuppigen und dichten in grössern und kleinern ellipsoidischen Nieren, in denen der Schwefelkies im Mittelpunkt, der späthige Stinkstein an der Peripherie, und zwischen beiden schuppiger und dichter Anthrakonit, der letztere dem Centro näher, oder dasselbe mit Schwefelkies bildend. Nepperschmidt fand die Varietäten a und c bei Stavern in Norwegen, wahrscheinlich in dem dortigen Uebergangsgebirge. Leonhard 2. 212. Madreporstein.

Schroll und Heim in Molls Jahrb. 1ster B. p. 261 — 304. Madreporstein. Buchs geognostische Beobachtungen 1ster Th. p. 187. Reuss 2. 3. p. 688. und 2. 4 p. 721. Madreporstein. Hauy 4. p. 537. Madreporstein. Tabl. comp. p. 3. chaux carb. bacillaire-fasciculée. Tabell. Uebers. p. 36. und VII. no. 67. Karsten p. 50 und p. 93. no. 70. Hausmann in Webers Beitr. z. Naturkunde 2ter B. p. 100.

8.

STINKSTEIN, Wr. (Chaux carbonatée fétide H.). *Graul*-Schw., *schwärzl- haar- gelbl- holz*-Br., *rauch- asch- gelbl*-Gr., zuweilen *mit haarbraunen gewölkten und gestreiften* Zeichnungen — *derb, eingesprengt* — inw. *schwach-schimmernd* und *matt* — Br. *feinsplittr.* durch *das unebene von feinem Korn* fast *in den erdigten*, auch *unvollkommen feinblättr.*, im Grossen *schiefr.* — Brchst. *unbest. eck., nicht sndrl. schrfk.* auch *scheibenförmig* — der blättr. *feinkörnig abges.* — *Undrchstg.* und oft *wenig an den Kanten drchschnd.* — *Halbhart ins Weich* — *wenig spröde* — *l. zrspr.* — *giebt einen eigenthümlichen urinösen Geruch* — 2,614 — 2,706 Brisson, 2,642 K. der dichte und 2,685 K. der blättrige. Bekömmt, wenn er isolirt ist, durch Reiben + E.

Verliert die Farbe im Feuer und brennt sich weiss. Nach einer alten Analyse von Kirvan besteht er aus Kalk 50, Kohlens. 45, und einer Spur von Erdöl.

Dieses Fossil wird mit Recht als eine eigene Gattung betrachtet. Sie wird durch die eigenthümliche Farbensuite, durch den Bruch, der zwar mit dem des dichten Kalksteins übereinstimmt, aber, neben dem splittrigen, einen höchst feinkörnig-blättrigen hat, der dann mit einigem Schimmer verbunden ist, durch die bituminöse Beimischung, die ihm einen durchaus eigenthümlichen Geruch mittheilt, endlich auf eine bestimmte Weise, durch das geognostische Vorkommen charakterisirt. Die Bestandtheile sind ohne allen Zweifel die des gemeinen Kalksteins, nur mit einer, vielleicht schwer darstellbaren, Beimischung eines bituminösen Oels, wie uns Kirvans Analyse lehrt, die nur den neuen Analysen nach, einer kleinen Veränderung in Rückſicht des Zahlenverhältniſſes zwiſchen der Kohlenſäure und dem Kalk bedarf. Einige Mineralogen, Reuſs, Karſten und mehrere, nennen einen blättrigen Stinkſtein, der ſich aber, entweder zu wenig von dem gemeinen unterſcheidet, um als eine eigene Art aufgeſtellt, oder wenn er vollkommen blättrig iſt, ſich zu ſehr an den Kalkſpath anſchlieſst, um von dieſem getrennt zu werden. Denn weder die Farbe, noch der Geruch allein, ſondern alle oben angeführte Eigenthümlichkeiten, mit einander verbunden, beſtimmen die Gattung. Leonhard hatte in der tabellariſchen Ueberſicht dieſe Art aufgeführt, überzeugte ſich aber ſpäter von der Unzuläſſigkeit der Artbeſtimmung (Taſchenb. 2. p. 244.).

Fundort: In den Flözgebirgen, wo er vorzüglich mit dem ältern Flözgips vorkömmt, und theils untergeordnete Lager auf und in dieſen bildet, theils auf mannichfache Weiſe mit dem Gips innig verbunden ſich findet. Man findet ihn ſehr häufig in den Harzer und Thüringer Flözen, in Böhmen, im ſüdlichen Deutſchland, in der Schweiz (bei Oeningen mit höchſt merkwürdigen Verſteinerungen), in Frankreich u ſ. w. Selten findet man ihn in dem Flözkalkſtein, wie im Plauiſchen Grunde bei Dresden. (Mohs) Leonhard.

Cronstedt §. 23. p. 30. Kalkerde mit brennbarem Wesen allein, Saustein. Wallerius 1. p. 130. gen. 11. sp. 63. b. Calcareus fissilis, unicolor fuscus p. 147. gen. 12. Spathum, Trictione foetidum particulis spatosis micans. (Sollten nicht einige hier angeführte Arten des Wallerius, wie der radiatus und sphaericus zu den Anthrakoniten gerechnet werden können?) Syst. nat. XII. 3 p 40. no. 2. β. Marmor nobile nigrum p 40. no. 1. Marmor (schistosum) particulis impalpabilibus, nigrum, scriptura alba, p. 111 no 9. Bitumen (suillum) marmoreum foetidum. D'Isle 1. p 575. Kirvan 1. p. 125 Hauy 2. p. 214. Tabl. comp. p. 6 Reuss 2. 2. p. 326. Mohs 2. p. 126. Brochant 1. p. 567. tabell Uebers. p. 36 Karsten. p. 50. und p. 93. no. 69. Brongniart 1. p. 236.

SCHAALIGER STINKKALK. *Kreide* W. — *in Körnern, die ganz klein*, bis *zur Erbsengröfse* vorkommen, meist *vollkommen kuglich*, oft *linsen-* und *nadelförmig*. Die Körner sitzen theils *lose an einander*, und haben mehligen Stinkkalk als Cäment in den Zwischeuräumen, die sie mit einander bilden, oder sie liegen in dichtem, selten in spätigem Stinkstein *eingeschlossen*; in letzterm Fall scheinen sie mehr glatt, in erstern mehr vollkommen kuglicht zu seyn — Oberfl. der Körner *eben*, aufsen und innen *matt* — Br. *erdig* — *concentrisch schaal. abgeſ St.* — *undrchsig* — giebt, gerieben, *einen schwachen, dem Stink-*

stein eigenthümlichen Geruch. — Dieses Fossil ist von Hausmann auf Flözlagen in Stinkstein, der den ältern Flözgips bedeckt, entdeckt; er fand es am Herzberger Schlossberg am südwestlichen Fusse des Harzes, wo es von schmalen Trümmern spätigen Eisensteins durchsetzt wurde. Es verdient schon deswegen Aufmerksamkeit, weil der urinöse Geruch, der so oft fehlt, wo die schwarze Farbe ist, hier mit einer weissen Farbe vorkömmt.

Hausmann norddeutsche Beitr. 3tes St. p. 104.

9.

MERGEL, Wr.

a) MERGELERDE, *gelbl* - Gr. — *matte, staubartige Theile, lose* und *zusammengebacken* — *färbt etwas ab* — *mager* und *wenig rauh* — *leicht.*

Diese Abänderung des Mergels, rein oryktognostisch genommen, enthält nur das Fossil, welches in den Flözgebirgen, dem alten Flözkalk untergeordnet, unter dem Namen *Asche* vorkömmt. Die meisten Schriftsteller haben die Bestimmung, Werners Absicht entgegen, viel zu weit ausgedehnt, und daher gilt fast keins der unten angeführten Citate der reinen Varietät der oryktognostisch-festbestimmten Gattung. Wir haben daher die Kirvansche Bestimmung des specifischen Gewichts, so wenig als die vielen Abänderungen der Farbe, die z. B. von Reuss, von Leonhard u. m. angeführt werden, benutzen können. Hat doch Schumacher (Verzeichn. d. nordischen Fossilien p. 17.), der auch von Reuss citirt wird, sogar unter Mergelerde im oryktognostischen Sinne, die den Oekonomen allerdings merkwürdigen Mergelarten des aufgeschwemmten Landes, verstehen zu können gemeint. Aber diese sind *gar nicht*, in einem oryktognostischen System anzuführen, es sind nur mechanische Gemenge von Kalk und Thon. Die Asche hingegen, die wahre, oryktognostische Mergelerde, ist von Werner, mit vollem Rechte, als eine eigenthümliche Art aufgestellt, und hat durch die constante Farbe, durch das ganze Aeussere, durch die innige Verbindung von Thon und Kalk, endlich durch das ausgezeichnete des geognostischen Vorkommens etwas überaus Charakteristisches. Nach einer Beobachtung von Freiesleben (über das Kupferschieferflöz 2ter Th.), besteht die Asche, durch eine mässige Vergrösserung betrachtet, aus lauter ganz kleinen Krystallisationen, woher auch das etwas rauhe Anfühlen rührt.

Fundort. Vorzüglich in Thüringen, in den Harzer Flözen, über dem sogenannten Kupferschieferflöz. Auch beim Meißner in Hessen in den Flöztrappgegenden, aber *unter dem Basalt*, und offenbar, wie in Thüringen, in Verbindung mit den ältern Kalkflözen. Ob eine Menge anderer Oerter, wie Böhmen, die Gegend von Wien u. s. w. hier mit angeführt zu werden verdienen, können wir nicht beurtheilen. Leonhard 2. 229. erdiger Mergel.

Was von den Citaten zu halten ist, haben wir oben angeführt.

Cronstedt §. 26. p. 33. mürber und zusammenhängender Mergel. Wallerius hat eine große Menge erdige Mergelarten, die mehr eine geognostische, als oryktognostische Bedeutung haben, 1. p. 72. gen. 6, ich wage aber keine hier anzuführen. Dasselbe gilt von Linnée's Syst. Nat. XII. p. 204. no. 17. Kirvan 1. p. 130. wo auch die Analyse angegeben wird, nach welcher der erdige Mergel aus 66 — 80 Theilen kohlensauren Kalk, sonst aus Thon und Glimmer besteht, eine Analyse, die ich schon deshalb nicht oben anzuführen wagte, weil sie gewiss nicht der ächten Mergelerde gilt, die Mischung aber von den Mergelerden des aufgeschwemmten Gebirges höchst wechselnd und veränderlich ist. Indessen wird diese Analyse von Karsten, Reuss und Leonhard angeführt. Reuss 2. 2. p. 339. Mohs 2. p. 126. Er scheint noch den erdigen Mergel am reinsten und bestimmtesten aufgefasst zu haben, doch noch nicht strenge genug. Brochant 1. p. 569. tabell. Uebers. p. 36. Karsten p. 50. Brongniart 1. p. 532.

b) VERHÄRTETER MERGEL, Wr. — *Gelbl-rauch-blaul-asch*-Gr. — mit *röthl. bräunl. schwärzl.* Flecken, auch *bräunl. schw. Dendriten* — *derb, in stumpfeckigen St., knollig* — *matt* — Br. *feinerdig bis in den splittr.*, *im Grossen meist schiefr.* — Brchst. *unbest eck., stumpfk.* — auch *scheibenförmig.* — Selten *mit niedrigen dicken säulenförmigen* abges. St., soll auch *kuglich mit sphärisch-concentrisch schaaligen* Absndrg. vorkommen. — *Undrchstg. auch ganz schwach an den Kanten drchschnd* — *sehr weich ins Weiche* — *wenig spröde* — *leicht zrsprg. Ist wie fett anzufühlen, giebt, angehaucht, einen Thongeruch.* — 2,300 — 2,377 Kirvan. 2,610 Delametherie. Zerfällt an der Luft. Braust mit Säuren — Nach ältern Analysen enthält er bald 0,50 (nach Kirvan), bald 0,65 (nach Georgi) Kalk. Das übrige Kiesel, Thon, etwas Eisenoxyd, selbst (nach Georgi) alzsäure.

Es ist sehr schwierig, eine Gattung, wie diese, fest und bestimmt zu fixiren, und alle diejenigen Fossilien, die sie verunreinigen würden, gehörig zu sondern. Bei der ersten Art haben wir es bewerkstelligt, indem wir, mit Werner, strenge nur die Asche aufnahmen. Mit dieser Gattung ist es ungemein schwieriger, und ich gestehe, dass weder die Wernersche Beschreibung, die fast allein von dem Mergelschiefer des Wehrauer-Flözes ausgeht, noch die Bestimmungen irgend eines seiner Anhänger uns in den Stand setzt, irgend etwas Bestimmtes in dieser Rücksicht auszusprechen. Unter Mergel verstand und versteht man noch eine jede Verbindung von Thon und Kalk. — Durch das relative Uebergewicht des einen oder des andern bildet sich auf der einen Seite ein Uebergang in Thon, auf der andern Seite in Kalk, und das vermittelnde Glied beider ist eben der Mergel. Nach den Grundsätzen deutscher Mineralogen ist es also nothwendig, dafs er eine eigene Gattung bilde. Aber eine jede Gattung mufs etwas fest unveränderlich Eigenthümliches haben, dessen reiner Ausdruck eben die Beschreibung ist. Stellt sie nichts als schwankende Uebergänge dar, so kann die Beschreibung, die wissenschaftliche Bestimmung selbst nur schwankend und willkührlich erscheinen. Wo ist nun der Punkt, in welchem, zwischen Thon und Kalk, bei den mannichfaltigen Uebergängen etwas fest Eigenthümliches sich ergreifen und festhalten liefse? Engen wir, wie es Werners Absicht zu seyn scheint, die Bestimmung zu sehr ein, indem wir ein einzelnes Vorkommen, gleichsam als Norm annehmen, und für die Bestimmung fixiren, so ist ein solches Verfahren offenbar willkührlich; dehnen wir uns mehr aus, indem wir ein mannichfaltigeres Vorkommen, und mehrere Modificationen des äufsern Ansehens aufnehmen, so gerathen wir in das Unbestimmte schwankender Uebergänge. Die Vereinigung von Thongeruch beim Anhauchen und Brausen mit Säuren, kann uns nichts helfen, denn dieses Kennzeichen schwankt selbst. Der Geruch ist schwächer, das Brausen stärker bei weniger Thon- und mehr Kalkgehalt, umgekehrt bei dem entgegengesetzten Verhältnifs. Die chemischen Kennzeichen verlassen uns, denn bei gleichem Thon- und Kalkgehalt ist der Mergel leicht in einer mäfsigen Hitze zu verglasen, eine Fähigkeit, die bei dem Ueberhandnehmen irgend einer Erde abnimmt. Die Analyse würde nur eine Stimme haben, wenn die Gattung schon fixirt wäre. Sonst schwankt sie selbst, und wird bei jedem untersuchten Mergel ein anderes Verhältnifs entdecken. Ja selbst der Unterschied zwischen einer innigeren chemischen Verbindung und einem blofsen Gemenge, wie es unter vielfachen Verhältnissen in den aufgeschwemmten Gebirgen Statt findet, wird schwer, vielleicht gar nicht zu bestimmen seyn. Man nähert sich wohl der festern Bestimmung, wenn man nur den Mergel der Flözgebirge aufnimmt, die mannichfaltigen Verhärtungen des Mergels der aufgeschwemmten Gebirge aber ausschliefst; aber man erreicht sie auf diesem Wege nicht, denn fast aller Muschelkalk z. B. ist ein Mergel, und nie ganz ohne

Thongebalt. Da wir diese Unbestimmtheit nicht zu heben wissen, so haben wir wenigstens auf sie aufmerksam machen wollen. So wissen wir nicht, ob die knollige Gestalt, oder die verhärteten Mergelarten mit abgesonderten Stücken mit Recht aufgenommen sind. Werner schliesst sie aus. Wir glauben aber, dass eben solche Eigenthümlichkeiten noch am meisten zur festen Bestimmung führen können. Die niedrigen, dicken, säulenförmigen Absonderungen, zwischen welchen sich Kalksinter eingedrängt und spathartig ausgebildet hat, stellen den sogenannten Ludus Helmontii, unter den ältern Mineralogen sehr bekannt, dar. Ein mir bekannter Mergel, der auch von den Schwedischen Mineralogen erwähnt wird, in Schonen, besteht aus grauen, matten, rauh anzufühlenden, hohlen Pyramiden, von welchen mehrere in einander stecken, mehrere solche pyramidenförmige Absonderungen stehen neben einander, und man kann den obern Theil eines grossen Stücks von dem untern so trennen, dass das erstere lauter neben einander stehende, sehr deutliche pyramidale Eindrücke, das untere die hineinpassenden Erhöhungen zeigt.

Fundort. Am ausgezeichnetsten noch in den Flözkalkgebirgen, wie bei dem Wehrauer Flöz, dem Kalk untergeordnet. Der Planer, der in der Gegend von Dresden mit dem Wernerschen Quadersandstein vorkömmt, scheint fast ganz hierher zu gehören. In Bornholm schliesst der Mergel reine Bergkrystalle ein. (Bornholmer Diamanten, Schumacher, Verz. p. 17.) — Bei mehrern Steinkohlenformationen findet man verhärteten Mergel, auch in der Flöztrappformation soll er vorkommen. In Grönland kömmt der verhärtete Mergel mit versteinerten Fischgräten vor. Leonhard 2. 231.

Cronstedt §. 27. p. 33. halbversteinerter Mergel. Wallerius 1. p. 75. gen. 6. spec. 32. Marga cretacea, inquinans, spec. 33. Marga arenosa, particulis arenosis mixta, arida. Marga arenacea p. 77. spec. 34. Marga indurata, fissilis, friabilis, aëro fatiscens. M. tophacea 2. p. 365. gen. 61. spec. 425. Tophus fusibilis, flavo fuscus, figura globulari vel columnari, in segmenta spatho calcareo divisus. Ludus Helmontii Syst. nat. XII. 3. p. 186. no. 1. Tophus (Ludus) glareoso - argillaceus, polymorphus p. 37. no. 4. Schistus (viridis) scriptura alba effervescens viridis De l'Isle 1. p. 565. 2 p. 604. Kirvan p. 132. Hauy 4. p. 676. Argile calcarifère ou Marne. Reufs 2. 2. p. 341. Mohs 2. p. 130. Brochant 1. p. 571. tabell. Ueberf. p. 36. Karsten p 50.

10.

BITUMINÖSER MERGELSCHIEFER, Wr. — *Graul- bräunl-* Schw. — *derb, in ganzen Flözen* mit *häufigen Fisch-, seltener Pflanzenver-*

steinerungen — wenig glänzend und *schimmernd* von *Fettgl.* — Br. *gerad* - und *krummschiefr.*, jener schimmernd, dieser weniggl. — Brchst. *scheibenförmig* — *Undrchsig.* — *durch den Strich glänzend*, *die Farbe bleibt*, wird aber *blässer* — *Weich* ins *halbharte* — *etwas milde* — *leicht zrspr.* — 2,361 — 2,442 Kirvan, 1,954 K.

Vor dem Löthrohr brennt er mit einer kleinen Flamme, giebt einen erdharzigen Geruch, und schmilzt ziemlich leicht zu einer schwarzen Schlacke. Mit Säuren braust er. Eine genaue Analyse des bituminösen Mergelschiefers giebt es nicht. Er besteht aber aus Mergel (kohlens. Kalk und Thon), durchdrungen mit einem bituminösen Oel. Eine Analyse würde interessant seyn.

Diese Gattung ist zuerst von Werner, mit vollem Rechte fixirt worden. Sie hat etwas ungemein Charakteristisches, und kann vorzüglich, und eben wenn sie mit der ihr verwandtesten Gattung des Schieferthons verglichen wird, zum Beweis dienen, wie allerdings etwas rein Eigenthümliches, auch in roheren, nicht krystallisirten Massen abgeprägt werden könne. Die fast unveränderliche Farbe, der Bruch, der Strich, bilden sehr charakteristische Unterscheidungszeichen. Zugleich ist das Vorkommen, die ganz sich gleichbleibende

Begleitung von Fischversteinerungen und Kupferkies etwas ungemein Bezeichnendes.

Fundort. Auf dem rothen und todten Liegenden, (dass so genannt wird der Farbe und der Metalllosigkeit wegen) als erster Flöz, in Hessen, Franken, Mansfeld, Thüringen, unter dem Namen Kupferschieferflöz. Stets mit Kupferkies, seltner mit bunt Kupfererz und Kupferglas, am seltensten mit Stalactit, Kupferlasur, wohl auch mit gediegenem Kupfer, die eingesprengt vorkommen, voll von merkwürdigen Fischversteinerungen. Ein eigener bedeutender Bergbau wird auf diesem Flöz verführt, und da es eben unmittelbar auf dem ältesten Flözconglomerat liegt, so dass man sich durch eine Menge darüber liegender Flöze durcharbeiten muss, so hat dieser Bergbau, von Lehmann bis auf Freiesleben, vorzüglich zur genauern Kenntniss der Flözgebirge des nördlichen Deutschlands beigetragen. Das Hängende des bituminösen Mergelschiefers ist der älteste Flözkalk. Eine sehr merkwürdige Versteinerung ist diejenige, die Ries im Riegelsdorfer bituminösen Mergelschiefer fand, und für eine Kinderhand hielt, die aber Blumenbach von Säugthier-Knochen eines Affen oder einer Art Mäuse erklärt (mineralogisch-bergmännische Beobachtungen über einige Hessische Gebirgsgegenden von Ries, herausgegeben von Karsten, Berl. 1791. p. 38.). Das Kupferschieferflöz kömmt in isolirten Parthieen, doch oft von sehr weiter Verbreitung vor, und scheint oft den Steinkohlenflözen nahe verwandt. Selbst die versteinerten Fische scheinen in eine Steinkohlenartige Masse übergegangen zu seyn, und zuweilen enthält der bituminöse Mergelschiefer selbst die dem Schieferthon eigenthümlichen Pflanzenabdrücke. Leonhard 2. 236.

Wallerius 2. p. 262. gen. 54. spec. 362. Cuprum corrosum vel diversimode mineralisatum, schisto inhaerens. Minera cupri schistosa Syst. Nat. Kll. 3. p. 145. no 11. Cuprum (schistosum) matrice schistosa. Kirvan 1. p. 142. Hauy 2. p. 215. chaux carb. bituminifère. Tabl. compar. p. 6. Reuss 2. 2. p. 346. Mohs 2. p. 132. Brochant 1. p. 575 und 11. p. 192 u. 268. tabell. Uebers. p. 36. Karsten p. 50.

II.

DOLOMIT. *Graul- gelbl-* W. Die übrigen Farben, wie die blaßlauchgrünen, ockergelben u. s. w., die oft Streifen und Adern bilden, rühren meist von beigemengtem Talk — *derb* — *wenig glänzend zwischen Glas- und Perlmutterg*l. — Br. *klein-* und *fein- blättr.* ins *splittr.* — Brchst. *im Grossen unbest. eck* und *stumpfk.* — *Klein- und feinkörnig abges St.* — *drchschnd. oft nur an den Kanten* — *Halbhart bis weich* —

wenig spröde — sehr l. zrspr. — 2,776 K. 2,836 Fleuriau de Bellevue.

Phosphorescirt beim Anschlagen. Doch gilt dieses nicht von allen Stücken. Braust langsam mit Salpetersäure. Kalk 44,29, Thon 5,86, Talk 1,40, Eis. 0,74, Kohlens. 46,00, Verl. 1,71 Saussure der j. Kohlens. Kalk 52,00, kohlens. Talk 46,50, Eis. 0,50 Mangan 0,25.

Diese Gattung, auch von Werner anerkannt, hat, dem äussern Ansehen nach, viel Aehnlichkeit mit dem körnigen Kalkstein, von welchem sie sich aber durch Glanz, Härte und Zerspringbarkeit, durch die Phosphorescenz, endlich durch die Bestandtheile unterscheidet. Karsten, der den Dolomit früher mit dem körnigen Kalkstein verband (Note zur Uebersetzung von Hauy 2. p. 198.), hat ihn in seinen Tabellen mit dem Rautenspath verbunden, wovon unten mehreres. Die Benennung ist zum Andenken des Mineralogen Dolomieu, der zuerst auf dieses Fossil aufmerksam machte, von Saussure gewählt.

Fundort. Man findet den Dolomit in der Lombardei, in der Schweiz, (vorzüglich am Gotthard) in Salzburg, Tyrol, im Baireuthischen, schichtenweise in Urkalk gelagert, und die Begleitung von rothem Rauschgelb, Kupferkies, Fahlerz, Talk, Tremolith, deutet auf eine beſtimmte geognoſtiſche Eigenthümlichkeit. Leonhard 3. 38.

Dolomieu Journal de phyſique 1791. Jul. Fleuriau de Bellevue ibid 1792. Aug. Kirvan 1. p. 153. Hauy 2. p. 198. Tabl. comp. p. 6. Ch carb granulaire. Reuſs 2. 2. p 282 tabell. Ueberſ. p 32. als Art des körnigen Kalkſteins. Karſten p. 50. gemeiner Dolomit, mit dem Rautenſpath verbunden. Bronguiart 1. p. 231.

Hierher gehört ohne allen Zweifel auch der Biegſame Kalkſtein. Er iſt *gelbl* W. — *derb in groſsen unregelmäſsigen Maſſen* — *rauh anzufühlen* — *auſsen ſchimmernd*, inw. *zwiſchen ſchimmernd und wenig glänzend* — Br. *körnig ins blättr.*, im Groſsen *ſchiefr.* — Brchſt *unregelmäſsig keilförmig* — *an den Kanten drchſchnd.* — *halbhart* — *l. zrſpr.* — 2,836 Fleuriau de Bellevue. 2,8387 Kopp. — Er beſitzt eine elaſtiſche Biegſamkeit, die aber nicht hinlänglich iſt, um ihn, wenn er gebogen iſt, ganz wieder in ſeine urſprungliche Lage zu verſetzen. Fleuriau ſucht den Grund dieſer Biegſamkeit in der ſehr lockern Verbindung der abgeſonderten Stücke. Auch dieſes Foſſil phosphoreſcirt, wie der Dolomit beim Anſchlagen, und ſcheint überhaupt nur eine, nicht einmal ſehr bedeutende Modification deſſelben zu ſeyn. Nach Sauſſure d. j. beſteht

ſteht er aus Kalk 32,2, Thon 17,5, Talk 0,35, Kohlenſ 46,38, Glimmer 3. MAN hat dieſes Foſſil zuerſt in einem alten Römiſchen Gebäude gefunden, und es ward in dem Borgheſiſchen Pallaſte aufbewahrt. Den Fundort kannte man nicht. Nachher fand es Fleuriau Bellevue bei Vallaventine, 7 Stunden von dem Hoſpital des Gotthardberges auf dem Berge Campo longo, wo es wahrſcheinlich mit Dolomit vorkömmt. Leonhard III. p. 38.

Dolomieu Journal d physiq. November 1791. Fleuriau Bellevue ibid. Aug. 1792. Sanſſure Voyage 7 p. 176. §. 1929. Reuſs 2, 2, p. 230, tabell. Ueberſ. p. 33.

12.

RAUTENSPATH, Wr. (Bitterſpath Reuſs Chaux carbonaté magnéſifére Hauy), *Graul-gelbl-* W., *gelb-rauch-* Gr., *erbſen-* Glb., auf der Oberfl. oft ins *Braune*. Manchmal *bunt angelaufen — derb*, und *kryſtalliſirt*.

1) Primitiver. — Kalkſpathrhomben, mit den nämlichen Winkeln, die ſich ſehr leicht ſpalten laſſen. Die Kerng. alſo die nämliche.

Die Kryſtalle ſind *eingewachſen*, *mittlerer Gröſse* und *klein* — meiſt *mit abgerundeten Ecken*. — Die Oberfl. der Kryſtalle *ſchimmernd* und *rauh.* — Inw. *ſtark glänzend* zwiſchen *Glas-* und *Perlmuttergl.* — Br. *vollkommen geradblättr.* *ſſ. Drchg.*, parallel mit den Stſl. Querbr. *uneben* und *unvollk. kleinmuſchlich* — Brchſt. *rhomboidal* — *Drchſtg.*, *halbdrchſtg.*, oft nur *drchſchnd.* — *Ritzt den kohlenſ. Kalk* — *ſpröde* — *leicht zrſpr.* — 2,900 — 3,048 Haidinger, 2,995 K.

Unſchmelzbar. Brauſt nicht mit Säuren. Nur pulveriſirt brauſt er ein wenig. Kohlenſ. Kalk 60, kohlenſ. Talk 35, Eiſen 5 Woulfen. Kohlenſ. Kalk 75, kohlenſ. Talk 12, Eiſen 13 Bayer. Kohlenſ. Kalk 52, kohlenſ Talk 45, Mangan und Eiſen 3 der Tyroler. Kohlenſ. Kalk 73, kohlenſ. Talk 25, Mangan und Eiſen 2,25 Kl.

Mir ſcheint dieſe Gattung etwas ſehr charakteriſtiſches zu haben. Der enge Kreis der Farben, die *alleinige* beſtimmte Form der Kryſtalliſation, das äuſsere Anſehen derſelben, der unebene und kleinmuſchliche Querbruch, die gröſsere Härte, die Beſtandtheile, die hier offenbar charakteriſirend ſind, und endlich das eigenthümliche Vorkommen, ſind vollkommen hinreichend, ſie auf eine beſtimmte Weiſe zu ſondern, wenn man nicht Hauy's Grundſätze conſequent verfolgt. Ich ſehe daher in der That nicht ein, aus welchem Grunde Mohs die Selbſtſtändigkeit der Gattung hat abläugnen können. Daſs er dem Dolomit nahe verwandt ist, sahe Werner schon ein. Ihn aber mit dem Dolomit als eine Art desselben zu verbinden, wie Karsten es thut, würde erst dann zulässig seyn, wenn wir mehrere Formen, die einen Uebergang, eine Vermittelung begründeten, kennen lernten. So lange diese uns unbekannt sind, müssen wir beide getrennt halten.

Fundort. Man findet ihn in Tyrol, im Salzburgischen, in der Schweiz, im Bayreuthischen, in Schweden, stets in fettigen Gebirgsarten, in Chloritschiefer, verhärteten Talk eingewachsen. Leonhard I. p. 89. u. III. p. 21.

Kirvan 1. p. 129. Hauy 2. p. 212. Tabl. comp. p. 5. Reuss 2. 2. p. 330. Mohs p. 96. Brochant 1. p. 560. tabell. Uebers. p. 36. Karsten p. 50. Brongniart 1. p. 230.

MIEMIT Kl. *Spargel*-Grn., bald *dunkler* bald *lichter*, aus dem dunklen bis in *oliven*-Grn., aus dem lichten bis ins *grünl*- W. — *derb*, krystallis. (Kerng. die des Kalkspaths).

1) Winkelvertauschender (inverse), eine etwas flache dpp. 3s. Pyr. wie der Kalkspath Var. 5.

2) Unitairer (unitaire) no. 1. an den Stk. abgest. wie der Kalkspath Var. 6.

Die Krystalle *mittlerer Grösse* und *klein*, auch *sehr klein*, so dass sie nur eine *drusige* Ober-

fläche bilden. *Mit den Stk. auf und durch einander gewachsen*, auch *nierenförmig zusammengehäuft*. — Die Stfl. *drusig*, *gekörnt*, *wenig glänzend*, die Abstgsfl. *glatt* und *starkglänzend* von *Perlmuttergl.* — inw. *starkglänzend*, zwischen *Glasgl.* und *Perlmuttergl.* — Br. *krummblättr.* durch *das versteckt-blättr.* ins *splittr.* — Brchst. *unbest. eck.*, *nicht sonders. schrfk.* — *Grofs-grob-langeckig-körnige*, auch *stängliche* abges. St. — *Drchschnd.* — *ritzt den Kalkspath* — *spröde* — 2,885 Kl. 2,913 Kopp.

Braust schwach mit Salpetersäure. Unschmelzbar. Kohlens. Kalk 53,0, kohlens. Talk 42,5, kohlens. Eisen u. Mangan eine Spur, der italienische, kohlens. Kalk 60,00, kohlens. Talk 36,50, kohlens. Eis. 4,00, der stängliche. Beide Analysen von Kl.

Wir haben dieses Fossil als einen Anhang zum Rautenspath angeführt, weil wir der Meinung sind, dafs es wohl, wie es auch schon früher von Leonhard, Merz und Kopp, jetzt auch von Hauy geschehen ist, mit dem Rautenspath vereinigt werden mufs, und vielleicht dazu dienen kann, den Umfang desselben zu erweitern. Da uns indessen kein deutlicher Vereinigungspunkt zwischen beiden bekannt ist, da Farbe, Krystallisation und Absonderung noch immer als sondernd erscheinen, so haben wir geglaubt, die in sich geschlossene Gattung des Rautenspaths, so wie sie uns bis jetzt erscheint, nicht durch eine solche Beimischung trüben zu dürfen. Dahingegen haben wir mit Karsten, ohne Bedenken den eigentlichen Miemit und den sogenannten stänglichen Rautenspath vereinigt, die offenbar nur durch die Absonderung verschieden sind, in Farbe, Krystallisation, Harte aber, auf eine auffallende Weise übereinstimmen.

Fundort. Miemo im Toscanischen, wo ihn Thomson entdeckte, der stängliche bei Glücksbrunn in den dasigen Gothaischen Koboltwerken von Schlottheim entdeckt. Leonhard I. p. 90. u. III. p. 21.

Schlottheim Hoff's Magazin 2tes H. p. 156. Klaproths Beitr. 3. p. 292. u. 301. Reuss 2. 3. p. 645. u. 646. Tabl. comp. p. 5. tabell. Uebers. p. 35. Karsten p. 50 u. p. 93. no. 65.

GURHOFIAN. *Schnee-W. — derb, als Gangmasse — matt —* Br. *ganz flachmuschl.* ins *ebene —* Brchst. *unbest. eck. schrfk. — sehr wenig an den Kanten drchschnd — hart, an das halbharte gränzend — spröde — nicht sndrl. schwer zrspr. —* 2,760 Kl. Kohlens. Kalk 70 50, kohlens. Talk 29.50. Dieses Fossil, welches von Karsten zuerst beschrieben, von Klaproth analysirt ist, scheint in der That eine eigene Gattung zu seyn, was die genauere Untersuchung bestätigen oder widerlegen wird. Dem äussern Ansehn nach ähnelt es einem Halbopal. Mir ist es unbekannt. — Es findet sich in dem, seiner inliegenden Granaten wegen bekannten Serpentinstein, welcher in Unteröstreich, zwischen den, zum Stifte Gottweich gehörigen, Orten Gurhof und Aggsbach, ein mächtiges Lager bildet. In dieser Gebirgsart bildet es einen Gang. Leonhard III. p. 90.

Karsten und Klaproth Magaz. d. Berl. Gesellsch. naturforsch. Freunde, 1ster Jahrg. p. 261. Karsten p. 50 und p. 93. no. 63.

13.

BRAUNSPATH Wr. (Chaux carbonatée ferrifére perlée, H.).

a) GEMEINER BRAUNSPATH. *Perl - gelbl* - Gr., *grünl - gelbl - röthl* - W., aus diesen ins *rosen- pfirsichblüth - fleisch - blut - bräunl* - R. Die dunklern braunen und schwarzen Farben sind durch das Anlaufen hervorgebracht, auch läuft er zuweilen *lichte* und *halbmetallisch glänzend gelbl* - Br. und *taubenhälsig bunt* an, wohl auch *lichter* und *dunkler bronzefarbig*. Das Anlaufen entsteht theils durch die eigene Veränderung der Oberfläche des Fossils, theils durch einen äusserst dünnen Ueberzug anderer Fossilien, besonders des Eisenspaths.

Derb, eingesprengt, kleinnierig, traubig, kuglich, zerfressen, mit tafelartigen, momboidalen und *pyramidalen Eindrücken*, oft kryſtalliſirt:

1) Primitiver. (Kerng. der Rhombus des Kalkſpaths).

2) Gleichaxiger. — Kalkſpath var. 3.

3) Winkelvertauſchter. — Kalkſpath, var. 5.

4) Contraſtirender. — Kalkſpath, var. 31.

Die angeführten Varietäten haben oft gerade, oft aber auch cylindriſch - convexe oder concave Flächen.

5) Dihexaëdriſcher (dihexaëdre T. XXVIII. f. 52.). Eine 3ſ. S., die Stk. von oben nach unten zunehmend, ſo ſtark abgeſtumpft, daſs die Abſtgfl. unten ſo breit werden, als es oben die Stfl. ſind, ferner die drei Fl. an den Enden flach zugeſpitzt, die Zuſpgfl. am obern Ende auf die Stfl., am untern auf die Stk. aufgeſ. — Neig. der Stfl. und Abſtgfl. gegen die Zuſpgfl. 149° 28′ 40″. Die Zuſpgfl. gehören der Kerng. Dieſe Var. hat groſse Aehnlichkeit mit der zonairen des Kalkſpaths, nur ſind bei dieſer die Endkanten noch abgeſt.

6) Die ſphäriſche, gemeine Linſe, die aus der gleichaxigen Varietät durch Abrundung der Flächen entſteht, bildet, durch Anhäufung die doppelt 3ſ. Pyr. der vierten Varietät.

7) Die sattelförmige gebogene Linse (contournée).

a) schuppenförmig (squamiforme), wenn die sattelförmige Linse, aus so kleinen in und gegen einander eingezwängten Rhomboëdern besteht, dass sie dadurch das Ansehen einer schuppenförmigen Textur bekömmt.

Die Rhomben sind *klein*, *sehr* und *ganz klein*, auch *mittlerer Grösse*, und *einzeln auf-* und *durch einander gewachsen*, gruppiren sich in *stängliche*, *wurm- büschel- hahnenkamm-* und *schwaminförmige* Figuren, zuweilen in *Pyramiden*, grössere *Rhomben*, *Linsen*, *Säulen*. Die Linsen findet man *auf* und *über einandergewachsen*, *zellig*, *kuglich*, *nieren-* und *pyramidenförmig*, die Pyram. *nieren- büschel- reihen- rosenförmig*, auch *zellig* und *stänglich zusammengehäuft*. Die Oberfl. der Kryst. ist *glatt*, bei den zusammengehäuften *drusig*. Ausser diesen wahren Krystallen, findet man nicht selten inwendig hohle Afterkrystalle. Meist solche, die über die primitive, contrastirende und metastatische Var. des Kalkspaths einen Ueberzug bilden, der, wenn der eingeschlossene Kalkspath zerfällt, die hohle Form zurücklässt. Die metastatische Krystallisation wird von Reuss und Leonhard unter den Krystallformen des Braunspaths mit angeführt. Mir ist sie immer nur als Afterkrystall vorgekommen. Auch Werner, Mohs und Hauy scheinen diese Variet. als eine eigne des Braunspaths nicht zu kennen. Man darf die rhombischen Afterkrystalle des Braunspaths nicht mit solchen eigentlichen Rhomboedern desselben, die zuweilen auch innerlich ausgehöhlt vorkommen, verwechseln (Mohs).

Aussen *glänzend*, *wenig glänzend*, *schimmernd*, die Afterkrystalle meist *matt* — inw. *glänzend*, und *wenig glänzend* von *Perlmuttergl.* — Br. *gerad-* und *sphärisch-krummblättr.* *3f. Drchg.* (die Winkel des Kalkspaths) — Brchst. *rhomboidal*, wie die des Kalkspaths — *Grofs-* und *fein-körnige abgef. St.*, *auch geradschaalig abgef.* — *An den Kanten drchschnd. und drchschnd.* — *halbhart*, *im höhern Grade als der Kalkspath* — *wenig spröde* — *mehr oder minder leicht zrspr.* — 2,8376 Hauy, 2,885 Klaproth, 2,913 Kopp.

Braust mit Säuren, aber schwach und langsam, und der weisse wird gelb. Der Flamme des Löthrohrs ausgesetzt, werden die Stücke nachher vom Magnet gezogen. Eine alte Analyse von Bergmann gab Kalk 38, Eisen 38, Braunstein 24. Die Analysen von Delametherie, und besonders die von Berthier, sind genauer. Nach Berthier enthält er Kalk 43,5, Talk 10,0, Eis. 8,0,

Mangan 3,0, Waſſer und Kohlenſ. 26,5. Daſs das von ihm analyſirte Foſſil ein Braunſpath ſey, leidet, wie Leonhard richtig bemerkt, keinen Zweifel. (Taſchenb. 1. p. 295.). Nach Delametherie enthält er Kalk 50, Kohlenſ. 34, Mangan 2, Eiſ. 1, Waſſer 13.

Früher ward der Braunſpath theils mit dem Kalkſpath, theils mit Schwerſpath verwechſelt. Die letztere Verwechſelung lieſse ſich nur durch eine gänzliche Unkunde entſchuldigen. Zuerſt ward die Gattung von Werner beſtimmt geſondert. Später hat ſie Hauy, in Verbindung mit dem Eiſenſpath, ſeinen kryſtallometriſchen Grundſätzen gemäſs, als eine untergeordnete Art mit dem kohlenſauren Kalk verknüpft. Von dem Kalkſpath iſt er getrennt durch die Farben, die etwas ſehr eigenthümliches haben; durch das Anlaufen, durch die engere Sphäre der kryſtalliniſchen Bildung, die nur innerhalb der Gränzen des Rhombus ſich bewegt, durch den häuſigen krummblättrigen Bruch, der auch den Kryſtallen ſo oft eine convexe oder concave Oberfl. mittheilt, durch eine groſse Härte und Schwere. Inniger iſt er allerdings mit dem Eiſenſpath verwandt, und wir geſtehen, daſs die Vereinigung, die zuerſt Hauy, nach ihm Hausmann, (Entwurf p. 129.) gewagt hat, vieles für ſich hat. Was aber noch für die Trennung spricht, ist, dass der Braunspath als ein oryktognostisch-vermittelndes Glied, zwischen Mangan und Eisen auftritt, in sofern diese Metalle der Structur des Kalks unterworfen werden. Denn der rosenrothe Braunspath bildet auf der einen Seite einen Uebergang in den von Mohs sogenannten Rothstein, auf der andern Seite in den Eisenspath. Auch die Analysen dürften bei den verschiedenen gefärbten Braunspathen verschieden ausfallen, so dass der bedeutende Mangangehalt, den Bergmann angiebt, in der That bei einigen Statt finden könnte, besonders bei den rosen- und pfirsichblüthrothen, während andere, von einer mehr weissen Farbe, verhältnissmässig weniger Mangan enthalten, wofür auch die unten anzuführende Klaprothsche Analyse des stänglichen Braunspaths, die wohl von Karsten mit Unrecht als eine Musteranalyse für die Gattung überhaupt angeführt ist, sehr zu sprechen scheint. Indessen ist es keinesweges unsere Absicht, nach der noch bis jetzt herrschenden Art, des Gebrauchs oder anderer wenig wesentlichen Umstände wegen den Eisenspath so unnatürlich von dem nahe verwandten Braunspath zu trennen, vielmehr werden wir sie bald auf einander folgen lassen, wovon unten ein Mehreres. In Tableau comparativ, hat Hauy den Braunspath wieder als Chaux carbonatée ferro-manganesifere von dem Eisenspath, wenigſtens zum Behuf einer zukünftigen Beſchreibung getrennt.

Fundort. Das Vorkommen des Braunſpaths iſt merkwürdig, und kann mehr noch, als andere Gründe, uns dazu beſtimmen, dieſes Foſſil für ſich zu betrachten und von dem Eiſenſpath zu ſondern. Er iſt nämlich bis jetzt *nur* als Gangart gefunden, nie Lager, liegende Stöcke, oder dergleichen bildend, wie der Eiſenſpath. Dieſes iſt um ſo merkwürdiger, da er, auf die erwähnte eigenthümliche Weiſe gar nicht ſelten vorkömmt, und die Hauptmaſſe bedeutender Gänge ausmacht, wie in Salzburg, Frankreich (Markirchen in Elſaſs, Brion in Burgund), England, Schweden, bei Katharinenburg im Uraliſchen Gebirge, bei Schlangenberg und Nertſchinskoi im Altaiſchen. Am ausgezeichnetſten iſt aber das Vorkommen im Erzgebirge und in Ungarn. Im Freiberger Revier kommt er theils mit etwas Quarz und Kalkſpath als Hauptmaſſe einer wichtigen Silbererzformation, die aus mehrern edlen Silbererzen, Bleiglanz, Blende u. ſ. w. beſteht, vor, theils eine andere intereſſante ähnliche Formation führend, in Verbindung mit Fluſsſpath, Schwerſpath u. ſ. w. Zu Schemnitz ſind ſeine gewöhnlichen Begleiter gemeiner Quarz, Amethyſt, Bergkryſtall, Schwefelkies, Bleiglanz, Blende, Glaserz u. ſ. w. Bei Schneeberg im Erzgebirge und bei Schemnitz in Niederungarn kommen die meiſten und ausgezeichnetſten Afterkryſtalliſationen vor. Dieſes Vorkommen des Braunſpaths bloſs auf Gängen giebt ihm mit dem Schwerſpath und Fluſsſpath eine groſse geognoſtiſche Bedeutung, die auf eine tiefe Eigenthümlichkeit der Gangbildung überhaupt hinweiſt. Leonhard I. p. 141. u. III. p. 30.

Karſten Leske Mineralienkabinet p. 273. Hoffmann bergmänn. Journ. 1789. 1. p. 189. Kirvan I. p. 145. Hauy 2. p. 201. Tabl. comp. p. 5 und p. 128. not. 5 Reuſs 2. 2. p. 124. ſpäthiger Braunkalk. Mohs 2. p. 109. Brochant 1. p. 563. tabell. Ueberſ. p. 35. ſpäthiger Braunkalk. Karſten p. 50. Brongniart 1. p. 237.

b) FASERIGER BRAUNSPATH Wr. *Fleiſch-* und *roſen* R., aus dem *fleiſch-* R. ins *Perl-* Gr., aus dem *roſen* R. ins *röthl-* W. Zuweilen *gelbl-ſchwärzlich-braun* oder *grünl.* gefleckt, durch Anlaufen. — *derb* und *kleinkuglich* — *wenig glänzend* und *ſchimmernd* von *Perlmuttergl.* — Br. *grob-* und *fein- gerad- büſchel-* und *ſternförmig aus einander laufend faſerig* — Brchſt. *keilförmig ſplittr.*, *auch unbſtimmt eck.*, *nicht ſond ſchrfk.* — Zuweilen *groſskörnig abgeſondert*, auch *mit einer Anlage zu dick- und krummſchaalig* abgeſ. St. — *an den Kanten drchſchnd.* — ſonſt wie die erſte Art. — 3,8538 — 3,9512 Kopp.

Die äußere Gestalt, der faserige Bruch, und die Absonderung bezeichnet diese Art, deren Eigenthümlichkeit zuerst von Werner anerkannt ward.

Fundort. Bis jetzt nur in Niederungarn, vorzüglich bei Chemnitz und Kremnitz, wo er auf Gängen, mit ähnlichen Begleitern, wie die erste Art, vorkömmt, so daß er, so weit man aus dem seltenen Vorkommen schließen kann, dieser auch geognostisch nahe verwandt seyn mag. Ein faseriges Fossil, welches bei Steinheim, unweit Hanau, vorkömmt, und von Leonhard (Molls Ephemer. I. p. 14.) beschrieben wird, ward von ihm erst für Zeolith gehalten, später in der tabell. Uebers. für faserigen Braunspath. Es bildet einen Uebergang in Brauneisenstein. Leonhard I. p. 140.

Estner 2. 2. p. 1002 Reuss 2. 2. p. 324. Mohs 2. p. 121. tabell. Uebers. p. 35. und not. 65. Karsten p. 50.

DICHTER BRAUNKALK, nennen Estner, Reuss und Leonhard eine Modification des gemeinen, die aus dem oft sehr unvollkommnen blättrigen Bruch entsteht, wodurch dieser ins kleinsplittrige, ja selbst ins Unebene übergeht. — Der dichte Braunspath zeigt auch zuweilen eine Anlage zur concentrisch-schaaligen Absonderung. Da diese Varietät aber immer in Verbindung mit dem gemeinen vorkömmt, und als ein bloſses Extrem der Verkleinerung des Bruchs deſſelben angeſehen werden muſs, ohne irgend eine conſtante Eigenthümlichkeit, ſo glauben wir keinesweges, daſs man ſie als eine eigene Art zu fixiren berechtiget iſt. Sie kömmt beſonders in Niederungarn vor. Leonhard I. p. 141.

Eſtner 2. 2. p. 998. Reuſs 2. 2. p. 321. tabell. Uebeiſ. p. 35.

Der STÄNGLICHE BRAUNSPATH, Karſten, ſcheint auch kaum als eine eigene Art aufgeführt werden zu können. Er iſt *roſen*-R. bis ins *perl*-Gr., auch *röthl*-W. — *ſtark glänzend*, nur auf den Bruchflächen *ein wenig perlmutterartig* — Br. *blättr. ohne deutlichen Drchg.* — *Springt in keilförmige* Brchſt. — *Hat ſtängl. abgeſ. St.* mit *ſchimmernden langgeſtreiſten Abſndrgſl.* — *drchſchnd.* — *leicht zrſpr.* — Betrachtet man die Kennzeichen, ſo findet man in der That nur die Abſonderung als Trennungsgrund, denn der unvollkommen blättrige Bruch iſt bei dem gemeinen Braunſpath nicht ſelten, die Form der Bruchſtücke iſt aber nur Folge der Abſonderung. Er brach ſonſt auf Segen Gottes zu Gersdorf in Sachſen. Leonhard III. p. 31.

Karſten p. 50. u. p. 95. no. 66.

Ein anderer ſogenannter STÄNGLICHER BRAUNSPATH iſt durch Klaproths Analyſe bekannt geworden. — Die Farbe ist *schneeweiss*. Er besteht aus *langen, dünnen, abgeplatteten Stängeln*, die aus höchst feinen, wie es scheint, Hexaëdern zusammengesetzt sind, und sich selbst unter Winkeln von beinahe 60° überall durchschneiden. Die Absndrgfl. *stark glänzend* von *Perlmuttergl.* — Er besteht aus kohlens. Kalk 51,50, kohlens. Talk 32,0, kohlens. Eis. 7,50, kohlens. Mangan 2, Wasser 5. Nach der unvollständigen Beschreibung ist es schwer zu bestimmen, ob dieses Fossil eine blosse Modification des gemeinen Braunspaths ist, oder zum faserigen Braunspath gerechnet werden muss. Die Analyse zeigt eine genaue Uebereinstimmung mit Berthier's vom Braunspath. Er ist durch Humboldt aus Amerika gekommen. Er erhielt ihn aus dem Bergwerke la Valenziana zu Guanaxuato in Mexico.

Klaproths Beitr. 4. p. 199.

14.

EISENSPATH, Hausmann. (Spatheisenstein Wr. Chaux carbonatée ferrifere H.) — *Grünl- gelbl-* Gr., in *graul-* W., *erbsen-*Glb., *nelken-schwärzl-* Br., *perl-*Schw. Die lichten Abänderungen laufen auf der Oberfläche *dunkel* an, und man kann wohl annehmen, dass der meiste dunkel gefärbte, die Farbe erst durch eine ähnliche Veränderung erhalten hat. Oft auch ſind die lichten Stücke *taubenhälſig bunt* angelaufen.

Häufig *derb*, *eingeſprengt*, mit *pyramidalen* und *kegelförmigen Eindrücken*, *kryſtalliſirt*.

1) Primitiver. Kerng. des Kalkſpaths, ſiehe die erſte Varietät deſſelben.

2) Baſiſirter (baſé) Kalkſpath no. 2.

3) Gleichaxiger (equiaxe) Kalkſpath no. 3.

4) Winkelvertauſchender (inverſe) Kalkſpath no. 5.

5) Unitärer (unitaire) Kalkſpath no. 6.

6) Kontraſtirender (contraſtante) Kalkſpath no. 31.

7) Bisunitairer (bisunitaire), die 6ſ. S., deren flache 3ſ. Zuſpg. der gleichaxigen Varietät zugehört. Bildet, wenn die Säule klein iſt, ein wahres Granatdodecaëder, und entſpringt aus der Zuſammenhäufung der gleichaxigen Var.

8) Ternobisunitairer (Annal. d. Muſ. t. 11. p. 184. tab. 38. f. 3.) no. 9. mit abgeſt. Kanten.

9) Linſenförmiger. Entſpringt, wie bei dem Kalkſpath aus dem flächer werden und den abgerundeten Kanten der gleichaxigen Varietät.

10) Sattelförmig gebogener linſenförmiger. Entſpringt wie die vorige Varietät aus der gleichaxigen, die Biegung durch das widerſinnige Auf-

ſetzen der Stk. der einen 3ſ. Pyr. auf die Stfl. der andern.

Reuſs, und nach ihm Leonhard, führen als Kryſtalliſation die dpp. 4ſ. Pyr. an, theils vollkommen, theils mit abgeſt. Ecken. Das letztere könnte vielleicht das unter no. 9. angeführte Granatdodecaëder ſeyn, ein vollkommenes Oktaëder iſt aber mir, wie Werner, Hauy und Mohs durchaus unbekannt, und läſst ſich auch kaum unter den Kryſtalliſationen des Eiſenſpaths vermuthen.

Die Kryſtalle ſind *klein* und *ganz klein*, *mittlerer Gröſse*, ſelten *groſs*, die Rhomben und Linſen ſind *auf* und *über einander gewachſen*, auch die erſten *reihen*- die letztern *roſenförmig zuſammengehäuſt*. — Auch die Pyr. kommen *auf und über einander gewachſen* vor. — Die Oberfl. der Kryſtalle iſt meiſt *rauh* und *druſig*, ſelten *glatt*, im erſtern Falle *wenig glänzend*, im letztern *ſtark glänzend*. — Inw. *ſtarkgl.* und *wenigg l.* von *Perlmutter- in Glasgl.* — Br. *blättr.*, oft *krummblättr. mit 3ſ. Drchg. der Blätter*, wie der Kalkſpath, nur der krummblättrige Br. zeigt einige Abweichung der Winkel, und die verſteckten Drchg. ſind, wie beim Braunſpath, kaum zu ſpüren. — Einige Abänderungen zeigen einen Uebergang des blättr. Bruchs in *den ſplittr.* — Brchſt. *rhomboidal*. — *Groſs-* und *kleinkörnig* abgeſ. St. — Mehr oder weniger *drchſchnd.* und *undrchſtg.*, (der ſchwärzl. Br.) auch *halbdrchſtg.* (der lichte in Kryſtallen) — *ritzt den Kalkſpath* — *zieml ſpröde* — *l. zrſpr.* — 3,784 Gellert, 3,642 — 3,810 Bergmann, 3,693 Guyton, 3,600 — 3,900 Collet-Descotils, 3,83 D'Aubiſſon.

Verhält ſich gegen Säuren faſt wie der Braunſpath, nur möchte er manchmal noch ſchwerer und unmerklicher aufbrauſen. Vor dem Löthrohr wird er ſchwarz, und die Stücke werden von den Magneten angezogen. Eiſ 38, Mangan 24, Kalk 19, Kohlenſ. 10, Waſſer 9, (aus Steiermark) Eiſ. 22, Mangan 28, Kalk 26, Kohlenſ. 6, Waſſer und Verl. 1. — Beide Analyſen von Bergmann. Schwarzer: Eiſenox. 58,00, Mangan 4,25, Kohlenſ. 35,00, Talk 0,75, Kalk 0,40 Kl. — Eiſ. 52,75, Talk 5,00, Waſſer und Kohlenſ. 42,25 von Baigorry, Eiſ. 42,38, Talk 14,00, Waſſer und Kohlenſ. 43,62 von Vaunaveys, Eiſ. 42,38, Talk 13,60, Waſſer und Kohlenſ. 43,22, Kieſel 00.80 von Alleward; alle drei Analyſen von Drappier, Eiſ. 20,5, Mangan 4,5, kohlenſ. Kalk 41, kohlenſ. 7 von Alleward, eine graulichweiſse Varietät, Eiſ. und Mangan 64, kohlenſ. Talk 3, Kohlenſ. mit Eiſ. 16,9, Verluſt an Waſſer 16,1, ebendaher aber ſchwarz, beide Analyſen von

Bergmann (ein jüngerer Chemiker in Paris), Fragmente solcher Stücke von Vaunaveys, die Drappier untersucht hatte, gaben rothes Eis. 49,10, Mangan 1,5, Talk 12,5, Kalk 0,3, Verl. durchs Glühen 37,5. — Ein zweites Stück von Alleward, sehr verschieden von dem was Drappier untersuchte (bräunl. gelb), gab Fragmente von Quarz 2, rothes Eis. 50,5, Mangan 9 bis 10, Talk höchstens 2, Kalk 0,5, Verl. durchs Glühen 34,5. Ein Stück von dem, was Bergmann analysirt hatte, gab Fragmente von Quarz 2,58, rothes Eis. 48,45, braunes Mangan 1,80, Kalk 0,52, Talk 1,98. Das Verhältniss der flüchtigen Theile liess sich wegen der Kleinheit der Stücke nicht bestimmen. Diese drei Analysen sind von Collet-Descotils. Vorher geröſteter Eisenspath enthielt Kiesel 16, Kalk 1, Mangan und Eisen (im metallischen Zustande angenommen), von ersterem 1,56, von letzterem 57,30, Sauerstoff und Wasser 23,44. Diese Analyse war von Berthier. Ein Fossil, welches Collet-Discotils nicht für Eisenspath, vielmehr für einen eisenhaltigen Kalkspath will gelten lassen, enthielt Kalk 26,5, Talk 11,5, rothes Eis. 15,5, braunes Mangan 2,25, Verlust im Feuer 43. Das Fossil war von Alleward. Ein Eisenspath von Neuendorf bei Harzgerode enthielt Eisen 55, Mangan 10, Kohlens. 35, ein anderer von Schmalkalden Wasser 13,0, kohlens. Kalk 2,75, Mangan 10,50, für das fehlende Eisen angenommen 73,75. Eisenspath vom Backenberg am Harz Eisenoxydul 63,00, Mangan 1,00, Kalk 1,50, Kohlens. 34,00, Kiesel und Thon (?) — 0,25, Verl, 0,75. Hausmann.

Diese Gattung ist zuerst von Werner bestimmt und sehr ausgezeichnet. Die Kerngestalt, die ganze krystallinische Struktur verbindet sie mit dem Kalkspath. obgleich sie sich nu innerhalb einer engern Sphäre bestimmter Variationen zu gestalten vermag, die, wenn sie auch weiter gehen sollte, als wir sie bis jetzt kennen, doch gewiss nie den grossen und bedeutenden Umfang des Krystallisationskreises des Kalkspaths erreichen wird. Verhältnisse der Art sind bei der Bestimmung der Gattungen höchst merkwürdig und dürfen nie übersehen werden. Treten sie mit anderweitigen chemischen und oryktognostischen Verschiedenheiten auf eine bestimmte Weise hervor, so dass das Hemmende, die Krystallisation in einen bestimmten engern Kreis einschliessende, als ein Bleibendes, unveränderlich Charakterisirendes sich zeigt, so ist die Trennung eine wesentliche, der engere Kreis bestimmt von dem grössern ausgeschlossen und die Gattung fixirt. — Nun ist der Eisenspath auch durch Farbe, Glanz, Härte, Schwere, chemische Beschaffenheit, geognostisches Vorkommen hinlänglich ausgezeichnet, und muss als eine eigene Gattung angesehen werden, um so mehr, da man die charakterisirende metallische Beimischung, als das Bestimmende anerkennen muss. Wir dürfen ihn daher nicht mit Hauy als eine blosse Modifikation des Kalkspaths ansehen. Vielmehr dürfte die allgemeine krystallinische Struktur mehr als das Gemeinsame einer grössern Familie, die mehrere wahre Gattungen in sich schliesst, betrachtet werden. Bei der Trennung von Braunspath und Eisenspath können wir uns freilich nicht auf so starke, und wie uns scheint, unwiderlegliche, Gründe berufen. Die meisten Kennzeichen verlaufen sich in einander, die bestimmte Sphäre der Krystallisation scheint durchaus die nämliche zu seyn. Wenigstens möchte es sehr schwer fallen, irgend eine Variation, als dem Eisenspath oder Braunspath ausschliessend eigen herauszuheben, selbst die sehr bezeichnenden krummen Flächen des Durchganges sind beiden gemein. Die Trennung ist daher mehr als eine interimistische anzusehen, mehr aus Vorsicht gewählt, um nicht durch eine voreilige Vereinigung die Aufmerksamkeit von Verhältnissen abzulenken, die uns jetzt unbedeutend scheinen, bei genauerer Wahrnehmung aber wichtiger werden können. Aus diesem Grunde haben wir alle vermittelnde Punkte der Gestaltung, wie hier die Annäherung der grossen Familie des kohlensauren Kalkes gegen zwei Metalle, gegen Mangan und Eiſen, ſorgfältig herausgehoben. Indem ich dieſes ſchreibe, erhalte ich einen Aufſatz von Wollaſton (on the primitive Cryſtalls of Carbonate of Lime Bitter — Spar. and Iron — Spar. Phil. Trans. f. 1812. 1. p. 159) nach welchen er durch Beobachtungen mit ſeinem Reflexions-Gonyometer (ſ. oben p. 59.) gefunden hat, daſs, wenn man den gröſsten Winkel beim Kalkſpath als 105° beſtimmt, der beim Bitterſpath als 106½°, der beim Eiſenſpath aber faſt als 107° betrachtet werden muſs, ſo daſs dieſe Gattungen ſich ſelbſt durch ihre Kerngeſtalt unterſchieden, und zwar ſo ſehr, daſs der Eiſenſpath um nicht weniger als zwei Grad vom Kalkſpath abwiche. Ueberhaupt dürften die Veranderungen in der Anſicht der Kryſtallographie durch die häufigere Anwendung dieſes, die Winkel mit der äuſserſten Genauigkeit angebenden Inſtruments, fehr bedeutend werden.

Eine andere Frage iſt, ob der Eiſenſpath unter die Eiſenerze zu ſetzen, wie es die Mineralogen bis jetzt thaten, oder in der Kalkreihe aufzunehmen iſt, welches, wie früher Cronſtedt auch Hauy wagte. Die Gründe, die den Mineralogen in frühern Zeiten bewogen, den Eiſenſpath unter die Eiſenerze zu ſetzen, waren wohl kaum hinreichend, die unnatürliche Trennung, die dadurch veranlaſst wurde, zu rechtfertigen. Denn der Eiſenſpath ward dadurch nicht allein aus der

Kalkfamilie im Ganzen, in welcher ihm seine Struktur den Platz anweist, herausgehoben, sondern auch von dem nahe verwandten Braunspath losgerissen, in welchen er so deutliche Uebergange bildet, daſs er oſt schwer ist zu bestimmen, zu welcher Gattung ein bestimmtes, zwischen beiden stehendes Fossil zu rechnen ist. Es ist wohl lobenswerth, daſs man sich bei der Bestimmung der Gattungen vorzüglich an die reinsten Darstellungen desselben hält, durch welche sie allein auf eine klare Weise in ihrer Sonderung erscheinen, aber die Verwandtschaften sind nicht weniger wichtig. Wenn man nahe verwandte Gattungen in den von einander entferntesten Regionen des Systems aufzusuchen und hinzustellen gewohnt ist, so übersieht man nur zu leicht die Annäherung, und verbirgt sich selbst, die schwierigere Unterscheidung mittlerer Bildung, so wie die zu enge Verbindung verwandter Gestälten, vielleicht eine wichtige Differenz verbirgt. Die Gründe, die die Mineralogen zu jener Versetzung des Eisenspaths bewogen, waren wohl theils ökonomische, weil man aus dem Eisenspath Eisen gewinnt (daher die altere Benennung Stahlerz), theils weil er in Brauneisenstein übergeht, theils weil er durch die metallische Beimischung eine bedeutende specifische Schwere erhält, die sie als vorzüglich charakterisirend ansahen.

sahen. Dass die ökonomische Benutzung keinen Grund abgeben kann, versteht sich von selbst. Der Uebergang in Brauneisenstein, findet offenbar nur durch eine chemische Metamorphose, durch eine Destruction des Fossils Statt, und so bleibt nur die specifische Schwere übrig, die offenbar keinen hinlänglichen Grund zur Trennung abgeben kann. So unzulänglich, wie nun die Gründe sind, so erhielten sie dennoch in neuern Zeiten eine überraschende Bestätigung durch chemische Analysen, die ich daher oben vollständig angeführt habe, und die es beweisen, welche grosse Aufmerksamkeit man auf diesen Gegenstand verwandt hat. Aus diesen Analysen scheint nun zu erhellen, dass die Kohlensäure, Mangan- und Eisenoxyd die constanten Bestandtheile des Eisenspaths ausmachen, die Kalkerde dahingegen fast immer ganz fehlt, oder wenn sie da ist, in einer sehr geringen Menge vorkömmt, und als zufällig anzusehen ist. Zwar haben wir keine durchaus festen Gründe anzunehmen, dass nur die kohlensaure Kalkerde mit dieser bestimmten krystallinischen Structur erscheinen könnte. Können wir wohl mit völliger Sicherheit die Möglichkeit ableugnen, dass die Kohlensäure, auch anderen Substanzen, wie Mangan oder Eisen jene Struktur mittheilen könnte? Offenbar gründet sich die Annahme der Krystallographen in dieser

Rückſicht mehr auf Vermuthung als auf reine Thatſachen. In dem vorliegenden Fall aber ſpricht die Analogie zu auffallend, und wir ſind berechtigt ihr zu folgen, bis ihre Grundloſigkeit evident dargethan iſt. Bei der Vergleichung der oben erwähnten Analyſen fiel es mir gleich auf, daſs man in den meiſten, und zwar in den entſcheidendſten Fällen offenbar ſchon deſtruirten Eiſenſpath analyſirt hatte, daſs man faſt gar nicht die Grade der Deſtruction, die ſehr verſchieden ſeyn können, gehörig angegeben hat, daſs die hellern, friſchern Eiſenſpäthe, wie Klaproths iſabellgelbe, Bucholzs gelblichbraune, 1 bis 3 pr. C. kohlenſ. K. enthielten, während Klaproths dunklere nur 0,50 zeigt, wie auch Hausmann bemerkt. Dieſer hat auch (Entwurf p. 129. in d. Note) eine Anſicht aufgeſtellt, die wir durchaus billigen müſſen. Er macht darauf aufmerkſam, daſs die Kalkerde, auch als der geringſte Beſtandtheil dennoch die kryſtalliniſche Form vorſchreiben kann, daſs der Bitterſpath als ein Vermittler zwiſchen Kalk- und Eiſenſpath hervortritt, endlich zeigt er die Art und Weiſe, wie Luft und Waſſer eine Umänderung des Eiſenſpaths bewirken. „Der Sauerſtoff „der Luft verwandelt das Eiſen- und Manganoxy„dul allmählig im Oxyde, die nun die Kohlenſäure „abtreten müſſen, wodurch das Ganze lockerer „wird. Die Kohlenſäure geht zum Theil an das

„durch die Gesteinsklüfte sich ziehende Wasser, „welches dadurch in den Stand gesetzt wird, den „Kalkgehalt des aufgelockerten Eisenspaths all„mählig auszulaugen, den es gleichsam zum Bele„ge des Processes nachher als Tropfstein, zuwei„len in der schönen Gestalt der Eisenblüthe, wie„der absetzt. Auf diese Weise geht der Eisenspath „in Brauneisenstein allmählig über, den man auf „den mehrsten Lagerstätten des erstern, in obe„rer Teufe anzutreffen pflegt. Der erste Grad „der Veränderung verräth sich durch das Anlau„fen und Dunklerwerden der Farbe."

Fundort. Der Eisenspath ist ein sehr gewöhnliches Fossil. Theils findet man ihn eigene grosse Massen bildend, die zuweilen als Stückgebirge, häufiger aber als Lager, oder als liegende Stöcke vorkommen. Dann immer begleitet von mehrern Eisenerzen, vorzüglich Roth und Brauneisenstein, grau Braunsteinerz, Braunspath, Kalkspath, wie bei Schmalkalden, bei Eisenerz in Steiermark, wo er mächtige Lager bildet. Solche Massen findet man in Ur-Uebergangs- und Flötzgebirgen. — Theils als Gangmasse in Ur- und Uebergangsgebirgen, und dann, wie auf dem Harz in dem dortigen reichen Grauwackengebirge, begleitet von Bleiglanz, etwas Fahlerz, Kupfer- und Schwefelkies, brauner Blende, Kalkspath, Flussspath und Quarz, ſelten von Arſenikkies, Grau-Spieſsglanzerz u ſ. w. Auf ähnliche Weiſe, nur ſind die Maſſen von Eiſenſpath nicht ſo mächtig, kennt man ihn im Erzgebirge (bei Fréiberg, Annaberg, Schneeberg u. ſ. w.), in Böhmen, in der Schweiz, in Frankreich, mit Silber-, Blei- und Kobalterzen in ältern Formationen der Gneus-, Glimmer- und Thonſchiefer-Gebirge. Leonhard I. p. 217.

Cronſtedt p. 35. §. 30. Eiſen mit der Kalkerde vereiniget, Stahlſteinreiches Eiſenerz. — Er ſtellt, wie Hauy ſpäter, den Eiſenſpath in die Familie des Kalks. Wallerius 2. p. 251. gen. 53. ſpec. 336. Ferrum calcareis lapidibus inhaerens, minera alba vel fusca, facie lapidea, sine nitore, magnete non attractilis. Minera ferri alba. Syst. nat. XII. 3. p. 141. n. 26. ferrum intractabile albicans spathosum. De l'Isle t. 3. p 283 var. a. p. 285. var. 2. Kirvan 2. p. 234. Hauy 2. p. 201. Tabl. compar. p. 5. p. 127. n. 3. Reuſs 2. 4. p. 107. Brochant 2. p. 264. Mohs 3. p. 407. tabell. Ueberſ. p 66. Karſten p. 66. Brongniart 1. p. 237. 2. p. 175.

15.

APATIT, Wr. (Chaux phosphatée H. auch Werners Spargelſtein). *Viol- indig- himmelenten*-Bl., *ſpan- berg- piſtazien- ſpargel*-Grn., *grünl- gelbl- graul*-W., *pomeranzen*-Glb., *fleiſch- roſen*-R. Selten *derb, nierenförm. eingeſprengt* und kryſtalliſirt.

1) Primitiver (primitif. t. 30. f. 66), eine sehr niedrige vollkommen gleichseitige und gleichwinklige 6s. S. Kerngestalt, integr. Molec. 3s. Prisma.

2) Dodecaedrisirter (peridodécaèdre f, 68.) no. 1. die S. länger, an allen Stk. abgest. Neig. der Abstgfl. gegen die Stfl. 150°. Die Abstgfl. sind oft der Lange nach gestreift.

3) Ringfacettirter (annulaire f. 69.). Die S. n. 1. an den Endkanten abgest., die Abstgfl. schief aufges. Neig. der Abstgfl. gegen die Stfl. 112° 12′ 28″ gegen die Endfl. 157° 47′ 32″.

4) Entkanteter (emarginée f. 70.) no. 1. Stk. und Endk. zugleich abgest. Verbindung von no. 2. und 3.

5) Unibinärer (unibinaire f. 71) no. 3. ausserdem an allen Ecken abgest. Neig. der Abstgfl. der Ecken gegen die Endfl. 125° 15′ 52″.

6) Pyramidalisirter (pyramidée f. 72.). Eine 6s. S. an beiden Enden mit 6 Fl. die auf Stfl. aufges. sind, zugesp. Neig. der Zuspgfl. gegen die Stfl 129° 13′ 53″, der Zuspgfl. gegen einander 143° 7′ 48″.

a) Keilförmiger (cuneiforme), wenn zwei einander gegenüber stehende Zuspgfl. so vergrössert sind, dass eine Schärfe anstatt der Spitze entsteht.

7) Didodecaëdrischer (didodécaèdre f. 73.) no. 6. überdiess an allen Stk. schwach abgest. Die Varietäten 6 und 7 sind es die Werner zum Spargelstein rechnet. Die spargelgelben kleinen Krystalle sind die spanischen, die entenblauen (vormals Moroxit genannt) die norwegischen.

8) Duplirter (douplant Tabl. compar. t. 2. f. 23.). Eine dicke 6s. S., die Endk. zugeschrfr. die Schärfe wieder abgest., die Ecken abgest. und die Kanten, die die Abstgfl. der Ecken mit den Stfl. bilden, ebenfalls abgest. Neig der Zuschrfgfl. gegen die Stfl. 148° 31′ 4″, der an der Abstgfl. der Ecke anges. Abstg. gegen die Stfl. 149° 3′. Der Krystall ist vom St. Gotthard.

Eine Abänderung des duplirten Apatits, der progressive, der, in Verbindung mit jenen auf St. Gotthard von Camper entdeckt wurde, und im Journ. des min. t. 12. p. 99. beschrieben wird, ist mir unbekannt, weil ich das Heft bis jetzt nicht erhalten konnte. Sie soll sich durch neue, trapezoidische Flächen auszeichnen. Lucas Tabl. methodique 2. T. p. 39. In den Catalogue de la collection mineralogique de Comte de Bournon, Londres 1813. p. 12. wird versichert, dass die erwähnte Sammlung eine grosse Anzahl bis jetzt nicht beschriebener Krystall-Varietäten der Apatiten enthalten. Bei no. 1. 3. 4. u. 5.

ſind die Säulen oft ſo niedrig, daſs ſie Tafeln bilden.

Die Kryſt. ſind *ſehr klein, klein, mittlerer Gröſse*, die des ſogenanten Moroxites zuweilen ſich *dem Groſsen nähernd*. Zuweilen findet man, bei den eigentlich ſogenannten Spargelſteinen inwendig Höhlungen. Die Stfl. d. Kryſt. ſind *ſchwach der Länge nach geſtreiſt*, die Abſtfgs - Zſchrfgs - und Zſpgs - Fl. *glatt*, bei den Moroxiten iſt die Zuſpg manchmal, wie *geſtoſſen; auf*- und *eingewachſen* — äuſserl. *ſtarkgl.* und *glänzend*, inw. *glänzend*, von einem Mittel zwiſchen *Demant*- und *Wachsgl.* — Hauptbr. *blättr. 4f. Drchg.* drei Drchg. parallell mit den Stfl. der S, der vierte mit den Endfl. Querbr. *vollkommen* und *unvollkommen klein* und *flachmuſchl* — Brchſtk. *unbeſtimmt eck. zieml. ſchrſk.* — Zuweilen Anlage zum *cylindr.* und *concentr. ſchaal. abgeſ.* St., der Derbe *ſelten körnig abgeſ.* — *Halbdrchſtg.*, bis ins *drchſtg.*, der Derbe *drchſchnd.*, zuweilen nur *an den Kanten.* — Strlbrch. *einfach.* — Ritzt den Kalkſpath, das Glas gar nicht oder nur wenig — 3,0980 — 3,2. H, der Spargelſtein vom Grainer 3,190 Kl., der Moroxit 3,035 — 3091 Schumacher, der Apatit 3,151 — 3,202. K. Phosphorescirt auf glühende Kohlen geworfen, beſonders die derben Maſſen und die Kryſtalle, die nicht zugespitzt sind. Der Spargelstein und Moroxit phosphoresciren nicht, die derben Massen aber schon beim Zerreiben.

Unschmelzbar vor dem Löthrohr. Der sächsische Apatit 55 Kalk., 75 Phosphors. Der derbe aus Zierthal 53,75 Kalk, 46,25 Phosphors. Der derbe von Utö 92,00, phosphors. Kalk 6,00, Kies. 1,0, Verl. 0,50, Mangan. Alle drei Analysen von Kl. Der Spargelstein 54,28 Kalk, 45,72 Phosphors. Vq.

Der erste Mineralog, der diese Gattung überhaupt für die Systeme fixirte, war Werner. Sie war früher mit Aquamarin und Beryll verwechselt worden. Später ist sie von den Mineralogen zu verschiedenen Zeiten als drei verschiedene Gattungen betrachtet worden. Man stellte den Spargelstein, den Moroxit, den eigentlichen Apatit auf. Werner war der erste, der die wahre Natur des Spargelsteins erkannte. Schon beim Chrysolith (1ter Th. p. 368.) bemerkten wir, daſs Rome de l'Isle die Spargelsteine Chrysolithe nannte. Werner entwarf in dem meisterhaften mineralogischen Auffatz über die Olivine, Chrysolythe, Berylle u. s. w. (bergmännisch. Journ. 1790. 2. p. 74.) die erste genaue Beschreibung des Spargelsteins, zeigte seine grosse Verwandtschaft durch Schwere, Glanz, Krystallisation, Bruch und Härte mit dem Apatit, und vermuthete, vor aller Analyse, dass er, wie dieser, aus phosphorsauren Kalk bestehen möchte. Dennoch glaubte er den Spargelstein von dem Apatit trennen zu müssen. Was ihn dazu bewog, war wohl hauptsächlich das äussere Ansehen, des früher allein bekannten aus Caprera, der sich durch die spargelgrüne ins gelbliche fallende Farbe, durch die beständige und ausgezeichnete Krystallisation (no. 7.), durch die Länge der Säulen, die sich hier nie, wie bei dem Apatit, in Tafeln verlief, endlich durch die deutlichen Durchgänge auszeichnete. Jetzt aber ist die vollkommene Uebereinstimmung des Bruchs und der Krystallisation, der Zusammenhang der letztern, die nämliche Kerngestalt, die nämlichen Bestandtheile, theils durch die Chemiker, theils unter den Mineralogen, durch Hauy, dargethan. Auch der enge Kreis der Formen des Spargelsteins ist durch den norwegischen Moroxit, der durch Farbe und Bruch mit dem gewöhnlichen Apatit, durch Krystallisation aber mit dem Spargelstein verwandt ist, erweitert Bekanntlich ward der Moroxit durch den fast unbegreiflichen Irrthum des Abildgaard, nach welchem er aus 60 Kalk, 20 Th., 4 Talk, 4 Kohlens. bestehen sollte, eine kurze Zeit hindurch als eine eigene Gattung in den Handbüchern — wie bei Reuss — aufgestellt. Da man nun weiss, dass der Moroxit nichts als Apatit ist, so muss er und der Spargelstein mit diesem vereinigt werden. Ja, mit Karsten müssen wir bekennen, dass wir nicht einmal einen Grund zur Abtheilung in blättrigen und muschligen Apatit finden, da die kleinen Nüancen der Abänderung sich unmerklich in einander verlaufen. Die schönste Suite der sächsischen Apatitkrystalle, die wir zu untersuchen Gelegenheit hatten, gehörte dem Hrn. Kaufmann Hansen in Leipzig und ward von Karsten (Beobacht. und Entdeck. der Gesellsch. naturf. Fr. zu Berlin, 3ter B. p. 356.) beschrieben.

Fundort. Der ächte alte Spargelstein vom Berge Caprera, unweit dem Cap Gates in Murcia, kömmt in losen Krystallen, mit einer gemengten Gebirgsart vor, deren Natur sich schwer bestimmen läſst. Nach Hauy eine weisse oder gelbliche Gebirgsart, die zerfressen zu seyn scheint, und von mehrern französischen Mineralogen ohne allen Grund für eine Lava angesehen wird, zuweilen von blättrigem Eisenglanz begleitet. Nach Mohs ist es nur ein poröser Kalkstein mit etwas Eisenocker. Der Spargelstein aus Zillerthal im Salzburgischen, bricht im äpfelgrünen gemeinen Talk. In Norwegen bricht der Apatit (Moroxit) im Urgebirge, am häufigsten in Kalk, dann in Hornblende, Granatmassen, Feldspath, Magneteisen, selten in Quarz. Der von

Klaproth analysirte von Utö, findet sich in länglichen Nieren in einem, der Formation des Glimmerschiefers angehörigen graulichweissen Quarz eingewachsen. Der sächsische (von Eibenstock und Ehrenfriedersdorf) und der böhmische (von Schlackenwalde), ist in den bekannten Zinnsteinlagern dieser Gegenden befindlich, begleitet von Flussspath, Steinmark, Speckstein, Quarz, Braunspath, Zinnstein, Wolfram, Schwerstein, Arsenik- und Schwefelkies, zuweilen Wasserblei, und selten Topas. Eine höchst merkwürdige und äusserst charakteristische Formation. In der Nähe von Nantes, in dem Bruche Fouir-au-Diable, fand man den Apatit in einem Granite mit vorwaltendem Feldspath, und noch neulich im östlichen Theil von Germantovn, sechs Meilen von Philadelphia, in einem feldspathartigen Gestein, so dass alle sichere Erfahrungen über das Vorkommen der echten Apatite uns bis jetzt berechtigen, dieses Fossil für eine den Urgebirgen eigenthümliche Gattung anzusehen. Leonhard I. p. 17.

Cronstedt § 46. p. 55. seladonfarbiger Aquamarin (Anmerkung v. Brunnich). Charpentier mineralog. Geographie der churfächs. Lande p. 195. Werner bergmännisch. Journ. 1788. 1. p. 76. Kirvan 1. p. 179. Hauy 2. p. 263. Tabl. comp. p. 7. Lucas 2. p. 38. Reuss 2. 2. Moiox. p. 349. gemeiner Apatit (zum Theil Phosphorit) p. 355, muschliger Apatit (Spargelstein) p. 358.

blättriger Apatit (der Wernerſche) p. 362. Brochant 1. Apatit p 580. la pierre d'aſperge p. 586. Mohs 2. Spargelſtein p. 134 Apatit p. 139. tabell. Ueberſ. p. 38. Apatit und Spargelſtein. Karſten p. 52. u. p. 94. u. 72. Brongniart 1. p. 240 Hausmann Entw. p. 123. Apatit, a) blättricher, b) muſchlicher.

16.

PHOSPHORIT, Wr. (Chaux phosphatée terreuſe, H.). *Gelbl - röthl - grünl - graul* - W. *licht - ocker blaſs - iſabell* Glb., zwiſchen *fleiſch*- und *ziegel* - R. *perl* - Gr. Zuweilen aus dieſer Farbe ins *viol* - Bl. und *gelbl* - Gr. Auf den Klüften *gelbl*- und *leber* - Br. auch *pech* Schw. angelaufen. — Kryſtalliſ. im *kleinen* 6ſ. T., *derb, nierenförmig als mehr oder weniger ſtarker Ueberzug, ſtaudenförmig, tropfſteinartig* aus einer Zuſammenhäufung von kleinen 6ſ. Tafeln, *mit Eindrücken* (von Apatitſaulen oder Fluſsſpathwürfeln — *matt,* oft von fremdartigen Theilen *ſchimmernd* - Br. *uneben von kleinem und feinem Korne* ins *erdige* übergehend, *büſchelförmig auseinander laufend faſrig*, nicht ſelten *blumig - blättr* —Brchſt. *unbſt. eck. nicht ſndr. ſchrfk.* — *groſs*- und *grobkörnig, dick* und *krummſchaalig* abgeſ. — *undrchſt.*, wenig *an den Kanten drchſchnd.* — Härte des Apatits — *ſpröde* — *l. zrſprb.* 3,862

Brisson, 3,075 K. Phosphorescirt schon beim Reiben, stärker beim Glühen mit einem grasgrünen Scheine.

Unschmelzbar vor dem Löthrohr, 59,00 Kalk, 34,00 Phosphors., 2,50 Flufsfäure, 2,00 Kies, 1,00 Eis, 2,00 Kohlens., 0,50 Salzs. Pelletier und Donadei. Die einzige Analyse, die sich mit Bestimmtheit anführen läfst.

Bei dieser Gattung ist noch manches dunkel. Ihr Umfang ist noch lange nicht bestimmt genug anzugeben. Die bedeutende Abweichung des erdigen Phosphorits von dem blättrigen ist auffallend. Ich habe zwar, nach Mohs, die 65. Tafel, als eine Krystallform dieses Fossils angeführt, bekenne aber, dafs, was ich zu sehen Gelegenheit hatte, mir eigentlicher Apatit zu seyn schien. Auch in der Sammlung des Jardins des plantes in Paris, findet man viele Stücke beisammen, die einander sehr unähnlich sind, was man aber der französischen Schule um so weniger vorwerfen darf, da Hauy, vielleicht mit Recht, den Phosphorit, als eine blofse Abänderung des Apatits ansieht, und dafs in dieser so erweiterten Gattung, die verschiedensten Formen ihren richtigen Platz finden, ist gewifs. Eine andere Frage betrifft die Begrenzung, und den genau bestimmten Kreis für Apatit und Phosphorit, wenn wir, mit Werner, diese als zwei verschiedene Gattungen betrachten. Sollte die 6f. Tafel, nach Mohs, als wirkliche Krystallform des Phosphorits betrachtet werden können, so dass man, mit völliger Evidenz, z. B. in den tropfsteinartigen Verbindungen, den Uebergang von dem blumigblättrigen zur vollkommenen Krystallisation nachweisen könnte, so würde die Begrenzung noch schwieriger, ja vielleicht unmöglich werden. Die Farbe für sich dürfen wir nur als ein Zufälliges ansehen, Gestalt, Bruch und Absonderung aber verändern sich so häufig, mit dem blossen Verschwinden der Krystallisation, bei der nämlichen Gattung, dass sie kaum hinreichende Gründe zur Trennung geben. Das Vorkommen aber, so wie die Uebergänge und die chemische Analyse beweisen die nahe Verwandtschaft. Die letztere um so mehr, da Proust auch in dem wahren Apatit die Flussäure entdeckt haben will.

Die oben angeführte Analyse zeigt aber eine höchst merkwürdige Erscheinung, auf welche schon Leonhard (tabell. Uebers. p. VII. im Anhange) indem er auf die Entdeckung von Morichini, der Flussäure in Verbindung mit Phosphorsäure in den Zähnen fand, aufmerksam macht, die aber durch Berzelius (Gehlens Journ. f. Chemie und Phys. 3ter B. p. 19.) noch bedeutender und auffallender geworden. Berzelius fand nämlich, durch eine genaue Vergleichung seiner trefflichen Analyse der verbrannten Knochen mit der oben angeführten des Phosphorits durch Pelletier und Donadei eine überraschende Uebereinstimmung. Nur Eisen und Kieselerde fehlte in den Knochen, (der Phosphorit hat Eisen ein und Kieselerde zwei Procent) aber mit Recht bemerkt Berzelius, daſs diese Substanzen, in so geringer Menge, in vielen Fällen, als zufällige Bestandtheile der Mineralien vorkommen können. „Ziehet man 10 Theile Kalk für den in „den Knochen befindlichen freien Kalk ab, so „bleiben noch 49. Diese bedürfen nach Fourcroy 35,5 Phosphorsäure zur Sättigung, oder „34 Phosphors. und ungefähr 1,5 Fluſssäure, und „bilden damit 84,5 phosphors. und fluſss. Kalk, „dann giebt die Vergleichung der Analyse von Pelletier mit der von Berzelius:

	Gebrannte Knochen.	Phosphorit.
Phosphors. u. flüſs. Kalk	83 — 86,0 Gr.	84,5
reiner Kalk . .	10,0 —	10,0
Kohlensäure . .	2,0 —	1,0
Salzsäure . .	eine Spur	0,5
Natron . . .	2,0 —	0,0
Kiesel		2,0
Eisenoxyd		1,0
	100	100

„Die Talkerde, von welcher in den Knochen etwas über ein Procent vorkam, so wie das Natrum, konnten leicht zu einer Zeit übersehen werden, wo die Analysen weniger genau waren, auch in derselben Revolution, welche diese Gebirgsmassen zusammenhäufte, fortgeführt worden seyn; die Menge der Flussäure ist vielleicht auch etwas zu groſs angegeben, ein Umstand, der um so weniger befremden kann, da es damals unter den Chemikern noch nicht Gebrauch war, den Verlust zu berechnen. Diese Gebirgsmasse rührt demnach, aller Wahrscheinlichkeit nach, von ehemaligen Knorpel her, die durch Brennen von ihrem ehemaligen Gehalt an thierischen Theilen befreiet worden; denn hatte bloſs die Zeit auf dieselben gewirkt, so hätte dieser wohl allmählig zerstört worden seyn können, aber die Knochenerde hätte dann ganz ihren Gehalt an Kohlens. behalten müssen." Zwar theilen wir die ganze Ansicht des Berzelius nicht, indem die Annahme eines Brandes in ruhigen Gebirgen, wie die, in welchen der Phosphorit vorkömmt, bloſs um die Entfernung von 3,7 Kohlens. zu erklären, dem Geologen ohne allen Zweifel zu kühn scheinen möchte. Indessen ist das Zusammentreffen zu merkwürdig, um nicht die ganze Aufmerksamkeit der Naturforscher zu erregen, wenn auch ganz abweichende Erklärungen möglich wären.

Fundort. Estremadura in Spanien bei dem Dorfe Logrosan begleitet von Amethyst. Ueber sein Vorkommen dort, läßt sich nichts bestimmen. In Böhmen (bei Schlackenwalde) und Sachsen (bei Ehrenfriedersdorf) theilt er das Vorkommen des Apatits. Leonhard I. p. 17.

Hauy 2. p. 269. Tabl compar. p 8. und p. 134. n. 9. Lucas 2. p. 38. Reuſs gemeiner Apatit 2. 2. p 355. Brochant 1. L'Apatit terreuse p. 584. Mohs 2 p. 145 tabell. Uebers. p. 39. Karsten p. 52. u p 94 n. 73 Brongniart Chaux phosphatée terreuse 1. p. 241.

ERDIGER PHOSPHORIT, K. (Chaux phosphatée purvelulente, H.). *graul*- W. ins *blaſsgrünlich*, stellenweise *rauch*- und *gelbl*-Gr. — aus *matten ſtaubartigen Theilen, meiſt loſe oder nur wenig zuſammengebacken* — *färbt etwas ab* — *fühlt ſich etwas rauh und mager an* — *nicht ſndrl. ſchwer* — phosphorescirt auf glühende Kohlen gestreuet mit einem bald vorübergehenden blaßgelben Lichtscheine.

Die frühern Untersuchungen von Klaproth und Gmelin ließen in dieser Erde nur Flußsäure vermuthen. (Crells chem. Annal. 1. 1787. p. 52. u. 1791. 1. p. 197.). Eine Analyse von Pelletier gab Kalk 21, Kies. 31, Thon 15,5, Eis. 1, Flußs. 28,5, Phosphors. 1, Salzs. 1, Wasser 1. Hassenfraz hatte zwar früher die Phosphorsäure als überwiegend gefunden, aber man hielt die Analyse von Pelletier für genauer. Eine wiederholte Analyse von Klaproth zeigte aber Kalk 47,00, Phosphors. 32,75, Flussf. 2,50, Wasser 1,00, Kies. 0,50, Eis. 0,75, Beimengung von Quarz und lettiger Bergart 11,50.

Diese Erde ward bisher in den Systemen als erdiger Fluss aufgestellt, und die angeführte Analyse von Pelletier schien die Annahme zu bestätigen. Dass sie nach der berichtigenden Untersuchung von Klaproth mit dem phosphorsauren Kalk verbunden werden muss, ist freilich gewiss. Dennoch habe ich nicht gewagt, wie Karsten und wahrscheinlich auch Hausmann (Entw. p. 123.), sie mit dem Phosphorit zu verbinden, da die Kennzeichen dieser Erde, die man bloss in der beschriebenen Gestalt, und nur an einem Orte gefunden hat, keine oryktognostische Verwandtschaft mit diesem andeuten. Bis man also an mehrern Orten, vielleicht auch in mannichfaltigern Formen erdigen phosphorsauren Kalk gefunden haben wird, habe ich diesen als einen Anhang hier angeführt.

Fundort. Kolobanya bei Szigeth in der Marmaroscher Gespannschaft in Ober-Ungarn, wo er in der Tiefe von 10 Lachtern, neben einem Eisengange zwischen Quarzwänden eine eigene Gangkluft ausfüllt.

Kirvan 1. p. 174. Fluſs in er ger oder ſandiger Geſtalt. Tabl. comp. p. 8. u. p. 134. no. 9. Reuſs 2. 2. erdiger Fluis p 378. Brochant 1. le Fluor terreux p. 593 Mohs 2. p. 175. no. 1872. tabell. Ueberſ. p. 38. Karſten p. 52. u. p. 94. no. 73. Brongniart, Chaux fluatée terreuſe 1. p. 245.

Als einen Anhang zum phosphorſauren Kalk führt Hauy ein Foſſil an, welches er Chaux phosphatée quarzifère nennt. Nach der Beſchreibung bei Brongniart iſt es *ſchmutziggrau* ins *violblaue* ſpielend — *porös* — Br. *erdig* oder *körnig*, auch *blättrig, mit verſchlungenen Blättern* (a lames entrelacées, etwa blumigblättrig?) — *rauh anzufühlen* — *giebt Feuer mit dem Stahl* — Geworfen auf glühendes Eiſen giebt es einen goldgelben phosphoriſchen Stein. — Man findet es in Schlackenwalde in Böhmen in der dortigen Zinnſteinformation (Tondi). Ohne allen Zweifel iſt dieſes Foſſil von den deutſchen Mineralogen zum Phosphorit gerechnet. Die Bemerkung aber, daſs unter den Phosphoriten aus Schlackenwalde ſolche vorkommen, die mit dem Stahl Feuer geben, iſt mir bei keinem deutſchen Mineralogen vorgekommen.

Hauy. Tabl. compar. p 8. Brongniart 1. pag. 242. Lucas 2. p. 42.

17.

FLUSS, Chaux fluatée, H.

1) FLUSSPATH, *Perl- gelbl- rauch*- Gr. aus diesem in *graul- grünl- röthl*- W., von da *rosen*-R., *pflaumen- schwarzl- viol- lasur, berliner- himmel*- Bl., weiter ins *seladon- berg- smaragd gras- pistacien oliven*-Grn., bis in *wachs*- und *honig*- Glb., das selbst ans *gelbl*- Br. grenzt. Meist ist er *einförmig* gefärbt, zuweilen auch *gestreift*, einige würfliche Krystalle sind gelb die Kanten aber dunkelviolblau gefärbt. Zuweilen sind die Farben, wie die grüne und gelbe schmuzig, meist aber die grünen, blauen, gelben und rothen von ausnehmender Reinheit und Glanz — *derb, eingesprengt*, am häufigsten krystallisirt.

1) Primitiver (Chaux fluatée primitive, T. XXXI.). De l'Isle, T. 2. p. 15. var. 2. Waller. 1. p. 183. 4. 6. Ein regelmäfsiges Octaëder. Neig. jeder beliebigen zwei Flächen gegeneinander 109° 28' 16''. Kerngestalt: das reguläre Tetraëder.

a) no. 1, keilförmig verlängert, so dafs das Octaëder, nach seinem gröfsten Durchmesser betrachtet, eine stark geschobene 4s. S. an den Enden zugeschrft., bildet.

2) Kubo-octaëdrischer (cubo-octaëdre, T. XXXII. f. 84.) no. 1. mit abgest. Eck. De l'Isle

2. p. 14. var. 4. Neig. der Abſtgfl. gegen die urſprünglichen Fl. des Octaëders 125° 15 52″. Sind die Abſtgfl. ſchwach, ſo behält der Kryſtall die octaedriſche Form, die urſprünglichen Flächen bilden aber Sechsecke, deren Winkel alle 120° ſind, wachſen die Abſtfgsfl. ſo, daſs die urſprünglichen Flächen ſich nicht mehr berühren, ſo entſtehen Würfel mit ſchwach abgeſt. Ecken. Es iſt alſo die Mittelkryſtalliſation zwiſchen Würfel nnd Octaëder.

3) Dodecaëdriſcher, (dodecaèdre f. 83.). Das Granatdodecaëder. Entſteht aus no. 2, wenn die Abſtgsfl. des Octaëders, und die urſprüngl. Flächen gleich groſs ſind, wodurch zwölf rhomboidale Flächen gebildet werden. Neig. zweier benachbarten Flächen gegen einander 120°. Zwiſchen Breuil und Charecey auf dem Wege vom kleinen Montcenis nach Chalons, äuſserſt ſelten.

4) Kubiſcher (cubique T. XXXI. f. 81). De l'Isle 2. p. 7. var. 1. Waller. 1. p 183. 4. a. ein vollkommner Würfel. Zuweilen findet man an den Ecken der Würfel Sprünge, die Abſtfgsfl. parallel mit den Flächen der Kerngeſtalt bilden, die aber an ihrem Glanz leicht von den wahren Kryſtalliſationsflächen zn unterſcheiden ſind.

5) Entkanteter (emarginée T. XXXII. f. 85.). De l'Isle 2. p. 19. var. 4. no. 1. mit abgeſt. Kanten. Neig. der Abſtgfl. gegen die Stfl. 144° 44′8″.

6) Kubo-dodekaëdrifcher (cubo-dodecaèdre f. 86.). De l'Isle var. 2. no. 4. mit abgeft. Kanten. Neig. der Abftgfl. gegen die Stfl. 135°.

7) Geränderter (bordée f. 87.). De l'Isle 2. p. 15. no. 4. mit zugefchrft. Kanten. Neig. der Zfchrfgk. gegeneinander 125° 56' 8", d. Zfchrfgk. gegen die Stfl. 161° 31' 56".

8) Hexatetraedrifcher (hexatetraèdre f. 89.) entfpringt aus no. 7, wenn die Zufchrfgfl. fo wachfen, dafs die Stfl. des Würfels verdrängt werden, wodurch alle 6 Flächen in flache 4f. Pyramiden verwandelt werden, deren Stfl. auf den Zufchrfgsk. aufgef. find. Neig. der Stfl. zweier Pyr. gegeneinander 126° 56' 8", der Stfl. derfelben Pyr. gegeneinander 154° 9' 28". Wenn die Zufchrfgsfl. fich nicht ganz berühren, bleiben die Stfl. als Abftgfl. der Theilungsfpitze übrig.

9) Trimorphifcher (triforme T XXXIX. f. 162.) no. 1. an allen Kanten und Ecken ftark abgeft. Eine Verbindung von no. 2. und 5.

10) Dreifeitig zugefpitzter no. 4, die Ecken mit 3 Fl., die auf die Stfl. aufgef. find, zugefp. Wr.

11) Sechsfeitig zugefpitzter, no. 4. die Ecken mit 6 Fl., 3 jedesmal auf die Stfl. aufgef. Wr.

12) Sphäroidifcher (fphaeroidale) no. 1. mit cylindrifch-covexen Flächen. Hauy fieht diefe

Kryſtalliſation gleichſam als einen Uebergang aus der regulären Form in die Concretion an.

Auch von dieſer Gattung behauptet Bournon (Collection p. 10.) mehrere bis jetzt nicht bekannte Kryſtallformen, die (wie no. 11. u. 12.) nicht durch einer Veränderung des primitiven, vielmehr der ſecundären Form (wohl meiſt des Würfels) entſtanden ſind. Reuſs führt nach Eſtner und Meder zwei Varietäten an, die, wenn ſie wirklich dem Fluſsſpath zugehören, durch eine ſehr unerklärbare Abweichung von den bekannten Kryſtallformen, merkwürdig werden. Eſtners iſt eine dopp. 8ſ. Pyr., mit 4 auf die abwechſ. Stk. aufgeſ. Fl. zugeſp., eine Form, die ſich wohl mit den bekannten verbinden lieſse, die Form, die Meder beobachtet haben will, beſteht aber aus einer vollk. 6ſ. ſehr niedrigen S., an allen Ecken abgeſt. die Abſtgsfl. auf die Stk. aufgeſ., die Abſtgsk. und mehrere der Endk. nochmals abgeſt. Die Kryſtalliſation ſoll als Zwillingskryſtall vorkommen. Ich zweifle an der Richtigkeit der Beſchreibung oder Beſtimmung dieſer Kryſtallform.

Die Kryſtalle des Fluſsſpaths kommen von allen Graden der Gröſse von *Groſs* bis zu *ſehr klein* vor — meiſt *einzeln*, aber auch *auf und neben einander gewachſen und kuglich zuſammengehäuft*. — Die Oberfl. theils *druſig*, theils *glatt*, theils *rauh*. — Aeuſserl. iſt der glatte *starkglänzend*, inw *stark* zuch wohl *spiegelflächig-glänzend*, bis *glänzend*, nach der grössern oder geringeren Vollkommenheit des blättr. Br. von *Glasgl.* — Br. Theils *höchst vollkommen*, theils *unvollkommen geradblättr. 4f. Drchgs., nach der Diagonale des Würfels*, so das die Drchgsfl. sich unter gleichen Winkeln schneiden — Brchst. theils *tetraedrisch*, oft *mit abgestumpften Ecken*, theils *octaedrisch*, theils *rhomboidal*, überhaupt zeigen sich die meisten Krystallisationsgestalten des Spinells. — Der derbe *körnig abges. das Korn von allen Graden der Grösse*, zuweilen *ziemlich vollkommen dick- und dünnstängliche Absndrg.*, die von einer andern *dick- und krummschaaligen* durchschnitten wird, nach welcher letztern dann mitunter sich die Farbenzeichnung richtet (wie besonders bei den Derbyshirer-Flussspath, der zu den bekannten Urnen benutzt wird), auch höchst selten mit *sphärisch-krummblättr.* Bruch, und *dünn- krumm- und concentrisch-schaalig* (Mohs) abges. — *Mehr oder weniger drchschnd*, bis *halb-* und *ganz drchstg.* — Strbr. *einfach* — ritzt den Kalkspath, wird aber vom Glase geritzt — *l. zrspr.* — *spröde* — 3,0943 — 3,1911 Brisson, 3,138 — 3,228 K., 3,481 Blumenbach. Phosphorescirt, wenn er erwärmt wird, meist mit grüner Farbe,

zwei

zwei Stücke, an einander gerieben, leuchten im Dunkeln, sollen auch, nach Davy, elektrisch werden.

Die Phosphorescenz des Flussspaths, ist in vielerlei Rücksicht interessant. Im Ganzen verliert sie sich im Rothglühen zugleich mit der Farbe. Am leichtesten wird sie wahrgenommen, wenn man den Flussspath pulverisirt auf glühende Kohlen wirft. Gallitzin entdeckte einen violetten (den sogenannten Chlorophan), der auf glühende Kohlen geworfen, ein spangrünes bis ins apfelgrüne sich veränderndes Licht (nach Karsten) von grossen Glanz giebt. Das Licht wird allmählig schwächer, und verliert sich am Ende ganz, wenn der Stein sich entfärbt. Wenn man die Hitze mässigt, indem man den Chlorophan bloss auf heisse Asche legt, und ihn herausnimmt, sobald er in rothe Phosphorescenz übergegangen ist, so kann man die Erscheinung öfters wiederholen, jedoch mit immer grösserer Abnahme der Phosphorescenz. Pallas machte die Entdeckung, dass ein blassviolblauer, weiss und grüngefleckter von Catharinenburg, wenn er einige Zeit in der warmen Hand gehalten wird, mit weissem, in siedendem Wasser mit grünem und in grösserer Hitze mit blauem Lichte leuchtet. Nach Bournon (a. a. O. p. 11.) leuchten mehrere grüne Flussspathe schon vor der Hitze des siedenden Wassers mit einem blass-blaulichten Lichte. Eine grüne Varietät aus Siberien giebt in dem Augenblick, wo die Schaufel aufhört zu glühen, eine Phosphorescenz, die als eine Mischung von grün, gelb und violblau erscheint, eine andere dunkelgelbe Varietät zeigt eine Mischung von blau, grün und blassgelb, eine dritte graulich-grüne aus Sachsen phosphorescirt lebhaft mit einer prachtvollen Mischung von blau, violet und gelb. Andere Varietäten zeigen andere Mischungen von verschiedenen Farben. So zeigt unter andern ein violetter Flussspath aus Cornwallis, wenn er bis zur Phosphorescenz erhitzt ist, durch das blosse Erkalten der Schaufel eine smaragdgrüne Farbe, als die höchste Phosphorescenz, die sich ins violblaue, endlich ins blassblauliche, als die niedrigste Stufe, verwandelt. Nach allen diesen Erfahrungen ist es auffallend, dass beim Leuchten dieselben Farben erscheinen, die auf eine so ausgezeichnete Weise den Flussspath charakterisiren, ja, durch das Erhitzen werden sie oft hervorgerufen, selbst wo sie nicht sind, und der nämliche Flussspath wird auf diese Weise fähig in einem blendenden Wechsel alle die lebhaften Farben während einer blossen Veränderung der Temperatur, zu zeigen, die einzeln in den verschiedenen Varietäten fixirt sind. In dieser Rücksicht ist das Verschwinden der Phosphorescenz mit den Farben, als wäre in beiden dasselbe Princip thätig, höchst bemerkenswerth.

Schmilzt vor dem Löthrohr zu einem durchsichtigen Glas. Verprasselt auf glühenden Kohlen, 57 Kalk, 16 Flussäure, 27 Wasser, Scheele, 67,75 Kalk, 32,25 Fluss, Kl. 67,33 Kalk, 32,66 Fluss. Thomson.

Die Gattung war schon sehr frühe den Mineralogen bekannt, und musste durch die Grösse und Regelmässigkeit der Krystalle, durch die Pracht der Farben, die Aufmerksamkeit um so eher auf sich ziehen, da sie in den reichen erzhaltigen Gängen nicht selten vorkömmt. Schon bei Boetius de Boot wird sie erwähnt unter dem Namen Chrysolampis, der grüne phosphorescirende Smaragd — „igne admotu noctulucens, luce tamen inutilis" — (de gemmis p. 207.). Auch die Phosphorescenz war schon Henkel bekannt (kleine mineral. und chymische Schriften p. 599.). Die brennenden Farben, durch welche sie mit den Edelsteinen wetteifert, veranlasste die alte Benennung Smaragd-Amethyst-Saphir-Topas-Fluss, und öfters wurde sie wohl auch, ihrer geringern Härte ohnerachtet, mit diesen verwechselt. Die Eigenschaft des Flussspaths strengflüssige Körper leichtflüssig zu machen, veranlasste seine Anwendung bei den Hütten, und verstärkte die Aufmerksamkeit auf dieso merkwürdige Substanz. Pott (Fortsetzung d. Lithogeogn. p. 10.), Baumer (Naturg. d. Mineralr. p. 261.) und mehrere verwechselten ihn mit dem Schwerspath, weil sie nur alle diejenigen Steinarten, die deutlich krystallisirt waren, dabei klar und durchsichtig, aber weder, wie die kieselichten mit dem Stahl Feuer gaben, noch wie die Kalkspathe mit den Säuren brausten, noch endlich, wie der Selenit beim Brennen Gyps gaben, zusammenstellten. Lehmann (Mineral. p. 81.) verband Schwerspath und Flusspath mit Gyps. Vogel aber bemerkte, dass diese Gattungen keinen Gyps gaben (praktisches Mineralsystem p. 118.). Cronstedt endlich war der erste, der hier, wie in so vielen andern Fällen, richtig sah. Er erkannte die Eigenthümlichkeit der Gattung, ahndete ihre abweichende Natur, und hatte, nach der damaligen Kenntniss vollkommen Recht, indem er den Flussspath ganz von den Kalkarten trennte, und in eine eigne Ordnung versetzte. Nichts ist mehr geeignet, die Aufmerksamkeit auf räthselhafte Substanzen zu lenken. Auch Wallerius stellte den Flussspath als eine eigene Gattung auf. Rinmann ertheilte auch einige gute Bemerkungen über diese Gattung, wie sie in Grapenbergs Kupfergrube in Holland vorkömmt. (Vetenskaps Akademiens Handlingar, f. 1747. 3s Quartal). Endlich gelang es dem unsterblichen Scheele, über die eigenthümliche Natur dieses Fossils Aufschlüsse zu geben, indem er seine Zusammensetzung und mit dieser die Flussäure entdeckte. Wenig Gattungen sind chemisch so genau bestimmt, rein und in sich geschlossen, wie diese.

Fundort. Der Flusspath kömmt sehr häufig vor, aber über sein Vorkommen in eigentlichen Lagern, herrscht noch immer grosse Dunkelheit. Bei Zinnwalde kommt er in Lagern vor, aber nur in einzelnen Krystallen, und diess wäre denn, wie Mohs richtig bemerkt, das älteste Erzeugniss. Bei Halle und auf dem Petersberg findet man den Flusspath, in kleinen Parthien eingewachsen, theils mit Schwerspath in kleinen Gängen, die in dem dortigen Flöz-Porphyr aufsetzen, theils, wenn gleich äusserst selten, in dem Porphyr selbst. Das Vorkommen desselben beim Jardin des plantes und Neuilly nach Courberoie zu, also in den neuern Flözgebirgen der Pariser Gegend, wenn gleich ebenfalls nur einzeln, und in kleinen Parthien, ist also das zweite neuere Erzeugniss. Ein merkwürdiges Stück in dieser Rücksicht erwähnt Bournon (a. a. O. p. 11.), nämlich einen Entrochiten, welcher, seiner ganzen Länge nach, getheilt durch seine Axe, der einen Hälfte nach aus Kalkspath, der noch die organische Textur des Entrochits zeigt, besteht, da die andere Hälfte ein violblauer Flussspath ist. Das Stück ist aus Derbyshire. So selten wie nun der Flusspath als gleichzeitige Bildung der ältern Gebirge sich zeigt, so häufig kömmt er als jüngeres Erzeugniss in diesen Gebirgen vor. Der Derbyshirer Flusspath scheint in den dortigen, sehr alten Flozen in Butzenwerken zu brechen. Doch ist uns das genauere Vorkommen desselben bis jetzt unbekannt. Am häufigsten zeigt er sich auf Gängen, ja man kann ihn, bei seiner grossen Seltenheit ausserhalb derselben, als eine der merkwürdigsten und eigenthümlichsten Bildungen derselben ansehen. Man findet eine grosse Menge Gangformationen, wo der Flusspath theils die Hauptmasse ausmacht, theils häufig vorkommt, unter diesen mehrere sehr alte, wie die Schweizerformation auf schmalen Gängen, von Feldspath, Bergkrystall u. s. w. (Mohs), dann in der bekannten Zinnsteinformation, endlich, wohl in allen Urgebirgen in den mannichfaltigsten Verbindungen, sehr häufig, und auf eine merkwürdige Weise, mit Schwerspath und Braunspath. Im Freiberger Erzrevier trifft man ihn in der Gediegensilber- Glaserz- und Glanzkobald-Niederlage mit mulmichten Schwerspath, Bleiglanz, Blende und den genannten Erzen, in der gediegenen Arsenik- und Rothgiltigerz-Niederlage, ausserdem mit Schwerspath, Kalkspath, Schwefelkies, Spatheisenstein u. s. w. (Werner Theorie der Gänge p. 238. und 241.). Auf dem Harz bei Andreasberg, in der bekannten Gangformation mit Bleiglanz, gediegen Arsenik, Rothgiltigerz, wenig Quarz und einem Heer von Silber-Arsenik-Nickel- und Spiegelglanzerzen, außerdem mit Kreuzstein, Stilbit, Pharmakolith, ferner in einer Kupferformation bei Lauterberg, begleitet von Kupferlasur und Kupfergrün mit Braunspath und Rotheisenstein u. s. w. (Hausmann norddeutsche Beitr. 2. p. 70. und 84.). In den niedrigern Gegenden des Harzes liegt eine Gangformation auf mächtigen und meilenweit fortgesetzten Spath-Gängen, welche Flussspath in Menge führt und aus Schwefel- und Kupferkies, Eisenspath, Kalkspath, Quarz u. s. w. besteht. (Mohs). Am merkwürdigsten ist der sehr mächtige, und lange bekannte Flussspathgang in der Nähe von Stollberg, der etwas Kupferkies und Schwerspath enthält, und eine stockartige Erweiterung von 14—16 Lachter hat. Der dortige Flussspath ist meist grünlich-weiss. Im Thüringerwaldgebirge ist Flussspath in Gängen nicht selten, mit Kupfererzen, Flussspath, Schwerspath und Eisenstein im Conglomerat bei Friedrichsrode, mit rothen Eisenstein, Eisenrahm und Eisenglimmer beim Zimmerberg, Flussspathgänge aus graulich-grünem und blaulich-weissem Flussspath mit zellichtem Quarz am Flussberg bei Steinbach u. s. w. Die mächtige grüne Flussspathmasse bei Dorf Herges, gilt bei mehrern Mineralogen für ein Lager, ist aber ohne Zweifel eine Gangmasse. Die Krystalle des Flussspaths sind wie die des Kalkspaths ohne allen Zweifel öfters neuern Ursprungs, durch spätere Metamorphosen der Gangmasse erzeugt. Viele ältere Krystalle selbst sind wieder verschwunden, wie die Abdrücke beweisen. Für die Theorie der Gangbildung überhaupt ist das äusserst seltene Vorkommen ausser den Gängen, und das häufige und oft so mächtige Vorkommen als Gangmasse, von grosser Wichtigkeit, und bis jetzt mehr abgewiesen als beachtet. **Leonhard** I. p. 281.

Cfonstedt §. 97 p. 116 Fluvres minerales. Flussarten. Waller 1. p. 180. Gen. 14 Spec. 78. Fluor mineralis facie spathosa, particulis nitentibus. Fluor spatosus, spec. 79. Fl. m. granularis, granulis crystallinis compositus. Fluor granularis, spec. 80. Fl. m. crystallisatus. Fluor crystallisatus, Syst. Nat. XII. 3. p. 99. Muria Chrysolampis, lapidosa, subquarzosa aggregata, fixa 16. 7. p. 102. Alumen spatosum, lapidosum, calcareo-spatosum, diaphanum, fissile 17. 6. Kirvan 1. p. 75. Hauy 2. p. 278. Tabl. comp. p. 8 n. p. 135. no. 10. Lucas 2. p 42. Reuss 2. 2. p 381. Mohs 2. p. 151. Brochant 1. p. 595. tabell. Uebers. p. 38. Karsten p. 52. Brongniart 1. p. 243.

2) DICHTER FLUSS. Wr. (Chaux fluatée compacte Brongniart und Lucas). *Graulich-* und *grünlich*-W. aus diesem ins *span*-Grn.,

blaulich-Gr., bald *lichter*, bald *dunkler*, auch findet man mehrere dieser Farben *fleck*- und *aderweise zusammen*. Fast alle etwas *gräulich*. Zuweilen *röthl.* und *bräunl. gefleckt* — *derb*, inwendig *matt*, ins *schwachschimmernde*, von *Glasgl.* — Br. *eben*, bald ins *grossmuschliche*, bald ins *splittrige*, zuweilen mit einer *Neigung zum blättrigen*. (Uebergang ins blättrige) — Brchst. *unbest. eck. z. schfk.* — *mehr oder weniger drchschnd.* — Härte des Flussspaths — *spröde* — *l. zrspr.* — 3,114 — 3,159 Kirvan, 3,173 K. Zeigt auf glühende Kohlen geworfen eine schwache Phosphorescenz.

Verhält sich vor dem Löthrohr wie der Flussspath. Noch nicht analysirt.

Der dichte Fluss war schon den ältern schwedischen Mineralogen bekannt. Wallerius scheint freilich auch derben Flussspath hierher zu rechnen, und nennt daher den grünen und violblauen von Grapenberg. Cronstedt dahingegen nennt nur den weissen von Yxsie, der auch wahrscheinlich hierher gehört. Wir müssen gestehen, dass uns der schwedische dichte Fluss unbekannt ist, daher ist auch die obige Beschreibung nur nach dem Harzer entworfen, der, obgleich selten, doch hinlänglich bekannt ist. Hauy schien ihn früher nicht gekannt zu haben, und sein Chaux fluatée amorphe ist von

Mohs (wenn gleich zweifelhaft) ganz unrichtig bei dem dichten Fluſs citirt. Jetzt aber kömmt er, unter dem Namen Chaux fluatée compacte in der Sammlung des Jardin des plantes vor. Wenn er gleich in Fluſsſpath übergeht, ſo ſind dennoch die ausgezeichneten Stücke ſo eigenthümlich charakteriſirt, daſs er eine ſehr beſtimmte Art bildet.

Fundort. In Schweden bei Yxſiö, im dortigen Kupferberge, und bei Narberg im Glimmerſchiefer mit Fluſsſpath; am bekannteſten, auf dem obenerwähnten mächtigen Fluſsſpathgang bei Stollberg, wo er, wenn gleich als eine Seltenheit vorkömmt. Wir vermögen nicht zu beurtheilen, ob die übrigen Fundörter, die Reuſs anführt, (Schlackenwald, Leogany im Salzburgiſchen, Kongsberg, Adontſchelon in Nertſchinſkoi) mit Recht angeführt ſind oder nicht. Straſsberg auf dem Harz iſt in allen Handbüchern mit Unrecht als Fundort angegeben. Leonh. I. p. 200.

Cronſtedt p. 117. §. 98. 1. dichter Fluſs von unbeſtimmter Form. Waller. 1 p. 179. §. 47. ſpec. 77 Fluor mineralis particulis impalpabilibus, facie nitrea. Fluor solidus. Kirvan 1. p. 175. Lucas 2 p. 45 Reuſs 2. 2. p. 379. Mohs 2. p. 150. tabell. Ueberſ. p. 38. Karſten p. 52. Brongniart 1 p 245.

3) ERDIGER FLUSS, (Chaux fluatée terreuſe H.). *Viol*-Bl., bald *lichter*, bald *dunkler*, zu-

weilen ins *schwarze* — *selten derb, meist als Ueberzug* — *wenig zusammenhängend* — *matt* — Br. *erdig* — *zerreiblich bis ins sehr weiche übergehend.* Seitdem die oben beschriebene Marmoroscher Erde von den Flussarten getrennt, und mit dem phosphorsauren Kalk verbunden ist, bleibt nur noch dieser erdige Fluss übrig, der in Sachsen auf Flussspathführenden Gängen gefunden wird, und in Kongsberg, wo man ihn auch findet, lange bekannt war. Er durchdringt Calcedon in Cornwall (Bournon), Hornstein bei Halle (siehe oben 1. p. 173.).

Tabl. comp. p. 9. Lucas la variété purvelutente 2. p. 45. Reuss 2. 2. p. 379. bei dem Fundort erwähnt.

18.

GYPS, (Chaux sulfatée, H.).

a) FRAUENEIS, Wr. *Schnee- graul- gelbl-* W., aus dem *gräul*-W. ins *asch-* und *rauch-* Gr., aus dem *gelb*-W. ins *ocker- wachs- honig*-Glb., aus diesem ins *gelbl*-Bf. — *Derb, häufig krystallis.* (Kerng. ein grades 4s. Prisma (T. XXXIII. f. 94.), dessen Grundfl. schiefwinkliche Parallelogramme, die Winkel 113° 7′ 48″ und 66° 52′ 12″, das Verhältniss der End- und Stk. zu einander, wie 12,13 und 32. Parallel mit den Grundfl. werden die Schnitte sehr scharf, und man erhält sie mit der gröfsten Leichtigkeit, indem man nur eine Messerklinge zwischen die Blätter des Krystalls hineinbringt. Zerbricht man ein solches Blättchen vorsichtig, und schlägt mit einem harten Körper darauf, so erhält man die Lateralschnitte, aber weit weniger scharf und weniger glänzend, — integr. Mol. ebenso).

1) Trapezischer, (chaux sulfatée trapezienne, f. 96.). De l'Isle t. 1. p. 446. Selenite décaèdre rhomboidale, var. 1. 2. Waller. 1. pag. 170. Selenites rhomboidalis fig. 14, eine breitgedrückte 6s. S., an den Enden zgschrft., die Zschrfgsfl. schief auf die breitern Stfl., die Zuschrfg., wenn gleich schief, doch gleichlaufend gegen die Axe aufges. Neig. der schmälern Stfl. gegen einander 110° 36′ 54″, der schmälern gegen die breitern 124° 41′ 43″, der Zschrfgsfl. gegen einander 143° 53′ 22″, der Zschrfgfl. gegen die breiteren Stfl. 108° 3′ 19″. Flächenwinkel der breitern Stfl. 126° 52′ 12″ u. 53° 7′ 48″.

a) Breitgezogener (elargie), wenn die Stfl. nach der Richtung der Stk. zunimmt.

b) Langgezogener (alongée f. 97.), wenn die Stfl nach der Richtung der Endk. wächst. Nach dieser Richtung nehmen die Seitenflächen oft so sehr zu, dafs der Krystall nadelförmig wird. Gypsum crystallisatum capillare. Waller. 1. p 171.

2) Halbumgedrehter, (trapezienne hémitrope). Um ſich ein Bild von dieſer häufig vorkommenden Hemitropie zu machen, denke man ſich die zweite Abänderung der erſten Varietät durch einen auf den breiten Stfl. ſenkrecht ſtehenden Schnitt, der zugleich die Zſchrfgfl. des ſchief aufgeſ. Endfl. in zwei Theile trennt, getheilt. Der Kryſtall iſt dann in zwei Theile, der Länge nach getheilt. Die eine Hälfte denke man ſich herumgedreht, indem ſie ununterbrochen an der Berührungsebene angelegt bleibt, während die andere ruht, dann wird die eine Endfl. einen einſpringenden, die andere einen hervorſpringenden Winkel, beide von 106° 15' 36" bilden. Oft, wenn man durch dieſe Hemitropie hindurch nach dem Lichte ſieht, wird man die Berührungsfläche gewahr, an welcher die beiden Hälften, wie an einander gelöthet, ausſehen. Zuweilen ſind zwei ſolche Zwillingskryſtalle, der Länge nach, zuſammengewachſen (Vierlingskryſtälle).

3) Aequivalenter (equivalente, f. 98.) De l'Isle var. 4. p. 452. — var. 1. an den Enden mit 4 Fl. flach und ſchief zugeſp., welche auf die an den breitern Stfl. liegenden Stk. aufgeſ. ſind. Dieſe Kryſtalliſation entſpringt aus var. 1. durch eine neue Zſchrfg. der ſcharfen Ecke, welche durch die ſchmälern Stfl. und den ur-

ſprünglichen Zſchrfgfl. gebildet wird. Neig. zweier neben einander liegenden Zſchrfgfl. gegen einander 138° 54′ 56″, der Zſchifgfl. gegen die breitere Stfl. 110° 32′ 32″. Sowohl bei dieſer Varietät als bei der erſtern, ſind die breitern Stfl. den Endfl. der Kerng. gleich.

4) Abgeſtumpfter, var. 1. mit abgeſt. Stk.

5) Flachkantiger (prominule T. XXXIV. f. 99). Eine nur wenig breitgedrückte 6ſ. S., die einander gegenüber ſtehenden ſchärfſten Stk. abgeſt., die eine Endfl. zgſchrft., die Zſchrfgfl. auf die Abſtgfl. d. Stk. aufgeſ. Die Zſchrfgfl. anſtatt eine grade Fläche zu bilden, ſind in zwei Flächen getheilt, die ſich unter einem äuſserſt ſtumpfen Winkel gegen einander neigen, ſo daſs die Zſchrfg. das Anſehen einer 4ſ. Zſpg. erhält: die zweite Endfl. mit einem einwärtsgehenden Winkel. Gröſse des Winkels, unter welchem die Zſchrſgfl. getheilt ſind, 176° 0′ 30″. Neig. der Zſchrfgfl. gegen einander 138° 54′ 42″, derſelben gegen die zwei ſchmälern Stfl. 91° 59′ 45″. Dieſe Hemitropie wird begreiflich, wenn man ſich den Kryſtall, ohne die Theilung der Zſchrfgfl. durch einen Schnitt getheilt denkt, der den Kryſtall in zwei gleiche Theile trennt, indem die Schnittebene durch die Mitte der Zſchrfgfl. und der Abſtgfl. der ſchärfſten Stk. geht. Sie entſteht, wenn man ſich vorſtellt, daſs die eine

Hälfte, immer in Berührung mit der andern ruhenden, sich umdreht. Diesen Krystall erhielt Hauy aus Sicilien. Er war aufgewachsen, so dass der einspringende Winkel an der andern Endfl. nicht wahrgenommen werden konnte,

6) Prismatoidischer (prismatoide). Eine Modifikation der Hemitropie no. 2, so dass die Endspitze abgerundet und verwischt ist, wodurch das Ganze das Ansehen einer graden 6s. S. erhält, deren Endfl. convex ist. Montmartre.

7) Gemischtliniger (mixiligne), eine unvollkommne Bildung der breitgezogenen trapezischen Varietät. Gewöhnlich sind die beiden schärfsten einander gegenüber stehenden Ecken abgerundet, so dass die dadurch entstandenen krummen Flächen sich gegen die Zschrfgk. der Endfl., und der anliegenden Stk. hin krümmen. Wenn diese Krümmungen zunehmen, so verschwinden oft die breitern Stfl. und verwandeln sich in aufrechtstehende Oberflächen, die durch zwei Bogen begrenzt werden, welche mit ihren Enden in einem spitzen Winkel zusammenlaufen. Durch die vollständigste Abrundung entsteht zuletzt die

8) linsenförmige Varietät (Ch. sulf. lenticulaire). De l'Isle I. p. 460. var. 7. Diese bildet oft Zwillingskrystalle, (Gypsum cuneiforme Waller.) indem zwei zusammenstossen, und zwar mit einem Stücke vom Rande ihrer Schei-

ben, so dass sie auf der einen Seite einen einspringenden und auf der andern einen ausspringenden Winkel bilden, wodurch sie ein pfeilspitzenartiges Ansehen erhalten. Zuweilen sieht man diese Zwillingskrystalle paarweise, eins auf das andere sich aufsetzend, so dass jedes Paar mit seinem hervorspringenden Stücke, in den einspringenden Winkel des unmittelbar darunter liegenden Paares eindringt.

Hausmann (norddeutsche Beitr. 3. p. 114.) hat eine Reihe Fraueneis-Krystallisationen angeführt, die, da sie alle als Modifikationen der vollkommenen graden 6s. S. mit 4 stumpfen und 2 scharfen Stk. erscheinen, bis man sie genauer untersucht hat, mit den vorhergehenden nicht leicht in Verbindung gebracht werden können, wenn man nicht annimmt, dass die erwähnte Krystallisation die prismatoidische Varietät sey. Es sind folgende: 1) die angeführte S., 2) no. 1. die scharfen Stk. durch glatte Fl. scharf zgschrft. 3) no. 2. die stumpfen Stk. durch der Länge nach gestreifte Fl. abgest. 4) no. 1. bei welcher zwei einander entgegengesetzte Ecken, welche durch eine Endfl. und zwei schmälere Stfl. gebildet werden, durch auf diese gesetzte glatte und glänzende 3s. Fl. scharf zgschrft. sind. (Wäre die gemischtlinigte Varietät, wo zwei grade Flächen statt einer krummen sich zeigen). 5) no. 4.

die genannten Ecken, durch eine, auf eine der ſchmälern Stfl. geſetzte Fl. ſchräg abgeſt. Entſteht, indem eine der Zſchrfgfl. no. 4. gröſser wird als die andere, oder dieſe wohl verdrängt; 6) rechtwinkl. 4ſ. S. mit zwei etwas breitern und zwei ſchmalern Stfl., an beiden Enden durch auf die breitern Stfl. ſchief geſetzte Fl. flach und gleichlaufend zgſchrft. Entſteht, wenn die Zuſchrfg. bei no. 4. ſo ſehr zunimmt, daſs die 4 ſchmälern Stfl. dadurch ganz verdrängt werden. (Wer die Modifikationen der an den Endfl. und Ecken gekrümmten Fraueneis - Kryſtalle, durch welche ſie ſich allmählig in Linſen verändern, kennt, der wird ſie in den erwähnten Kryſtallen faſt alle wieder finden, nur daſs hier gerade Flächen, alſo wahre Kryſtallmodifikationen, ſtatt unvollendeten Kryſtallen ſich zeigen, und ſo ſind vielleicht auch ſtatt der convexen Endfl. der prismatiſchen Varietät hier bei no. 1. gerade Flächen. Da dieſes zur genauern Kenntniſs der Kryſtalliſationsſuite des Fraueneiſes höchſt intereſſant wäre, ſo erſuchen wir Hrn. Hausmann, dieſe genannten Modifikationen in dieſer Rückſicht zu unterſuchen. Man findet ſie bei dem Dorfe Tiede ohnweit Braunſchweig.

Die Kryſtalle kommen von allen Graden der Gröſse vor, *ungewöhnliche Gröſse* ſelten, (ſo Zwillingskryſtalle der Linſen von einem Fuſs und drüber); *mittlerer* Gröfse, bis *sehr klein*. — Die Säulen *stern* und *büschelf.*, die Linsen *hahnenkammf.*, auch *blumig* zusammengehäuft — Die Stfl. der S. *glatt*, auch *der Länge nach gestreift*, die krummen Flächen var. 6. 7. 8. *rauh*. — Aeufserl. *starkglänzend*, inw. *stark-* und *spiegelflächigglänzend* von *Perlmuttergl.* — Br. *grad-* und *krummblätr.* *3f. Drchg.* einer *vollk.*, *parellel mit den breitern Stfl. d. S.*, *die beiden andern unvollk schiefwinklichen, rechtwinklich schneidend.* — Brchst. *rhomboidal*, auf zwei Fl. *spiegelnd*, auf den *übrigen gestreift*. — Der derbe theils *unabgef.*, theils *grofs-* und *grobkörnig* abgef.— *drchſtg.*—Stbrch. *doppelt* — *wird vom Kalkspath geritzt* — *ein wenig gemein biegsam* — *milde* — *leicht spaltbar* — *n. fnd. l. zrfprb.* — 2,2642—2,3117. H. 2,301 — 2,306 Brisson, 2,294 — 2,396 K.

Verknistert auf glühenden Kohlen, wird weifs und zerreiblich. Schmilzt vor dem Löthrohr in ein weisses Email, (doch nur, wenn die Flamme gegen den Rand der Blätter gerichtet ist,) welches nach einiger Zeit in Pulver zerfällt Ein Theil löst sich in etwa 500 Theilen Wasser auf. Die erhöhte Temperatur des Wassers macht keinen merklichen Unterschied. Kalk 32, Schwefelf. 36, Wasser 22, Bergmann. Kalk 33, Schwefelf. 46, Wasser 21, Buchholz.

Fraueneis war der ältern Mineralogen wohl bekannt, und sie sonderten es von dem Kalkspath, durch seine geringere Harte, dadurch, dass es nicht mit Sauren braust, und dass es durch das Brennen Gyps giebt. Aber die Gattung, als eine solche, in ihrer Reinheit und Verbindung mit den übrigen Gypsarten, vermochten sie nicht darzustellen, weil sie (selbst Cronstedt und Wallerius) das Fraueneis mit dem Schwerspath verbanden. (Wovon unten ein Mehreres). Erst nach Marggraffs, Gahns, Scheeles und Bergmanns Versuchen mit dem Schwerspath, ward dieser von dem Fraueneis getrennt, und dadurch die Art gereinigt. Das Fraueneis aber als eine eigene Gattung von den Gypsarten zu trennen, mit Werner, scheint uns in aller Rücksicht unzulässig. Hier findet offenbar das Verhältniss des Bergkrystalls zum Quarz, des Kalkspaths zu den übrigen kohlensauren Kalkarten statt. Fraueneis ist die reinste krystallinische Darstellung des Gypses überhaupt. Die Blättchen des blättrigen Gypses unterscheiden sich von dem Fraueneis offenbar nur durch die Unvollkommenheit ihrer krystallinischen Struktur, und selbst der einfache Durchgang der Blätter kann nicht als eine generische, sondern nur als eine graduelle Verschiedenheit, die wohl eine Trennung als Art, aber keineswegs als Gattung zu begründen im Stande ist, betrachtet werden. Denn es ist nichts, als ein Versteckseyn der übrigen, ja selbst bei der am meisten ausgebildeten Form, unvollkommnen Durchgänge. Durch die übrigen Kennzeichen geht offenbar der blättrige Gyps in das Fraueneis über, so wie letzteres auch noch immer aus dem erstern in den Gypsgebirgen entsteht.

Fundort. Das Fraueneis kömmt häufig in der Natur vor, im Ganzen genommen wohl vorzüglich in Flözgebirgen, und oft nur als ein neues Erzeugniſs. Das älteste Vorkommen ist wohl in der ältern Flözgypsformation (wie im nördlichen Deutschland), wo es mit den Gesteinen desselben in dünnen Lagen wechselt. Das meiste Fraueneis in diesen Gebirgen ist aber erst später entstanden, ja entsteht noch immer. So findet man (wie bei Segeberg) die zu Tage stehenden Wände des blättrigen Gypses nicht selten mit Fraueneis überzogen, wo es offenbar erst durch die Einwirkung der Luft und der Feuchtigkeit sich gebildet hat. Aelter scheinen manche Vorkommnisse, wie bei Lüneburg, wo in den Höhlen des Fraueneises Eisenglimmer eingeschlossen und mit ihm innig verwachsen ist (Jordan), so auch die losen eingewachsenen Krystalle bei Montmartre. Dahingegen sind die selten vorkommenden Gypskrystalle, die im Herrengrund bei

Neusohl zu Schemnitz in Ungarn, auch (nach Reufs) zu Roztork an der Elbe in Böhmen mit Kupferkies, Fahlerz, Bleiglanz, Blende, Schwefelkies, höchst selten, sogar mit gediegen Gold (nach Mohs) vorkommen, neuer entstanden. Unter unsern Augen gleichsam erzeugen sich nadelförmige Gypskrystalle auf alten verlassenen und unter Wasser stehenden Halden, vorzüglich in den Sinkwerden auf den salzburgischen und oberösterreichischen Salzstöcken. Leonhard I. p. 307. späthiger Gyps u. III. 65.

Cronstedt §. 18. p. 26. spatartiger Gyps, Gypsum spatosum, 1) reiner Gypsspath. Waller. p. 170. Gen 13. spec. 75. Gypsum crystallisatum. Syst Nat. 3. p. 90. no. 7. Natrum (flexile) lapidosum, gypseo-spatosum, decaëdrum prismaticum, flexile, particulis spatosis oppositis, no. 8. Natrum (glaciale) lapidosum gypseo spatosum fusiforme pellucidum, no. 9. Natrum (Selenites) lapidosum gypseo-spatosum decaëdrum rhombeum. De l'Isle 1. p. 441. Gypse ou Pierre a Platre, dont les cristaux portent le nom de Selenite. Kirwan 1. p. 170. Hauy 2. p. 301. Tabl. comp. p. 9. u. p. 136. Lucas 2. p. 46. Reufs 2. 2 p. 406. Mohs 2. p. 183. Brochant 1. p. 609. tabell. Uebers. p. 37. Karsten p. 52. Brongniart 1. p. 171.

b) BLÄTTRIGER GYPS, Wr. (Chaux sulfaté laminaire, H.) *Schnee-gelbl-gräul-röthl* W., aus dem graul-W. ins *asch-gelbl-rauch-*Gr., auch dem letztern ins *graul*-Schw., aus dem *röthl*-Gr. ins *fleisch*- *blut*- *ziegel*-R., aus dem *gelbl*-Gr. ins *wachs*-Glb. Selten ist die zwischen *grünl*-Gr. und *öl*-Grn. stehende Farbe, so wie die *gelbl*- und *röthl*-Brn. Oft sind diese Farben *gefleckt*, *gestreift* oder *geadert*. Es ist charakteristisch für die Farben und Farbenzeichnungen, dass sie lichte, blass, wie verwischt, neblich, grau, sehr selten rein sind. — *Derb*, gemeine *conische Linse* — *glänzend* und *wenig glänzend* von *Perlmutter*gl. — Br. *grad*- und *krummblättr. einf. Drchg.*, selten *gleichlauf.*, *büschel*- und *sternform*-*strahlig* — Brchst. *unbest. eck. stumpfk.* — *Grofs*- bis *sehr feinkörnig* abgef. Die Absndrst. des kleinkörnigen oft sehr locker verbunden. Der mit strahligem Bruche *regelmäfsig* und *keilf. stängl.* abgef. — *Drchschnd.* — Härte des Fraueneises — *milde* — *l. zrsprb.* — 2,269 — 2,95 Brisson, 2,268 K.

Verknistert vor dem Löthrohr und schmilzt zu einer Fritte. Kalk 32 Schwefelf. 30, Wasser 38 Kirvan, Kalk 33,88, Schwefelf. 44,16, Wasser 21 Rose's, zuverlässigere mit Buchholzens obenangeführter des Fraueneises genau übereinstimmende Analyse.

Der blättrige Gyps verhält sich zum Fraueneis, wie der körnige Kalk zum Kalkspath, und wird daher auch von mehreren Mineralogen körniger Gyps genannt. Als Art ist er sehr charakteristisch. Man könnte ihn derbes Fraueneis nennen, denn der ganze Unterschied besteht, wie auch oben bemerkt wurde, vorzüglich in der mehr unvollendeten krystallinischen Struktur. Selbst die Linse des blättrigen Gypses hat nur die äussere, wenn gleich fast verwischte krystallinische Form behalten, indem die innere Struktur verschwunden ist. Das Vorkommen in grossen Massen, das alle eigenthümliche Struktur verhindert und zurückdrängt, erklärt diese Bildung hinreichend.

Fundort. Der blättrige Gyps ist in mehrern Flözgebirgen sehr häufig. Er bildet den Hauptbestandtheil ganzer Formationen. So vorzüglich in der ältern Gypsformation der nordischen Flözgebirge, die auf eine so ausgezeichnete Weise mit Salzquellen vorkommt, und bedeutende Strecken um den Harz herum, am Thüringer Walde u. s. w. einnimmt. Diese Formation ist die am genauesten gekannte und untersuchte. Der Gyps bildet hier grosse, mächtige Gebirgsmassen ohne eigentliche Schichtung, und ist eigenthümlich bezeichnet durch weitläufige Höhlen (die sogenannten Kalkschlotten), die von verschiedener Grösse, bald hochgewölbt und weit, bald niedrig und enge, in weitläufigen Strecken, paternosterartig mit einander verkettet und oft durch sehr enge Oeffnungen verbunden sind. Solche

Reihen von Höhlen, die ſich oft nach der Lage mächtiger Bänke zu richten ſcheinen, nehmen in ihrer ſonderbaren Verkettung oft bedeutende Länderſtrecken ein, wie am ſüdlichen Fuſse des Harzgebirges, von Eisleben nach Sangerhauſen u. ſ. w. Die älteſte Gypsformation findet ſich auf dem älteſten Kalk, am Harz auf der Kupferſchieferformation, ihr Hauptbeſtandtheil iſt, wie erwähnt, blättriger Gyps, häufig auch dichter Gyps, beide abwechſelnd mit Stinkſtein. Im ſüdlichen Deutſchland (in Salzburg, Baiern) kommen in dem älteſten Gyps, wie in Norddeutſchland Salzquellen, mächtige Niederlagen von Steinſalz vor. — Der blättrige Gyps kömmt auch in der zweiten (jüngern) Gypsformation des nördlichen Deutſchlands vor, hier mit Schieferthon, Töpferthon, Sandſtein. Eine der ältern Bildung ähnliche iſt diejenige, welche die iſolirt hervorragenden Felſen bei Lüneburg und Segeberg ausmacht. In den geognoſtiſch-geologiſchen Aufſätzen habe ich mich bemüht, zu beweiſen, daſs die Gypsniederlage der nördlichen Kreideformation untergeordnet ſey (vergl. oben Art. Kreide p. 94). Auch in der Pariſer Kreideformation findet man blättrigen Gyps. Die eingewachſenen fremdartigen Foſſilien, wie Quarz- Kalkſpath- Boracit- Arragon-Kryſtalle ſcheinen charakteriſtiſch für eigen-

eigenthümliche Formationen zu ſeyn. Quarz und Boracit findet man in dem blättrigen Gyps bei Lüneburg und Segeberg, Arragonit in Spanien. — Aehnliche Bildungen ſind dem norddeutſchen ältern Flözgyps fremd. Obgleich nun der Gyps den Flözgebirgen faſt ausſchlieſslich eigen zu ſeyn ſcheint, ſo kömmt er dennoch, und zwar ausſchlieſslich der blättrige, der ſich alſo auch hier geognoſtiſch, wie oryktognoſtiſch, dem körnigen Kalk gleichſtellt, wenn gleich höchſt ſelten in Urgebirgen vor. Die einzigen genauer bekannten Beiſpiele ſind aus der Schweiz, wo Sauſſure (Voyages d. l. Alp. T. 5. p. 57. §. 1208. p. 78. §. 1226. p. 97. §. 1238. T. 7. p. 177. §. 1931,) den blättrigen Gyps (als Urgyps) bei Mont Cenis auf kalkigen Glimmerſchiefer gelagert gefunden hat. Entſchiedener noch iſt das Vorkommen bei Airolo, im Levantinerthale, wo er ſogar, ſelbſt mit Glimmerſchiefer *wechſelt*. Er iſt hier an mehrern Orten, wie Freiesleben und Buch bemerkten, reichlich mit körnigem Kalkſtein gemengt. Merkwürdig bleibt es immer, daſs man ein ähnliches Vorkommen nirgends ſonſt gefunden hat. In den ſkandinaviſchen Gebirgen iſt der Gyps, ſelbſt in den Flözgebirgen höchſt ſelten. Die ganze Flözreihe in China, auch in Rückſicht des Gypſes, ſcheint mit der in Norddeutſchland, nach der Art, wie ſie in der Reiſe von Marcaſtney und Staunton erſcheint, viele Aehnlichkeit zu haben, zugleich aber eine ungeheure Ausdehnung. Das ſüdliche Ruſsland iſt voll ſalzhaltiger Gypsgebirge. Leonhard I. p. 304. körniger Gyps u. III. p. 63.

Cronſtedt p. 25. §. 16. ſchuppenartiger Gyps. Waller. p. 165. Gen- 13. Gypsum lamellare, lamellis inordinatis, Spec. 70, zum Theil hierher, zum Theil wohl zum Fraueneis. Syst. nat. XII. p 45. Gypsum (usuale) particulis arenaceis micantibus; zum Theil. Kirwan 1. p. 168. Hauy 2. p. 313. Lucas 2. p. 49. Reuſs 2. 2. p. 400. körniger Gyps. Mohs 2. p. 180. Brochant 1. p. 606. tabell. Uebers. p. 37. körniger Gyps. Karſten p. 52. desgl. Brongniart 1. p. 171.

c) DICHTER GYPS, Wr. (Chaux ſulfatée compacte, H.). *Graul-gelbl-röthl*-W., häufig *aſch*-, ſelten *bläul*-Gr. in *himmel*-Bl., zuweilen aus dem *gelbl*-W. ins *honig*-Glb. *Gefleckt*, *geadert*, *gewölkt*, am häufigſten *wellenförmig geſtreift* — *derb* — *ſchimmernd* — Br. *eben ins feinſplittr.* — Brchſt, *unbeſt. eck. ſtumpfk.* — *wenig drchſchnd* — *milde* — *n. ſnd. ſchw. zrſpr.* — 2,292 Roſe, 2,237 K.

Zerfällt vor dem Löthrohr zu gebranntem Gyps. Kalk 34, Schwefelſ. 48, Waſſer 18 Gerhard. Kalk 33,75, Schwefelſ. 44,25, Waſſer

21,00 Rose. Vrgl. die übereinstimmenden Analysen von Fraueneis und blättrigem Gyps.

Diese Art unterscheidet sich hinlänglich von allen übrigen durch Glanz, Bruch und Schwere. Die Farben sind weniger mannichfaltig, seltener aus dem grauen und weissen herausragend. Es ist diese Art, die, wenn die Farbe hell und fleckenlos, die Politur schön, und der Bruch fein ist, unter dem Namen Alabaster in der Kunst bekannt. Sie war daher den Alten sehr gut bekannt, obgleich sie dieselbe, wie Plinius, mit dem feinkörnigen Kalk verwechselten. (Hist. nat. 3. 2, u. 36. 8.). Nach Hauy hat Boëtius den Alabaster gut unterschieden (de lapid. et gemmis 2. 269). Einige nannten den feinkörnigen Kalk Alabaster, den dichten Gyps, Alabastrit. Boëtius umgekehrt. Der Alabaster unterscheidet sich leicht von dem dichten Kalk, durch die stumpfern Bruchstücke, grössern Glanz, geringere Härte und Schwere.

Fundort. Der dichte Gyps begleitet den blättrigen, und kömmt, fast durchgängig unter den nämlichen Verhältnissen vor. Er bildet oft mächtige Massen, und man findet ihn in allen Gypsformationen. Wie indessen der blättrige Gyps in der ältesten Formation der norddeutschen Flöze, so scheint der dichte Gyps in den karpatischen Flözen vorherrschend zu seyn. Auch kommen hier (nach Reuss) die seltenen bläulichen Farbenabänderungen vor. Leonhard I. 298. u. III. p. 61.

Cronstedt p. 24. §. 15. versteinerter Gyps, dicht, von unsichtbaren Theilen. Waller, p. 160. Gen. 13. Spec. 67. Gypsum particulis minimis, punctulis nitens, polituram admittens (Alabastrum). Syst. nat. XII 3. p. 45 Gypsum (Alabastrum) particulis impalpabilibus, diaphanum. Kirvan 1. p. 166. Hauy 2. p. 314. u. 320. Lucas 2, p. 49. Reuss 2. 2. p. 393. Mohs 2. p. 179. Brochant 1. p. 602. tabell. Uebers. p. 37. Karsten p. 52. Brongniart 1. p. 174.

d) FASRIGER GYPS, Wr. (Chaux sulfatée fibreuse, H). *Schnee- gelbl- gräul- röthl* W. aus dem graul W. ins *asch-* und *rauch-*Gr., aus dem röthl W. ins *fleisch-* und *ziegel-*R. Selten *honig-* und *wachs* Glb., wohl auch *schmuzig ölgrün.* Alle Farben *heller* und *reiner*, als bei den vorhergehenden Arten, zuweilen *gestreift.* — *Derb, sehr selten zähnig,* — *wenig glänzend u. gl von Permuttergl.* — Brch. *gleichlauf, grob-* bis *zart- grad-* und *wenig gekrümmt-*fasrig — eine seltene *stark glänzende* Abänderung, hat *einen blättr.* Längebr., der *den ersten etw. schiefw. schneidet.* — Brchst. *splittr.* — *mehr oder weniger drchschnd.* — sonst wie der blättr. Gyps — 2,296 Kirvan, 2,312 K.

Brennt zum Gyps, Kalk 31, Schwefelſ. 38,3, Waſſer 29,2, Kieſel 1. Lampadius. Kalk 16. Schwefelſ. 29,1, Kieſel 8,6,, Eiſ. 21,9, Waſſer 22,3 Guyton. Kalk 33, Schwefelſ. 44,13, Waſſer 21, Buchholz. Vergl. die übereinſtimmenden Analyſen der übrigen Arten. Die Guytonſche Analyſe ſetzt voraus, daſs die Stücke, die er benutzt hat, nicht rein waren. Der beträchtliche Gehalt von Kieſel und Eiſenoxyd war gewiſs zufällig.

Dieſe Art iſt ſehr ausgezeichnet durch Farbe, Glanz, Bruch, und war auch den ältern Mineralogen wohl bekannt Die ſeltnere Abänderung, die im Kleinen fasrig, im Groſsen blättrig iſt, ſo, daſs der blättrige Bruch den fasrigen ſenkrecht, oder unter einem äuſserſt ſtumpfen Winkel ſchneidet, hat Hauy aus St. Georgen de Lavencas, Departement l'Aveyron, wo ſie beträchtliche Maſſen bildet, erhalten, Weiſs aus Genf. — Auch in Norddeutſchland bei Eisleben kömmt er vor, und ich habe ihn aus Jena erhalten.

Werfen wir einen Blick auf die bisherigen Arten, ſo entdecken wir die genaueſte Verbindung zwiſchen allen, und die am meiſten abweichende, ſcheint immer die der letzten — der fasrige Gyps — zu ſeyn; wir entdecken ferner eine merkwürdige Uebereinſtimmung zwiſchen den Arten des Gypses und des kohlensauren Kalks. Wie der Kalkspath, ist das Fraueneis die reinste Krystallisation, mit dem körnigen Kalk stimmt der blättrige Gyps überein, in welchen beiden die krystallinische Struktur zurückgedrängt ist, ohne verschwunden zu seyn, und der dichte Gyps zeigt, wie der dichte Kalk das gänzliche Verschwinden aller krystallinischen Struktur, endlich, wie bei dem blättrigen Gyps und dem körnigen Kalk diese Struktur nach der Dimension der Breite, wenn gleich zurückgedrängt, übrig bleibt, so bei dem fasrigen Kalk, wie bei dem fasrigen Gyps nach der Dimension der Länge. Hauy erwähnt (Tabl. compar. p. 136.) Spuren von einer abweichenden krystallinischen Form, die er zwar nicht beim Fraueneis, wohl aber bei dem blättrigen Gyps gefunden hat, und die eine rechtwinkliche 4s. S darstellt, die Stfl. perpendiculär auf die Endfl. aufges., die der Kerngestalt zugehört Die Winkel, unter welchen die Stfl. sich gegen einander neigen, sind, wegen der Krümmung der Stfl schwer zu bestimmen, doch fallen sie zwischen 92° — 88°, durch Zertheilung entsteht der primitive Rhombus von 113° und 67°. Bournon (Catalogue p. 15) glaubt, dass diese Abweichung sich zum Gyps, wie der Schieferspath zum kohlensauren Kalk verhalten möchte, und dieses würde, wenn es ſich darthun lieſse, den Parallelismus der Formen beider auf eine intereſſante Weiſe erweitern. — Was uns ferner bei den Arten des Gypſes auffällt, iſt die ſchöne Reihe von Analyſen, von Roſe und Buchholz, die mit der gröſsten Sorgfalt angeſtellt, auf eine ſeltene Weiſe übereinſtimmen, und zum Beweis dienen, wie ſehr die äuſsere Geſtalt variiren kann, ohne daſs eine bedeutende Veränderung in dem Verhältniſs der Beſtandtheile Statt findet.

Fundort. Der faſrige Gyps kömmt faſt überall mit dem blättrigen vor, doch ſcheint er vorzugsweiſe der neuern (zweiten) Flözformation eigen zu ſeyn. Er kömmt in einer Steinkohlengrube bei Bruck in Böhmen (nach Reuſs) trumweiſe vor, und macht dort einen Uebergang in Fraueneis, am häufigſten, wie im Saalthale bei Jena, kommt er in dünnen, oft wellenförmig gebogenen Lagen vor, die von ſchmuzig gefärbten röthlich braunen und grünen Letten begleitet ſind. Eine Begleitung, die für den Faſergyps charakteriſtiſch zu ſeyn ſcheint. Leonhard I. p. 302 u. III. p. 63.

Cronſtedt p. 25. §. 17. faſriger Gyps, Alabaſtrites. Waller. 1. p. 167. gen. 31. ſpec. 73. Gypsum filamentis parallelis compositum, Gypsum striatum Syst. Nat. XII. 3. pag. 47. 1) Stirium (gypseum) pellucidum fixum fibrosum, 2) St. (marmoreum) diaphanum solubile fibrosum. 3) St. (alabastrinum) pellucidum fixum coadunatum. Das Stirium basaltinum Linnaei scheint nicht hieher zu gehören. Kirvan 1. p. 168. Hauy 2 p. 314. Tabl. compar. p. 136. Lucas 2 p. 49. Reuss 2 2. p. 396. Mohs 2. p. 182. Brochant 1. p. 604. tabell. Uebers. p. 37. Karsten p. 52. Brongniart 1. p. 174.

e) GYPSERDE, Wr. (Chaux sulfatée terreuse, H.). *Gelbl. gräul-W. — derb, in staubartigen und feinschuppigen Theilen — matt — färbt nicht sehr stark ab — lose und mehr oder weniger zusammengebacken. — Fühlt sich weich und etwas mager an — Knistert* (wie Stärke) — *sehr leicht, dem Schwimmenden nahe* —

Noch nicht analysirt. Bläht sich vor dem Löthrohre auf, ohne in Fluss zu kommen.

Diese seltene Art verhält sich fast wie die Kreide zum kohlensauren Kalk, oder vielmehr, sie steht zwischen diesem und der Bergmilch. Hauy's schneeartiger Gyps chaux sulfatée niviforme), der aus gedrängten Körnern von weisser, etwas perlartiger Farbe, vorkömmt, wie zusammengeballter Schnee aussieht, sich leicht zwischen den Fingern, in ein weich anzufühlendes Pulver zerreiben läst, und auf Montmartre auf linsenförmigem und dichtem Gyps vorkömmt, muss wohl auch hierher gerechnet werden, wenn es gleich eine Mischung von kohlens. Kalk und Gyps ist. Eine ähnliche Art fand ich bei Segeberg, die auch mit Säuren brauste. (geognost. geol. Auff p 73.).

Fundort Die Gypserde kömmt zwar an mehrern Orten in den Gypsbergen des nördlichen Deutschlands vor, auch in Ungarn. Die echt Wernersche, zu welcher obige Beschreibung passt, vorzugsweise im Voigtlande. Leonhard I. p. 301. u. III. p. 62. erdiger Gyps.

Cronstedt p. 24. § 14. Guhr. Waller p 36. gen. 3. spec. 14. Gypsum terrestre farinosum Farina fossilis, Syst. Nat. XII. 3. Calx (Gur) fixa impalpabilis farinosa. Kirvan 1. p. 166. Hauy 2. p. 315. Reuss 2. 2 p. 391. Mohs 2. p. 178. Brochant 1. p. 601. tabell. Uebers. p. 37. Karsten p. 58. Brongniart 1. p. 174.

Anhang. Den Gyps in der Gegend von Paris füge ich anhangsweise zu, weil er sich oryktognostisch von dem blättrigen und dichten Gyps der deutschen Flözgebirge dadurch unterscheidet, dass er fast immer kalkhaltig ist Er ist den Franzosen unter dem Namen pierre à plâtre bekannt, und braust mit Säuren Meist ist er gelblich W, oft streifenweise in schwach ocker Glb übergehend. Im Aeussern entspricht er dem blättrigen Gyps mit feinkörniger Absonderung Er bildet mächtige, abwechselnd zwischen Mergel gelagerte Bänke, die sich zuweilen in Prismen theilen, wie zuerst Dermarest beobachtete (Mém royale d. sç. 1778.) Man findet diese den Pariser Hauptflözen untergeordnete Formation, vorzüglich bei Montmatre, Menilmontant, Mont Valerien. In dem zwischenliegenden Mergel findet man Cythereen, Ceriten, Spirorben, Turriten, oft Klebschiefer (zuweilen mit Fraueneis) und seltener Strontian. Bald ist der kalkhaltige Gyps mehr rein gesondert, bald mit Mergel vermischt, und auf Montmartre allein findet man diesen Wechsel zwanzigmal. In den mächtigsten kalkhaltigen Gypsbänken, hat Cuvier die merkwürdigen Entdeckungen der fossilen Knochen gänzlich verschwundener Thiere gemacht. Hier fand er die mehr oder weniger vollständigen Skelette des Paläotherium und Anoplotherium, von welchen das Museum des Jardin des plantes eine so ausgezeichnete Sammlung besitzt. Annal. d. Mus. d. Hist nat. t. 11. p 293. Bei Aix, Departement de Bouches dà Rhone scheint die Pariser Gypsformation wieder vorzukommen. Nach Bosc kömmt diese Formation auch bei Palencia und in den Thälern in der Nähe von Burgos in Spanien vor. (Mag encyclop. 6me année t. 1. p. 448.). Lucas 2. p. 51.

19.

MURIACIT, Wr. (chaux anhydro-sulfatè, H. Bardiglione Bournon).

a) WÜRFLICHER MURIACIT, Wr. (spätiger M. K.), *milch - röthl - gelb - gräul* - W., aus diesem ins *perl* - Gr. und *veilchen* - Bl., aus dem röthl - W. ins *fleisch - ziegel* - und *morgen* - R. — zuweilen *irisirend*. — *Derb*, krystallis.

1) Primitiver (ch. anh. sulf. primitive). Die Kerngest. Ein gerades Prisma mit längl. rechtwinkl Grundflächen. Das Verhältniss zwischen den Seiten der Grundflächen ungefähr = 16:13. Das Verhältniss der Höhe des Prisma's zu ihnen ist bis jetzt nicht genau bestimmt. Das Prisma ist theilbar nach den Diagonalen durch Ebenen, welche unter sich Winkel von 100° 8′ und 79° 52′ machen.

2) Perioktaëdrischer (perioctaèdre, Tabl. comp. T 2 f 24), no. 1. an den Stk abgest., die Abstgfl. gegen die breitern Stfl. etwas stärker geneigt, als gegen die schmälern. Neig. der Abstgfl gegen die breitere Stfl. 140° 4′ gegen die schmälere 129° 56′.

3) Enteckter (Bournon, Catalogue T. 1. f 4) no 1 alle Ecken abgest. Die Neigung der Abstgfl. gegen die Endfl. liessen sich nicht genau

bestimmen. Sie schienen zwischen 120° und 118° zu seyn.

Bournon hat, wie er in der angeführten Schrift p. 13. sagt, einen Aufsatz über die Krystallisationssuite dieses Fossils in den Schriften der geologischen Societät von London für 1811 einrücken lassen, in welchem mehrere unbekannte Modifikationen vorkommen. Ausser der erwähnten Varietät nennt Bournon noch eine 6s S. mit 2 einander gegenüber stehenden scharfen und vier stumpfen Stk., die zwei schmälern Stfl. sind zwischen den stumpfen Stk. eingeschlossen, und die zwei entgegenstehenden, diesen Stfl. zugehörigen Endk., sind abgest. Die schmälern Stfl. und die Endfl gehören der Kerng. Wahrscheinlich steht diese Modifikation, in Verbindung mit andern in dem genannten Aufsatz, welchen ich nicht habe erhalten können (ibid. T. 1. f. 5.)

Die Krystalle *klein* und von *mittlerer* Grösse — *glatt* — *stark glänzend* von *Glasgl*, oft auch von *Perlmuttergl.* — Br. *blättr*, 3*f. Drchg*, *fast rechtwinklich sich schneidend* — Brchst. daher *würflich* und richtiger *rechtwinklich parallelepipedisch* — Am deutlichsten erscheint bei den Brchst. der breite Längebr, der oft der Länge nach gestreift ist, und dann wohl auch ins strahlige übergeht (die nachfolgende Art.). Seltener ist der schmale Längebr. — Querbr. scheint weniger vollkommen blättr. — Absndrg. *dünn-* und *grad- schaalig*, in *sehr gross* - und *längl-körnige* versammelt, und *klein-* und *fein-körnig* — *drchschnd.*, und in Krystallen *drchstg.* — Stbrch. *dpplt im hohen Grade* — ritzt den kohlensauren Kalk — giebt *einen weissen Strich* — *ist milde* — *wenig spröde* — *l. zerspr.* — Spuren *von süssalzigem Geschmack* — 2,364 Kl. und H.

Löst sich schwerer auf als Gyps. Auf der glühenden Kohle wird er nicht weiss, blättert sich auch nicht ab, wie dieser. Kalk 40, Schwefels. 60 Vauquelin, ohne Krystallisations-Wasser. Schwefels. Kalk, mit Ausschluss eines Wassergehalts, Kl. Ist die unbeträchtliche Beimischung von Steinsalz als zufällig anzusehen?

Die Entdeckung dieser Art gehört dem Abt Poda, der ihr auch die jetzt angenommene Benennung (Muriacit) mittheilte. Zuerst erwähnt finden wir sie bei Pichtel (mineral. Aufsätze p. 228. in der Note), und die hauptsächlichsten oryktognostischen Unterscheidungszeichen sind hier richtig angegeben, nämlich die vierseitigen, rechtwinklichen Bruchstücke, die grössere Härte, und die schwerere Auflösbarkeit im Wasser, (es werden, wie hier behauptet wird, 4300 Th. Wasser erfordert, um in mittlerer Temperatur ein Theil Muriacit aufzulösen). Poda und auch Gruner, dem dieses Fossil früher bekannt zu seyn schien, hielten es für salzsauren Kalk. (Molls Jahrbücher 3ter Bd. p. 365.). Werner nannte ihn früher Würfelspath. Man kannte, bis ganz neulich, nur die primitive Gestalt, die oft länglich vorkömmt, und so niedrig, dass man sie als eine 4s. Tafel ansehen kann. Quersprünge deuten oft auf das richtige Verhältniss der Kerng. Hauy war der erste, der durch die perioktaëdrische Varietät auf Veränderungen der Krystallisationsform hindeutete, und nach Bournon scheint es, als wenn eine eigenthümliche, vielleicht nicht uninteressante Krystallisatiossuite für dieses, in mehrerer Rücksicht merkwürdige Fossil sich entwickeln würde.

Ueber das besondere chemische Verhältniss werde ich unten reden.

Fundort. Poda fand diese Art zuerst in den Salzgruben bei Hall in Tyrol, auch in den Salzwerken in Steiermark und Tyrol. Ein solcher Muriacit von Dürrenberg bei Hallein, ward von Klaproth analysirt Der von Vauquelin analysirte, findet sich zu Bex im Kanton Bern, ebenfalls in der Näne der Salzwerke. Seitdem hat man ihn an mehrern Orten gefunden. Hausmann fand ihn in dem ältern Flözgyps des nördlichen Deutschlands, wo man bis jetzt keine Spur von Steinsalz gefunden hat, nämlich bei Tiede, unweit Braunschweig Doch sind in der Nähe Salzquellen. So hat man jetzt dieses merkwürdige Fossil beständig in Beziehung auf den Gyps, von welchem es sich auf eine so bestimmte Weise trennt, und mit welchem es dennoch, durch die Bestandtheile verwandt ist, und in deutlicherem oder undeutlicherem Verhältniss zum Steinsalz, mit welchem es, oft aufs innigste, wenn auch zufällig, verbunden ist, gefunden. Desto merkwürdiger ist die von Hausmann erwähnte Entdecknng von Gahn. Dieser Chemiker fand den spätigen Muriacit in Falun in Schweden von rosenrother Farbe mit gemeinem Serpentin und Kupferkies verwachsen, auf der dortigen grossen Kupfergrube, also *im Urgebirge* Ein ähnliches Vorkommen mit Actinot und Kupferkies ebenfalls in Schweden (ob auch in Falun?) erwähnt Bournon (a. a. O. p 13.) Die von Bournon oben erwähnten, mir nicht bekannten, Krystalle des Muriacites aus der Sammlung des Dr Babington, kommen wahrscheinlich in den englischen Steinsalzgebirgen vor. Leonhard III. p. 7. Würfel-Anhydrit.

Reuss a. a. p. 412. Würfelspath Karsten in Klaproth Beitr. 4. p. 229. spätiger Anhydrit.

Hauy 4. p. 487. und Tabl. comp. p. 10. und p. 138. no. 12. Lucas 2. p. 52. Mohs 2. p 196 blättriger Anhydrit. Brochant 2. p. 500 Spath cubique, tabell Ueberſ p. 37. Würfelanhydrit. Karſten p 52 Brongniart 1. p. 122. Hausmann norddeutſche Beitr. 3 p. 110.

b) STRAHLIGER MURIACIT, K., *lichte rauch*- Gr. ins *indig*, und ein Mittel zwiſchen *berliner*, und *ſmalte*- Bl., zuweilen ſtellenweiſe ein Mittel zwiſchen *morgen*- und *ziegel*- R. — *derb* — *glänzend* und *ſtarkgl.* von *Perlmuttergl.* und *Wachsglanz*, an verwitterten Stellen *dem Seidengl. nahe* — Hptbr. *kurz*, *ſchmal grad*- und *ſternförmig auseinanderlaufend ſtrahlig*, die Strahlen ſelbſt beſtehn oft aus Prismen, Querbr *feinſplittr.* und *matt* — Brchſt. *unbeſt. eck.* nicht *ſndr. ſchrfk.* — *drchſchnd*, übrigens wie die vorige Art.

Schmilzt nicht vor dem Löthrohr, verliert nur Glanz, Farbe und Feſtigkeit. Kalk 42,50, Schwefelſ 57,00, Eiſ. 0,10, Kieſel 0,25, Kl.

Dieſe Art bildet einen vollkommenen Uebergang in die vorhergehende, wie die prismatiſche Geſtalt des ſtrahligen Bruchs beweiſet. Knoch bemerkte, daſs einzelne Strahlen aus zuſammengewachſenen Prismen, und zwar, wenn ſie ſternförmige Gruppen bilden, ein einfacher Strahl aus einem ſchmälern Prisma, zunächſt dem Mittelpunkte, und einem breitern nach der Peripherie zusammengesetzt waren. Zuweilen lassen zwei zunächst neben einander stehende Prismen nach der Peripherie einen Zwischenraum, der entweder mit einem kleinen Prisma ausgefüllt ist, oder in den sich das Ende eines Prisma von einer benachbarten Gruppe eingeschoben hat.

Fundort. Man findet diese Art bei Sulz am Neckar. Hausmann fand ihn bei Tiede, unweit Braunschweig in einem Gypsbruche. Die sternförmig aus einanderlaufenden Strahlen schliessen einen Kern ein, der bald aus dichtem Muriacit, bald aus dichtem Gyps besteht. Manchmal ist, wo der Kern sonst war, ein kugelförmiger oder ellipsoidischer Raum, der vielleicht durch die Verwitterung des dichten Gypses entstanden ist.

c) FASRIGER MURIACIT: Wr., *fleisch- hyacinth- blut - ziegel* - R. — *derb* — *wenig glänzend* bis *schimmernd* von *Seidengl.* — *Unvollkommen gleichlaufend- zart* und *grob-fasrig* ins *schmal strahlige*. — Brchst. *langsplittr. an den Kanten drchschnd.* — sonst wie a.

Noch nicht analysirt.

Bildet den Uebergang in die vorhergehende Art.

Fundort. Hallein, Oesterreich, mit der ersten Art.

Karsten p. 50. u. p. 94. no. 76. Mohs a. p. 197.

d) SCHUPPIGER MURIACIT, K. Anhydrit Wr. (Ch. sulf. anhydre lamellaire, H) *Schnee-graul-milch*-W. bis ins *sm. lte*-Bl. Selten *grau* — *derb* — *wenig* bis *stark glänzend* von *Perlmuttergl* — Br. *verworren blättr.* — *feinkörnig schuppig* abgeſ. — *an den Kanten drchſchnd.* — sonst wie die übrigen Arten. —

Kalk 41,75, Schwefelſ 55,00, ſalzſ Natrum 1. Kl Kalk 43, Schwefelſ. 57 Berthier. Kalk 55,12, Schwefelſ. 44,88 Chenevix.

Fundort Hall in Tyrol, wie die übrigen Arten, und Sulz am Neckar.

Hauy 4. p. 488. Tabl comp. p. 10. Lucas a, p. 53. Karsten p. 50, und 94. no. 76.

e) DICHTER MURIACIT, Wr. (Ch sulf. anh. compacte, H.) *Schnee-gräul-milch*-W. bis ins *blaſs-indig*-Bl., von da ins *rauch*-auch *aſch*-Gr, auch *fleiſch-lichte blut-ziegel* und *bräunl*-R. — *derb* — *matt*, *etwas ſchimmernd*, zuweilen *wenig glänzend*, der Glanz der Bruchflächen *ſtärker*, zwiſchen *Perlmutter*- und *Fettgl.* —Br. zwiſchen *eben* und *flachmuſchl.* ins *ſplittr.*, zuweilen mit einer Anlage zum *lang-grad-* und *schmalstrahligen*, (Uebergang in b. u. e.) seltner zum *feinschuppigen* (Uebergang in d) — Brchst. bei dem ebenen Bruch *unbest. eck.* bei dem splittrigen Bruch *langsplittr.*, *zieml schrfk.* — *Undrchst.* bis *drchschnd*, sonst wie die übrigen Arten — 2,850 Kl. 2,906 Rose.

Unverändert vor dem Löthrohr, verliert nur wenig (2 pr. C.), wahrscheinlich von beigemengtem Gyps. Kalk 41,45, Schwefelf. 56,28, Waſser 0,75 Rose.

Wenn wir alle Arten überblicken, so finden wir eine deutliche Sonderung, und zugleich eine schöne Uebereinstimmung zwischen allen Der Bruch vorzüglich ist das Sondernde, und dasjenige Kennzeichen, mit dem die übrigen zu wechseln pflegen. Oben sahen wir, wie der strahlige in den spätigen übergeht, andererseits aber verläuft dieselbe Art sich in den fasrigen. Die gegenwärtige Art, das entgegengesetzte Extrem von dem spätigen, verbindet alle Arten mit einander, indem sie bald durch die Spuren des strahligen und fasrigen Bruches den Uebergang bildet in die Arten, die durch diesen Bruch charakterisirt sind, bald, durch eine Neigung zum schuppigen sich an die sogenannte Art anschliesst

Fundort. Der dichte Muriacit kömmt in den norddeutschen Flözgebirgen vor. Freiesleben fand ihn bei Eisleben in dem dortigen Gyps, und Hausmann mit dem ſpätigen und ſtrahligen bei Tiede in der Nähe von Braunſchweig. Leonh III. p. 7. dichter Anhydrit (mit dem würflichen vereinigt).

Karſten p. 52. u. p. 94. no. 76. Hausmann norddeutſche Beitr. 3 p 113

Anhang. Zum dichten Muriacit muſs man höchſt wahrſcheinlich ein paar Foſſilien rechnen, die Hauy anführt, und die ich hier anhangsweiſe erwähne, weil, was ich von dem einen kennen lernte, zu wenig war, um über das Eigenthümliche deſſelben ein Urtheil zu fällen, das zweite aber mir völlig unbekannt iſt. Es ſind

1) der GEKRÖSSTEIN, (Chaux anhydro ſulfatée concretionée, contournée, H. Pierre de trippes) Er iſt *hellgraul*-W., auf dem friſchen Bruch *blaſshimmel*-Bl., kömmt in *unvollkommen nierenförmigen Stücken*, gewöhnlich aber in *darmförmig gekrümmten* Lagen, von der Dicke eines Zolls, bis zu der einer halben Lin e vor — äuſserl. *matt*, inwend. *ſchwachſchimmernd* — Br. *kleinſplittr.* — an den Kanten *drchſchnd.* — Härte, wie die übrigen Arten des Muriacites — 2,850 Kl. 2,9 H. Dieſe Beſchreibung iſt von Klaproth entworfen. Man kannte dieſes Foſſil ſchon lange, und Born rechnete

es zum Schwerſpath. Auch Hauy führte es früher beim Schwerſpath an, bemerkte aber in ſeinen Vorleſungen, daſs es durch Härte und Schwere gar zu ſehr abwiche, und vermuthete, daſs es mit ſeinem anhydriſchen ſchwefelſauren Kalk nahe verwandt ſeyn möchte. In der That müſste die Uebereinſtimmung in Härte und Schwere, ſo wie die charakteriſtiſche Farbe dieſe Vermuthung leicht herbeiführen. Die Analyſe von Klaproth, der 42 Kalk, 56 Schwefelſ., 0,25 ſalzſ. Natr. fand, bewieſs die Richtigkeit der Vermuthung völlig. Man findet dieſes Foſſil in Wielitzka in Oſtgalizien zwiſchen Thonſchichten, in den Salzgräben in Bochnia kömmt es auf eine ähnliche Weiſe, in Letten eingewachſen, vor.

Born Catalog. T. 1. p. 269. Hauy 2 p. 343. Tabl. comp. p 10. und p. 140. no. 13. Lucas 2, p. 54. Klaproth Beitr. 4. p 231.

2) QUARZIGER MURIACIT, (Chaux anhydro-ſulfatée quarzifere, H.). Er iſt nach Hauy *gleichförmig graul*-W., mit *bläul*-Gr. Adern, ähnelt dem körnigen Kalk, phosphorescirt etwas, wenn er erhitzt wird, ſchmilzt ſehr leicht vor dem Löthrohr — 2,8787 — Schwefelſ. Kalk 92, Kieſel 8 Vauq. Fleuriau entdeckte zuerſt ſeine Verſchiedenheit von dem Marmor, mit welchem er verwechſelt wurde. Er iſt bekannt

in Mailand, unter dem Namen Bardiglio-Marmor von Bergamo. Hauy verglich das ſpecifiſche Gewicht des Gypſes mit dem des Kieſels, und berechnete das ſpecifiſche Gewicht, welches entſtehen müſste, wenn dieſe Subſtanzen, in einem Verhältniſs, wie das, welches die Vauquelinſche Analyſe angiebt, verbunden würden. Aber dieſe Berechnung, verglichen mit dem oben angegebenen ſpecifiſchen Gewicht des Foſſils, gab eine beiſpielloſe Zuſammenziehung, durch welche das Volumen des einen, von zwei durch Vermiſchung vereinigten Körpern ganz bis auf Null zurückgebracht worden wäre, und das des andern noch überdem eine Verminderung erlitten hätte. Er nahm daher an, daſs nicht Gyps, ſondern Muriacit mit Kieſel verbunden wäre, und durch eine ähnliche Berechnung fand er dann, daſs nicht eine ſo bedeutende Volumverminderung, ſondern umgekehrt, eine Volumvermehrung von $\frac{1}{12}$ ſtattfinden würde, welches allerdings natürlicher iſt. Wenn wir erwägen, daſs der Kieſelgehalt, wenn gleich in viel geringerer Menge, den Muriaciten nicht ganz fremd iſt — Klaproth fand 0,25 in dem ſtrahligen — daſs Farbe und Bruch, Härte und Schwere ganz für die Vereinigung mit den Muriaciten ſpricht, ſo dürfen wir dieſe Vorausſetzung ohne Bedenken gegründet nennen. Das abwechselnde Verhalten vor dem Löthrohr, ist eine natürliche Folge der — wohl zufälligen — Beimischung von Kiesel. Später hat daher Hauy dieses Fossil mit den Muriaciten vereinigt.

Fleuriau Journ. d. phys. Thermid. an. 6. p. 99. Hauy 4. p. 500. Tabl. comp. p. 11. Lucas 2. p. 54.

Die ganze Gattung, die wir hier beschrieben haben, bietet für die Oryktognosie wichtige und interessante Verhältnisse dar. Es ist eine so bestimmte und ausgezeichnete Gattung, fest und sicher durch die ausgezeichnetsten Kennzeichen der krystallinischen Textur, der Härte, der Schwere, der charakterisirenden Farbe, die einerseits zwischen grau und blau, andererseits zwischen ziegel- und fleischroth, mit wenigen, und im Ganzen seltenen Abänderungen schwankt, gesondert, dass man wenige fester bestimmte, und innerhalb ihrer Grenzen besser geordnete Gattungen kennt. Und dennoch ist diese Gattung nur durch den Mangel an Krystallisationswasser von dem Gyps unterschieden. Aber was den Chemikern oft unbedeutend scheint, ist dem Mineralogen oft von entschiedener Wichtigkeit. Hauy, hat mehr in der That als billig, dabei verweilt, den Berthollet zu widerlegen, der den Mangel an Krystallisationswasser für unbedeutend ansah. Aber ein anderes Verhältniss, das der Muriaciten zum Kochsalz, fordert ebenfalls unsere Aufmerksamkeit. Ist die Beimischung des Kochsalzes als zufällig zu betrachten? Es ist höchst wahrscheinlich, ja es scheint uns gewiss, wenn wir bedenken, dass das Kochsalz oft gänzlich fehlt, wo dennoch der Muriacit ganz charakteristisch ausgebildet ist. Auf der andern Seite aber scheint das Kochsalz keineswegs gleichgültig zu seyn bei der Bildung dieser Gattung. Bis jetzt ist uns nur ein Beispiel (das oben angeführte von Gahn, der den spätigen Muriacit in Falun in Urgebirgen fand) bekannt, wo der Muriacit ohne irgend eine wirkliche, oder wenigstens mögliche Beziehung auf eine in der Nähe stattfindende Kochsalzbildung sich zeigte Bei weitem am häufigsten finden wir ihn unmittelbar in den Steinsalzgruben selbst (wie in Hallein, in Oesterreich, bei Wielitzka und Bochnia). Im nördlichen Deutschland aber, wo man zwar kein Steinsalz findet, sind dennoch Salzquellen in der Nähe, und man muss annehmen, dass eine Salzbildung noch immer stattfindet, oder stattgefunden hat, wo wir jetzt keine Spuren mehr vorfinden. Mag nun diese Bildung gewesen seyn, von welcher Art sie will, und wir können uns allerdings, mehrere Arten denken, so muss sie doch auf alle Fälle angenommen werden.

Soll-

Sollte nun nicht das Kochſalz im Stande ſeyn, dem Gyps ſein Kryſtalliſationswaſſer zu entziehen, und ihn in einen wahren anhydriſchen zu verwandeln? Mir ſind keine Erfahrungen bekannt, die dieſem zu widerſprechen im Stande wären, da ohnehin die Lehre vom Kryſtalliſationswaſſer noch immer zu den dunkelſten, und am wenigſten begründeten, in der Chemie gehört. Nehmen wir dieſes aber an, ſo wäre zwar die *Beimiſchung* von Kochſalz eine zufällige, die Häufigkeit aber eine natürliche Folge der Bildung in der Nähe des Kochſalzes. Bekanntlich zieht der Muriacit zuweilen Kryſtalliſationswaſſer an ſich, wie Hauy bemerkt hat, (Tabl. comp. 11. u. p. 141. no. 14.) und verändert ſich, er wird dann unvollkommen kubiſch, leichter und weicher. Hauy beſitzt ein Stück, an welchem ein Stück noch unveränderter Muriacit iſt, von Perlmutterglanz, während das andere, in welches das Waſſer eingedrungen iſt, ſich in dichten Gyps verwandelt hat, weicher geworden iſt und lockerer. Man findet dieſe Epigenie (wie Hauy dergleichen Umänderungen nennt) vorzüglich bei Peſay, wo Gallerien im Muriacit getrieben worden ſind, nach Haſſenfraz. — Wenn man dieſes erwägt, ſo ſcheint es zwar, als wenn der Name Anhydrit paſſender wäre. Ich habe aber die ältere Benennung beibehalten, theils weil sie die häufigste in Deutschland ist, theils weil sie die, auf jeden Fall nicht gleichgültige Beziehung auf das Kochsalz bezeichnet.

20.

PHARMAKOLITH, Karsten (Arsenikblüthe, Wr., Chaux arseniatée, H.). *Schnee - gelbl- gräul - röthl - W.*, aus diesem ins *rosen* - R. — *Klein-nierenförmig, klein-traubig* und kryst. in *zart haarförmigen, äusserst feinen nadelförmigen* Krystallen, die, *büschel - garben* - und *sternförmig zusammengehäuft* sind, sehr selten *einzeln* vorkommen. — Die Oberfl. der *nieren*- und *traubenf.* Gestalt gewöhnlich *glatt* — äusserl. *schimmernd*, auch *matt.*—Inwend. *wenig glänzend* von *Perlmuttergl.* — Brch. *grad - zart- aus einanderlaufend fasrig* (aus haarförmigen Krystallen bestehend), auch *schuppig - blättrig* (der nieren - und traubenförmige), zuweilen *erdig* (der zerfallene) — *wenig drchschnd.* — *weich* (läfst sich zerdrücken) — 2,536 Selb, 2,040 Kl.

Löst sich ohne Aufbrausen in Salpetersäure auf, ist unauflöslich in Wasser, und giebt vor dem Löthrohr einen Knoblauchgeruch. 50,54 Arseniks., 25,00 Kalk, 24,00 Wasser Kl. Arsenikſ. 45,68, Kalk 27,28, Waſſer 23,86, Verl. 3,18. John, der Pharmakolith von Andreasberg.

Auf dieſe Gattung, die bis dahin mit dem weiſsen Arſenikoxyd verwechſelt ward, machte zuerſt Selb (Scherers Journ. 4. p. 537.) aufmerkſam, Hauy trennte beide Gattungen auf eine beſtimmte Weiſe, ebenſo Karſten, der dieſe Art indeſſen noch immer, neben dem Arſenikoxyd, unter die Arſenikerze ſtellte. Es iſt keinem Zweifel unterworfen, daſs dieſe Gattung beſtimmt von dem Arſenikoxyd getrennt werden muſs. Die haarförmigen Kryſtalle kommen ihr allein zu, alſo auch der faſrige Bruch. Das Arſenikoxyd läſst ſich in Waſſer auflöſen, (Naſſe, Klaproth, Fiſcher, Schweiggers Journal. 5. p. 217. 6. p. 334. u. p. 337.), der Pharmakolith nicht, jenes verflüchtigt ſich im Feuer ganz, dieſer läſst nur die Säure fahren. Vergl. Kopp in Leonhards Taſchenbuch 1ſter Jahrg. 1807.. p. 118. Jedoch ſein Vorſchlag, in der Arſenikordnung eine Gattung unter dem Namen Arſenikblüthe aufzuſtellen, dieſe aber in zwei Arten, in das natürliche Arſenikoxyd und in die arſenikſaure Kalkerde (Pharmakolith) zerfallen zu laſſen, iſt durchaus unzuläſſig, und würde mit allen, wenn auch unvollkommnen, bis jetzt befolgten Principien der Classifikation im Widerspruch stehen. Merkwürdig ist es, dass Werner noch immer (seine letzte Classifikation in Molls Jahrbüchern 1812. 3. 2. p. 104.) den Pharmakolith allein, bei den Arsenikerzen unter dem Namen Arsenikblüthe anführt. Wahrscheinlich wird er sich noch nicht überzeugt haben, dass das weisse Arsenikoxyd natürlich vorkomme. Seine Beschreibung gilt allein dem Pharmakolith. Hausmann theilt diese Gattung in drei Arten, 1) den haarförmigen, 2) dichten und 3) erdigen. Man müsste aber das Fossil in beträchtlicher Menge, eine jede Form in grösserm Umfang gefunden und untersucht haben, damit eine solche Eintheilung nicht willkührlich erschiene. Der Pharmakolith bildet einen Uebergang in die rothe Kobaltblüthe, und der rosenrothe ist höchst wahrscheinlich Kobalthaltig.

Fundort. Nach Selb auf der Sophiagrube bei Wittichen, im Fürstenbergschen, in den Ablösungen und Klüften einer granitartigen, koboltführenden Gebirgsart. Er kömmt ausserdem in Ungarn bei Thajoba mit gediegen Arsenik, rothem Rauschgelb, Grauspiesglanzerz, Rothgiltigerz in Hornstein vor. Ferner auf dem Harze auf Kluftflächen oder in Drusenhöhlen der Andreasberger Gänge auf Quarz, Kalkspath, Bleiglanz und gediegenem Arsenik liegend. Im Erzgebirge kömmt er bei Schneeberg und Annaberg vor. Auch in den Riegelsdorfer und Saalfelder Flözen hat man ihn gefunden. Leonhard II. p. 274.

Cronstedt §. 238. p. 250. Arsenikkalk, ist wohl theils Pharmakolith, theils Arsenikoxyd. Waller. 2. p. 160. gen. 47. spec. 282. Arsenicum nativum, album, salino calcareum. Wie bei Cronstedt zum Theil. Dasselbe gilt von Linné Syst. Nat. XII 3. p. 117. Arsenicum nudum crystallinum purum. Kirvan 2. p. 316. natürlicher Arsenikkalk (Pharmakolith). De l'Isle 3. p. 42. Chaux d'arsenic native. Hauy 2. p. 350. Tabl. comp. p. 12. Lucas p. 66. Reuss 2. 2. p. 269. Mohs 3. p. 675. Arsenikblüthe (in der Sippschaft des Erdkobalts). Bsochant 2. p. 494. tabell. Uebers. p 78. Arsenikblüthe. Karsten p. 74. Brongniart 1. p. 247.

21.

SCHWERSPATH. (Baryte sulfaté, H.).

a) GRADSCHAALIGER, Wr. (mit seinem Säulenspath). *Milch- graul- gelbl- röthl*-W. Aus dem graul-W. ins *rauch- asch- gelbl- grünl- bläul*-Gr. Aus röthl-W. in *fleisch- ziegel- bräunl*-R., aus dem gelbl-Gr. ins *gelbl*-Br., *wachs- honig*-Glb., aus dem grünl-Gr. ins *oliven*-Grn., aus dem bläul-Gr. ins *schmalte*- und *indig*-Bl. Der derbe ist gewöhnlich milch- graul- röthl-W., fleisch- und ziegelroth, der säulenförmig kryſtalliſirte meiſt rauſch- aſch-Grau ins Blaue, und ſtellenweiſe fleiſch-R. Faſt alle Farben ſind ſchmuzig mit grau gemiſcht. Durch zufällige Färbung von gelbem und rothem Rauſchgelb wird der Schwerſpath ſelten citronen-Glb, und ſcharlach-R. —

Derb und kryſtalliſirt.

1) Primitiver (baryte ſulfaté primitive T. XXXV. f. 107.). De l'Isle 1. p. 601. var. 11. Kerng. ein grades Prisma, deſſen Grundfl. Rhomben ſind, mit Winkeln von 101° 32′ 13″ und 78° 27′ 47″. Die mit den Grundfl. laufenden Schnitte fallen ſehr ſcharf aus, die Schnitte, welche man nach der Richtung der Stfl. macht, ſind es etwas weniger, und man erhält ſie nicht ſo leicht. Wenn man die Bruchſtücke gegen ein ſtarkes Licht hält, und vor den Augen hin und her bewegt, ſo ſieht man feine Streifen darin, welche mit den Ebenen, die durch die beiden Diagonalen der Grundflächen gehen, parallel laufen. Integr Moléc. ein grades 3ſ. Prisma mit rechtwinkl. Grundfl. Die in der Natur vorkommende primitive Kryſtalliſation hat zwar an den Grundfl. die Winkel der Kerngeſtalt, iſt aber eine etwas geſchobene, vollkommene 4ſ. T., kein Prisma. Der Winkel der Endfl. der Tafel gegen die Stfl. 90°. In Ungarn und Siebenbürgen.

2) Geengter (rétrécie f. 110.). De l'Isle 1. p. 605. T. 3. f. 74. vollkommene gleichſ. 6ſ. T. var. 1. die ſtumpf. Endk. abgeſt. Neig. der Abſtgfl. gegen die Endfl. 140° 46′ 6″. Ebendaher.

3) Gekürzter (raccourcie f. 111.). De l'Isle. ibid. f. 75. Ebenfalls eine 6ſ. T. var. 1. die ſcharfen Endk. abgeſt. Dieſe Tafel iſt ſo länglich, daſs zwei einander gegenüber ſtehende Endfl. doppelt ſo groſs ſind, als jede von den dazwiſchen liegenden. Neig. der Abſtgfl. gegen die Endfl. 129° 13′ 54″.

4) Zehnſeitiger, var. 2, die Kanten zwiſchen den Abſtgfl. und Endfl. abgeſt. Ich habe die Abſtgfl. ſo ſtark geſehen, daſs eine wahre 10ſ. T. dadurch entſtand.

5) Kernverrathender (apophane f. 109.) var. 1, die ſtumpfen Ecken ſtark abgeſt., ſo das die Abſtgfl. auf die Stfl. aufgeſ. ſind. Oft berühren ſich die Abſtgfl., und verwandeln ſich dann in Zuſchrfgfl. der ſtumpfen Endk. Neig. der Abſtgfl. gegen die Stfl. 140° 59′ 21″. Siebenbürgen.

6) Sechsſeitig ſäulenförmiger. Eine wenig geſchobene 4ſ. S., an beiden Enden zugeſchrſt. die Zuſchrfgfl. auf die ſcharfen Stk. aufgeſ., die ſtumpfen Stk. abgeſt. Sie entſteht aus var. 5. indem die Zuſchrfgfl. der ſtumpfen Endk. der primitiven Geſtalt wachſen, ſo daſs die Endfl. derſelben, als Zuſchrfgfl. der Enden der Säule,

die Stfl. der Kerng. aber als Abstgfl. der stumpfen Stk. erscheinen.

7) Quadridecimaler (quadridécimale f. 114.). Eine geschobene 4s. S., die Enden zugeschrft., so dass die Zuschrfgsfl. auf die scharfen Stk. aufges. sind, an den stumpfen Stk. zugeschrft., und die Zuschrfgk. wieder stark abgest. Entsteht aus var. 5, wenn die stark gewachsene Zuschrfg. der stumpfen Endk. eine einmal gebrochene ist, und bildet, durch die zu var. 6. hinzugekommenen vier Flächen eine 10s. S. Neig. der Zuschrfgsfl. der stumpfen Stk. der S. gegen ihre Abstgfl. 162° 2′ 44″, Die Zuschrfgsfl. der Enden und die Abstgfl. der Zuschrfgk. der S., gehören der Kerngestalt.

8) Disjunktiver (disjointe f. 115.) var. 7. ohne Zuschrfg. der Enden, die Ecke aber zwischen den Endfl. der scharfen Stk. der S. stark abgest., so dass die Abstfgfl. auf die Endfl. aufgesetzt ist. Die Endfl. der S. kann als eine sehr starke Abstgfl. der Zuschrfg. der Enden in var. 7. angesehen werden. Gewöhnlich ist die Abstgfl. der Zuschrfgk. der stumpfen Stk. in var. 7. hier so stark, dass die Krystallisation ein tafelartiges Ansehen gewinnt, und, da die Neig. zwischen den Endfl. und diesen Abstfl. 90° beträgt, eine rechtwinkliche viers. T. darstellt, deren längere Endfl. einmal gebrochen stark zugeschrft. sind.

9) Doppelt gebrochener, var. 7, aber so, dass die starkgewachsene Zuschrfg. der stumpfen Endk. var. 5. doppelt gebrochen ist, so dass abermals vier neue Flächen entstehen, und die Krystallisation, als S. angesehen, 14 Seiten hat.

10) Binärer (binaire f. 108.). De l'Isle 1. p. 588. T. 3. p. 62. Eine wenig geschobene 4s. S. an beiden Enden zugeschrft, die Zuschrfgfl. auf die scharfen Stk. aufges. Entsteht aus var. 5., wenn die Zuschrfg. der stumpfen Endk. so wächst, dass die Stfl. der primitiven Gestalt verdrängt werden. Neig. der Stfl. der S. gegen die Zuschrfgfl. 101° 58′ 42″.

11) Distischer, var. 10, die Ecke, welche die Zuschrfgfl. mit den Stfl. bilden, schwach abgest. Schneeberg. Mohs.

12) Oktaëdrischer, ein vollkommenes Oktaëder. Entsteht, wenn bei var. 10. die Zuschrfgfl. in der Mitte sich berühren. Aeusserst selten.

13) Unvollkommen unitairer, var. 1. die scharfen Endk. abgest., wie bei var. 5. die stumpfen. Auch hier berühren sich meist die Abstgfl., so dass sie sich in Zuschrfgfl. verwandeln, die auf die Stfl. aufges. sind. Neig. der Zuschrfgfl. gegen die Stfl. 127° 5′ 13″, gegen einander 105° 49′ 34″.

14) Abgeſtumpfter, var. 13. die Ecken, welche die Zuſchrfgfl. mit den Stfl. und Endfl. bilden, ſchwach abgeſt.

15) Weggeſtumpfter (emoussée T. XXXVI. f. 121). Eine etwas geſchobene 4ſ. S. an den Enden zugeſchrft., die Zuſchrfgfl. auf die ſtumpfen Stk. aufgeſ., die ſcharfen Stk. abgeſt. Entſteht aus var. 13, wenn die Zuſchrfg. der ſcharfen Endk. ſo zunimmt, daſs die Endfl. der Tafel, durch die lange Schärfe getrennt werden, und die Stfl. derſelben, nur als Abſtgfl. einer 4ſ. S. übrig bleiben.

16) Abwechſelnd enteckter (f. 125.) var. 15. die gegenüber ſtehenden Ecken an den Enden, die mit den ſcharfen Stk. korreſpondiren, ſehr ſtark abgeſt., die Abſtgfl. ſchief aufgeſ.

17) Ringsum decreszirender (entourée f. 126.) var. 16. die vier Ecken, welche die Zuſchrfgfl. der Enden mit der neuen Abſtgfl. bilden, ebenfalls abgeſt.

18) Unitairer (unitaire f. 121.). Eine wenig geſchobene 4ſ. S., an den Enden zugſchrft., ſo daſs die Zuſchrfgfl. auf die ſtumpfen Stk. aufgeſ. ſind. Entſteht aus var. 13, wenn die wachſende Zuſchrfg. der ſcharfen Endk., die Stfl. der primitiven Tafel ganz verdrängt. Iſt var. 17. ohne Abſtg. der ſcharfen Stk.

19) Dodecaëdrischer (dodécaèdre f. 124) ist var. 16. ohne Abstg. der scharfen Stk.

20) Vierseitig zugespitzter. Eine geschobene 4s. S. 4s. zugesp., so dass die Zuspgfl. auf die Stk. aufges. sind. Entsteht, indem die Abstgfl. var. 16. 17. und 19. so wachsen, dass sie sich mit den Spitzen berühren, und die Schärfe der Zuschrfgfl. verdrängen.

21) Enteckter (epointée T. XXXV. f. 113.). De l'Isle 1. p. 594. var. 5. 6. 7. Eine rechtwinkliche 4s. Tafel, an allen Endfl. zugeschrft., die Zuschrfgsecken abgest. Die rechtwinkliche Tafel, die bei den Schwerspathen so häufig ist, entsteht aus der Verbindung der Zuschrfg. der stumpfen Endk. der primitiven Tafel (var. 5.) mit der scharfen (var. 13.). Die Stfl. gehören der Kerngestalt, so wie die Abstgfl. der Ecken, die die Reste der ursprünglichen Endfl. sind.

22) Aequivalenter (équivalente f. 116.) var. 21. die Zuschrfgsk. der beiden längern einander gegenüber stehenden Endfl. abgest. Neig. dieser neuen Abstpgfl. gegen die Stfl. der Tafel 90°.

23) Additiver (additive T. XXXVI. f. 117.), die Kante, welche die neue Abstgfl. (var. 22.) mit der Abstgfl. der Ecken (var. 21.) bildet, wieder abgest. Neig. dieser Abstgfl. gegen diejenige der var. 24. 151° 26′ 21″ gegen die der Ecke 169° 19′ 45″ 30‴.

24) Trapezischer (trapèzienne T. XXXV. f. 112.) var. 21. ohne Abstg. der Ecken, also eine rechtwinkl. 4f. Tafel, alle Endfl. zugschrft, und das vollständigste Zusammentreffen von var. 5. und var. 13.

25) Ringsum zugeschärfter. Die rechtwinkl. 4f. T. nicht allein an allen Endfl., sondern auch an allen Ecken zugeschrft.

26) Achtseitig tafelförmiger. Eine 8f. T. an allen Endfl. zugeschrft. Entsteht aus var. 25. durch das Wachsen der Zuschrfgfl der Ecken.

27) Sechsseitig tafelförmiger. Eine 6f. T. an allen Endfl. zugeschrft. Entsteht aus var. 26, wenn die Zuschrfgfl. der Ecken so wachsen, dass sie die schmälern Endfl. ganz verdrängen.

28) Gesammtdecreszirender (pantogéne T. XXXVI. f. 118.), var. 21. alle Zuschrfgsk. abgest. (nicht bloss die der längern Endfl. wie var. 22), ausserdem die Ecken, welche die Abstgsfl. der Ecken mit den Zuschrfgfl. der Endfl. und mit den Stfl. bilden, abgest, die Abstgfl. auf diejenigen der Ecken aufges. Neig. dieser neuen Abstgfl. gegen die der Ecken 154° 26′ 52″, gegen die Stfl. 115° 35′ 8″. Diese Tafel ist etwas dick und länglich, und kann als eine 6f S betrachtet werden, so dass die Abstgfl. der Zuschrfgsk. der längern Endfl, als eben solche der zwei gegeneinander überstehenden Stk. der Säule angesehen

wird, die Zuschrfgfl. der schmälern Endfl. aber, zugleich mit den vier neuen Abstpfl., als eine 6f. Zuspg., indem die Abstgfl. der Ecken (var. 21.) eine Abstg. zweier Zuspgk. bilden, die den abgest. Stk. der S. korrespondiren, die Abstg. der Zuspgsspitze aber durch die Abstgfl. der Zuschrfgsk. hervorgebracht wird.

29) Oktotrigesimaler (octotrigesimale f. 119) var. 28. sowohl die Kanten, welche die Abstgfl. (die Varietät als eine Tafel angesehen), mit der Zuschrfgfl. der längern Endfl., als diejenigen, die der Rest der Abstgfl der Ecken (var. 21,) mit der Abstgfl. der Zuschrfsk. der schmälern Endfl. bilden, wieder abgest. Als Säule betrachtet, hat var. 28. acht prismatische Flächen, an jedem Ende neun, zusammen also 26 Flächen, bei dieser Varietät kommen noch an jedem Ende sechs Flächen hinzu, so dafs sie aus 38 Flächen besteht. Neig. der Abstgfl. die an der Zuschrfgfl. der längern Endfl. liegt, gegen diese 161° 42′ 7″, gegen die neue Abstpfg. var. 30, 153° 57′ 51″.

Hauy zählt jetzt (nach Tabl. comp) 63 Varietäten; früher nur 13. Auch wir hätten, theils aus unvollkommnen Nachrichten, theils aus eigner Kunde, die Zahl der Varietäten vergrössern können. Wir haben es aber unterlassen, weil die Unvollständigkeit der Beschreibungen, oder der Kryſtalle, die wir zu unterſuchen Gelegenheit hatten, uns nicht erlaubte, die Modifikationen mit den bekannten und geordneten, in regelmäſsiger Verbindung zu erhalten, ſie uns auch keineswegee wichtig ſchienen. Die angeführten Varietäten reichen hin, um ſich eine Anſchauung von der geſetzmäſsigen Organiſation der Schwerſpath-Kryſtalle unter einander zu verſchaffen. Dieſe ſcheint mir bis jetzt keineswegee klar genug entwickelt zu ſeyn. Es iſt merkwürdig, daſs die Kerngeſtalt, wie ſie in der Natur vorkömmt, ſich durch das Verhältniſs der Höhe zur Länge und Breite ſo bedeutend von derjenigen, die man durch Theilung erhält unterſcheidet, und daſs dieſes abweichende Verhältniſs ſo conſtant fortdauert bei einer groſsen Menge Varietäten. Die Varietäten 2, 3, 4, unterſcheiden ſich von der Kerngeſtalt nur durch einfache Abſtumpfungen. Die Zuſchärfung der ſtumpfen Endkanten aber (Var. 5.) giebt, einſeitig verfolgt, die geſchobene vierſeitige Säule, deren Zuſchärfung der Endflächen auf die ſcharfe Seitenkante aufgeſetzt iſt, mit allen Modifikationen dieſer Kryſtalliſation (Var. 6—12.), ſo wie die Zuſchärfung der ſcharfen Endkanten (Var. 13.) ebenfalls einſeitig verfolgt, die geſchobene vierſeitige Säule hervorbringt, deren Zuſchärfung auf die ſtumpfen Seitenkanten aufgeſetzt iſt, mit allen ihren Modifikationen (Var. 14 — 21.). Beide mit einander verbunden, bringen die rechtwinkliche vierseitige Tafel mit ihren mannichfaltigen Veränderungen hervor (Var. 21 — 29.).

Die Krystalle kommen von allen Grössen, *grofs, mittlerer Gröfse, klein, sehr klein* vor. Die Säulen sind *durch-* und *aneinander gewachsen*, die Tafeln mannichfaltig, *zellig, garben- rosen- nieren- mandel-*förmig gruppirt, *sphäroidisch* zusammengehäuft. — Die Oberfl. der Krystalle ist zuweilen *rauh* und *drusig*, sonst *glatt*, die Säulen selten *sehr schwach der Quere nach gestreift*. — Aeufserlich *glänzend*, meist *stark glänzend*, inw. *stark glänzend* von *Perlmuttergl.* der sich dem *Fettgl.* nähert, bei einigen Säulen *vollkommner Fettgl.* — Br. *mehr oder weniger vollkommen blättr. 3f. Drchg.*, zwei ein wenig schiefwinkl., die dritte diese fast rechtwinkl. schneidend. Zuweilen erhält man, nach einigen Querrichtungen einen *zieml. vollk. flachmuschl.* Br. — Brchst. *fast rhomboidal.* — Abgeſ. St. *dünn-* bis *sehr dick- und geradschaal.*, an einem Ende *keilförmig zulaufend.* Diese in einer *grobkörnigen* Absonder. versammelt, geben im Querdurchschnitt das Ansehen vom *strahligen Bruche*. Einige säulenförmige Krystalle (Werners Säulenspath) sind mit *unter einanderlaufend stänglicher* und *längl. körn.* Absndr. zusammengedrängt. — *Drchschnd.* bis völlig *drchstg.* (Str. Br. *doppelt*). — Ritzt den Kalkspath, wird aber vom Flussspath geritzt. — *N. snd. spr.* (weniger als Kalkspath). — *l. zrspr.* — 4,342 Gellert, 4,356 K.

Schmilzt vor dem Löthrohr in ein weisses, festes Email, welches nach einigen Stunden in Staub zerfällt. Verwandelt sich, durch die Hitze leicht in einen Schwefel-Baryt, wenn man ihn daher erhitzt, und nach dem Erkalten auf die Zunge bringt, so bringt er einen Geschmack nach faulen Eyern hervor. Kalcinirt gehört er zu den Phosphoren, die, dem Sonnenlicht ausgesetzt, nachher im Dunkeln mit einem röthlichen Schein leuchten. Schwefels. Baryt 97,50, schwefels. Strontian 0,85, Wasser 0,10, Eis. 0,80, Thon 0,05 Kl. Obgleich, wie die Erfahrungen von Meyer, Lowiz, Westrumb und Hoffmann beweisen, fast aller Schwerspath etwas schwefels. Strontian enthält, so darf man den geringen Gehalt, so wie den Eisen- und Thongehalt kaum für wesentlich halten, um so mehr, da Klaproth alle diese Bestandtheile in dem körnigen Schwerspath nicht fand. Der schwefels. Baryt besteht nach Fourcroy aus 13 Schwefels. 84 Baryt, wie er natürlich gefunden; aus 33 Säure, 64 Baryt, 3 Wasser, wenn er künstlich bereitet wird. Mit diesem letztern Verhältniss stimmen so ziemlich die frühern Versuche von Buchholz und Richter überein, die 31 Säure und 69 Baryt, genauer die spätern von Withering, Buchholz und Rose, die 32,8 — 32,4 Säure und 67,2 — 67,6 Baryt gaben. Nach neuern Untersuchungen von Thenard und Berthollet sollte er aus 25,18 Säure und 74,82 Baryt bestehen, übereinstimmend mit Chenevix Analyse, die 24 Säure, 76 Baryt gab. Eine genaue Revision dieser Versuche von Rose brachte die Bestandtheile auf das von Buchholz angegebene Verhältniss zurück. Nach der Art, wie Berzelius das Verhältniss der Bestandtheile schätzt, liefert die Analyse von Buchholz, nicht wie er selbst angiebt, 32 S., 67 B., sondern 34,424 Säure und 65,576 Baryt, welches Berzelius nach einem Versuche auf 34,514 S., 65,686 B., nach einem andern auf 34,48 S. und 65,52 B. bestimmt, welches Verhältniss jetzt als das genaueste angesehen werden muss.

Man muss sich in der That wundern, dass ein Fossil, welches so häufig vorkommt, welches so auffallende Krystallisationsverhältnisse darbietet, und durch so viele in die Augen springende Kennzeichen ausgezeichnet ist, so lange hat verkannt werden können. Alle älteren Mineralogen verbanden es mit dem Gyps (siehe oben p. 211.)

unter dem Namen Gypſum ponderoſum. Wallerius iſt ungewiſs, ob er es zum Gyps oder zum Fluſsſpath rechnen ſoll. Vorzüglich erregte das bedeutende ſpecifiſche Gewicht allgemeine Aufmerkſamkeit, ſo daſs man ſchon ſehr frühe, wie Lavoiſier und Pelletier ſpäter, auf den Metallgehalt des Foſſils ſchloſs. Bekanntlich vermutheten die letztern die Metallität des Baryts. Erſt nachdem Gahn, ſpäter Scheele und Bergmann, die eigenthümliche Erde des Schwerſpaths entdeckten, trat dieſes Foſſil als eine eigene Gattung auf, und beſtimmte, indem es geſondert ward, zugleich den wahren Umfang der Gattung des Gypſes. Zwar iſt jetzt die Metallität des Baryts entdeckt, aber zugleich mit der Metallität aller übrigen Erden und Alkalien, und das bedeutende ſpecifiſche Gewicht bleibt nach dieſer Entdeckung ſo räthſelhaft wie zuvor. Er zeigt unter den Erden eine eben ſo merkwürdige Ausnahme, wie der Wolfram unter den Metallen. — Wir werden weiter unten von der Art-Abtheilung der gegenwärtigen Gattung zu reden Gelegenheit finden. Sie ſcheint uns, ſo wie ſie Werner entworfen hat, ſehr glücklich, nur fanden wir keinen Grund, den Säulenſpath von dem gradſchaaligen Baryt zu trennen. Der Fettglanz iſt dieſer Art keinesweges ausſchlieſsend eigenthümlich, die Farbenſuite verläuft in der des gradschaaligen Baryts, und hängt mit dieser genau zusammen, und die säulenförmige Absonderung, die diesem Schwerspath eigenthümlich ist, hängt lediglich von der Krystallisation ab. Den üblen Erfolg hat aber diese Artbestimmung gehabt, dass sie eine höchst unnatürliche Trennung der Krystallisationssuite veranlasst hat, ja eben durch diese Trennung ward Werner verhindert, die innere Organisation, den gesetzmässigen Zusammenhang der Krystalle darzustellen. Wenige Krystallisationssuiten sind so eigenthümlich, so klar von allen übrigen gesondert, und so schön unter sich verbunden wie diese.

Fundort. Der Schwerspath kömmt sehr häufig, ja wohl in allen gangführenden Urgebirgen, vor. Die hier beschriebene Art ist unter allen die häufigste, die ausgebreitetste und wichtigste. Sie kommt in denselben Formationen mit der krummschaaligen vor, und bildet, wie alle Arten des Schwerspaths 1 *nur Gänge*, sehr oft die Hauptgangmasse. Als Lager hat man ihn nie gefunden. Und er dient daher, wie der Flussspath dazu, die tiefe Eigenthümlichkeit der Gangbildung überhaupt zu beweisen, (siehe oben p. 198.). Sein häufiges Zusammentreffen mit dem Flussspath, theils auf den nämlichen Gängen, wo beide Fossilien nicht selten gemeinschaftlich die Hauptgangmasse bilden, theils auf verschiedenen nahe liegenden Gänge, ist höchst merkwürdig. Im Thüringer Waldgebirge, wo, wie wir oben beim Flussspath erwähnten, ein von mehrern Mineralogen für ein Lager angesehener mächtiger Flussspathgang vorkömmt, findet man auch in seiner Nähe einen sehr mächtigen fast reinen Schwerspathgang, dessen Ausgehendes, nahe beim Dorfe einen eignen Berg bildet. Auch dieser ward für ein Lager gehalten, ist aber ohne Zweifel ein Gang. Gänge, deren Haupt- oder Mitbestandtheil, Schwerspath, vor allen der gradschaalige, ist, kommen in Granit, Gneus, Glimmerschiefer, Porphyr, Grauwacke, Kalkstein u. s. w. vor, von mannichfaltigen Formationen. So im Erzgebirge mit Fahlerz, Kupferkies, Bleiglanz — mit gediegen Silber, Glanzerz, weissem Speisskobalt — mit lichtem Rothgültigerz, gediegen Arsenik, rothem Rauschgelb, Kupfernickel, Kobalt, etwas gediegen Silber — mit dendritischem Silber, etwas Braunspath, Glanzerz — Anflug, mit Erdkobalten, mit Grauspiessglanzerz, mit Graubraunsteinerz. Sehr häufig; sind zuweilen mächtige Schwerspathgänge, fast ausschliessend mit Roth- und Brauneisenstein. Die am meisten ausgezeichneten Krystalle findet man bei Offenbanya und Kapnik in Siebenbirgen, bei Schemnitz und Kremnitz in Ungarn, an mehrern Orten im Erzgebirge, bei Iberg am Harz, Var. 21.

und 29. bei Roya in Auvergne u. f. w. Der Säulenfpath ift felten, man findet ihn im Erzgebirge auf dem reichen Troft zu Conradsdorf, der blaue zu Schwarzenberg, die fchönften Kryftalle noch am häufigften zu Marienberg. Leonhard I. p. 38. u. III. 12. geradfchal. Baryt, I. 46. fäuliger Baryt.

Cronftedt §. 18. p. 26. Gypsfpath, fchwerer Spath. Marmor metallicum. Wallerius 1. p. 168. gen. 13. spec. 74, Gypsum irregulare spataceum, gravissimum. Gypsum spatosum zum Theil. Kirvan 1. p. 193. De l'Isle 1. p. 586. u. f. unter Spath seleniteux, die Varr oben bei den Kryftallen angeführt. Hauy 2. p. 333. Tabl. comp p. 12. u. p. 141. Lucas 2. p 56. Reufs 2 2. p. 445. geradfchaaliger Baryt p. 455. fäuliger Baryt. Mohs 2. p. 209. geradfchaaliger Schwerfpath p. 226. Säulenfpath. Brochant 1. p. 624. tabell. Ueberf. p. 40. fchaaliger Baryt, ib. fäuliger. Karften p. 54. gemeiner Baryt. Brongniart 1. p. 250.

MULMIGER GRADSCHAALIGER SCHWERSPATH, Wr. *Gräul- gelbl- röthl-* W. — *derb* — *wenig glänzend* — Br. *undeutl. blättr.* — Brchft. *unbeft. eck.* — *dünn-* und *grad fchaalig* abgef. — *drchfchnd. an den Kanten* und *undrchftg.* — *fehr weich* — *milde* — *fehr l. zrfpr.* —

Die von Werner angeführte halbverwitterte Abart des gradfchaaligen Schwerfpaths, verhält fich zu diefem, wie der aufgelöfte gemeine Feldſpath ſich zu ſeiner Hauptart verhält (1. Th. p. 437.). Man findet ihn im Erzgebirge auf Gängen, wie auf alten Morgenſtern, unverhoften Segen Gottes bei Oberſchöna, mit Silberſchwärze.

Reuſs 2 a. p. 454. Mohs 2. p. 209. tabell. Ueberſ. p. 40. Karſten p. 64. Brochant 1. p. 631.

b) KRUMMSCHAALIGER SCHWERSPATH, Wr. (Baryte ſulfatée cretée, H.). *Gelbl- gräul- röthl-* W., aus dem graul-Weiſsen ins *bläul- rauch- gelbl- aſch-* Gr., aus dem röthl-Weiſsen ins *fleiſch- blut- bräunl-* R. Faſt alle Farben ſchmuzig und ins gräuliche, zuweilen mehrere *in breiten Streifen* vereinigt — *derb, langkuglich, nierenförmig, dattelförmig,* ſelten *klein-ſtaudenförmig* und kryſtalliſirt in kleinen und ſehr kleinen länglich flachen Linſen (eine Abänderung der trapeziſchen Varietät, wo die Kanten verwiſcht und abgerundet ſind). Die Linſen ſind *kuglich, nierenförmig, zellig zuſammengehäuft.* Auch die beſondern Geſtalten zeigen oft eine Neigung zur Linſenform und haben dann eine *druſige Oberfläche.* — Inw. *glänzend* und *wenig glänzend* von einem Mittel zwiſchen *Perlmutter-* und *Fettglanz* — Br. *blumig-* und *krummblättr.* ins *ſplittriche* — Brchſt. *unbeſt. eck., nicht ſnd. ſchrfk.* — *Sehr dick* und *dick krummschaalig* abgeſ., nach der Oberfläche der beſondern äuſsern Geſtalten *gebogen*, wonach ſich auch die Farbenzeichnung richtet — *drchſchnd*, — *weich* — *nicht ſndr. ſpr.* — *zrſpr.* — 4,300 Kirvan, 4,239 K.

Chemiſches Verhältniſs wie der gradſchaalige Schwerſpath.

Die äuſsern Geſtalten, die eigenthümliche Linſenform, Bruch und Abſonderung charakteriſiren dieſe Art, ſowohl als das geognoſtiſche Vorkommen.

Fundort. Er iſt eine der gemeinſten Arten des Schwerſpaths und bildet im Freiberger Revier eine eigene Gangformation mit Strahlkies, ſilberarmen Bleiglanz, brauner Blende, Kalkſpath, Fluſsſpath. Bei Gersdorf kommen die Linſen mit Fluſsſpath vor. In dem genannten Erzrevier ſetzen dieſe Gänge im Gneus auf, und gehören zu den neuern Formationen, welche die meiſten übrigen Gänge beim Kreuzen durchſetzen. In Derbyſhire kommen ähnliche Gänge in Flöz- (Uebergangs?) kalk vor. Sonſt auf dem Harz, in Schweden u. ſ. w. Leonhard I. p. 44. u. III. 13.

Kirvan 1. p. 195. Hauy 2. p. 342. Lucas 2. p 60. Reuſs 2, 2. p. 453. Mohs 2. p. 207. tabell- Ueberſ. p. 40. Karſten p. 54. Brochant 1. p. 621.

c) FASRIGER SCHWERSPATH. *Gelbl*-W. ins *Gelbe*. *Gelb*-Br. ins *Graue* — zwiſchen *nierenförmig knollig* und *traubig* — *wenig glänzend* — Br. *büſchelförmig aus einanderlaufend fasrig* ins *ſtrahlige* — Brchſt. *unbeſt. eck.* — *Groſs*- und *grobkörnig* abgeſ. — Uebrigens wie die vorige Art, nur leichter, 4,080 Klaproth.

99 ſchwefelſ. Baryt mit einer Spur von Eiſenoxyd. Kl.

Dieſe Art, zuerſt von Karſten beſtimmt, ſcheint nach der Analyſe von Klaproth unter allen Arten des Schwerſpaths den reinſten ſchwefelſauren Baryt darzuſtellen. Durch die ſpecifiſche Schwere nähert ſie ſich dem Stangenſpath durch den aus einanderlaufend fasrigen Bruch dem Bologneſerſpath.

Fundort. Kommt in der Pfalz bei Neu-Leiningen vor, ein gelblich brauner Schwerſpath mit blumig blättrigem Bruch, dieſer Art nahe verwandt, kömmt in England vor, und ein fasriger, der offenbar hierher gehört, welcher eine Zeichnung, wie der Natrolith, und Anlage zur Glaskopfſtruktur zeigt, bei Mier in Böhmen. Nöggerath hat eine Beſchreibung von den Hauyſchen bei Lüttich geliefert. (Moll n. Jahrb. 2. 362.). Leonh. I. p. 38.

Klap-

Klaproths Beiträge 3. p. 286. Reufs 2. 3. p 670. tabell. Uebers. p. 40. Karsten p. 54. Tabl comp p. 13. Lucas 2. p 60.

d) KÖRNIGER SCHWERSPATH, Wr. (Baryte sulfatée granulaire, H). *Schnee- gelbl- milch- graulich-* W., *licht* und *dunkel asch*-Gr. *röthlich- weifs, blafs - gräulich* und zuweilen *gelblich gefleckt* — *derb* — *glänzend* bis ins *Schimmernde* — Br. *klein-* und *feinblättrig* bis ins *Dichte* (dann *splittr.*) — Brchst. Im Grofsen *unbest. eck. stumpfk.* — *klein-* und *feinkörnig* abgef. Diefe Abfonderung verliert fich ins Dichte — *Drchfchnd.*, zuweilen nur *an den Kanten* — Uebrigens wie b. 4,380 Kl. 4,413 K.

60 Baryt, 50 Schwefelf., 10 Kiefel. Kl.

Diefe Art verhält fich zum gradfchaaligen Schwerfpath, wie der körnige Kalkftein zum Kalkfpath. Diefe Art, wie b, ift zuerft durch Werner beftimmt.

Fundort. Der weifse kömmt auf Bleiglanzlagern in Steiermark, der graue auf dem liegenden Stock von Rammelsberg vor. In Norwegen bricht er mit Schwefelkies und Epidot, auf dem Schlangenberg in Siberien foll er eine Gangart ausmachen. Leonhard I. p. 44. u. III. 13. körniger Baryt.

Reufs 2. 2. p. 441. Mohs 2. p. 209. Tabl. comp. p. 13. Lucas 2. p. 60. tabell. Uebers.

p. 40. Karsten p. 54. Brochant 1. p. 620. Brongniart 1. p. 253.

e) DICHTER SCHWERSPATH, Wr. (Baryte sulfatée compacte, H.), *Gelbl. röthl.* W. — *derb, eingeſprengt, nierenförmig, knollig, kuglich, mit Eindrücken*, (meiſt *würfliche*) — Oberfl. oft *rauh* und *druſig* — *ſchimmernd* bis ins *Wenig glänzende* — Br. *groberdig* ins *unebene von kleinem und feinem Korn* mit einem Uebergang zum *unvollkommen und kleinblättrigen* — Brchſt. *unbeſt. eck. ſtumpfk.* — Zuweilen *krumm* - und *dickſchaalig* abgeſ. — *Undrchſtg.* zuweilen *ſchwach an den Kanten drchſchnd.* — *ſehr weich* — *milde* — *l. zrſpr.* — 4,484. K.

Schwefelſ. Baryt, 83, Kieſel 6, Thon 1. (?), Waſſer 2, Eiſ. 4. Weſtrumb.

Dieſe Art, die, wie die vorigen alle, (c ausgenommen) von Werner beſtimmt iſt, bildet einen Uebergang in den körnigen Schwerſpath, einerſeits, andererſeits in die folgende Art, und wird auf eine eigenthümliche Weiſe geſondert, nicht allein durch den Bruch, ſondern auch durch die Weichheit, ſo, daſs ſie unter allen feſten Schwerſpatharten die geringſte Härte beſitzt.

Fundort. Er kömmt, wenn gleich ſelten, auf Schwerſpathgängen vor, wie im Freiberg.

Reviere und bei Gersdorf. Unter ähnlichen Verhältnissen findet man ihn in Derbyshire. Leonhard I. p. 36. u. III. p. 12. Dichter Baryt.

Kirvan 1. p 191. Hauy 2. p. 343. Tabl. comp. p. 13. Lucas 2. p. 60. Reuss 2. 2 p. 438. Mohs 2. p. 206. tabell. Uebers. p. 40. Karsten p. 54. Brochant 1. p. 618. Brongniart 1. p. 257.

Hausmann erwähnt (Entwurf p. 133.) einen *schiefrigen dichten Baryt* bei Ringelsdorf. *Dunkelrauchgrau*, dem *graulichschwarzen* nahe — *matt* — Br. *flachmuschlich* ins *kleinsplittr.*, *auch ins ebene* — *gradschiefrig* abges. — *undrchst.* — *giebt einen lichtaschgrauen Strch.* — *weich.*

f) SCHWERSPATHERDE, Wr. *Gelbl - röthl-W.* — *derb, staubartige* und *schuppige Theile* — *schwachschimmernd* — *färbt wenig ab* — *lose und zusammengebacken* — *etwas mager und rauh.* — *Etwas leichter als die übrigen Arten.*

Diese Art bildet einen Uebergang in die vorige.

Fundort. Kömmt, wie e, auf Gängen vor, so auf Krieg und Frieden bei Freiberg, auf Dreifaltigkeit zu Duttweiler, in Derbyshire. Leonhard I. p. 37. erdiger Baryt.

g) STANGENSPATH, Wr. (Baryte sulfatée bacillaire, H.). *Milch - gelbl - grünl* - W., selten *gelbl.* und *grünl* - Gr. bis ins *oliven* - Grn. — kryſtalliſirt in nadelförmigen geſchobenen 4ſ. Säulen, mittlerer Gröſse, die *ſtangenförmig zuſammengehäuft* und *durch einander gewachſen ſind.* — Aeuſserl. *glänzend* und *wenig glänzend,* inwend. *glänzend* von *Perlmuttergl.* — *drchſchnd.* — 4,079 K. die übrigen Kennzeichen wie bei a.

63,00 Baryt, 3,1 Strontian, 32 Schwefelſ., 1,2 Waſſer, 1,5 Eiſen. Lampadius.

Dieſe Art verdient allerdings nach Werner geſondert zu werden. Sie iſt durch Form und Zuſammenhäufung der Kryſtalle, durch Glanz, und wie es ſcheint, ſelbſt einigermaſsen durch geringere Schwere charakteriſirt. Hat in Farbe, Kryſtalliſation und Glanz viele Aehnlichkeit mit Weiſsbleierz.

Fundort. Sehr ſelten. Bei Freiberg, auf dem ſeit vielen Jahren verlaſſenen Bau Lorenz Gegentrum. In der Nullſchen Sammlung ein von Haidinger aus England gebrachtes Exemplar. Leonh. I. p. 47. Stänglicher Baryt.

Kirvan 1. p. 196. Hauy 2. p. 342 Tabl. compar. p. 13. Lucas 2. p. 60. Reuſs 2. 2. p. 458. ſtänglicher Baryt. Mohs 2. p. 225. tabell. Ueberſ. p. 40. stänglicher Baryt. Karſten

p. 54. eben so. Brochant 1. p. 631. a. Brongniart 1. p. 250.

BOLOGNESERSPATH, Wr. (Baryte sulfatée radiée, H.). *Asch-rauch*-Gr., selten ins *grünliche* — in *stumpfeckigen* und *sphäroidisch — rundlichen Stücken* — Oberfl. *uneben* und *etwas netzförmig* — äusserl. *schimmernd*, ins *matte* — inw. *glänzend* ins *weniggl.*, zwischen *Fett- und Perlmuttergl.* — Br. *büschelförmig auseinander*, *krumm*- und *gleichlaufend fasrig*, zuweilen, nur nach gewissen Richtungen *blättr.* — Brchst. *langsplittr.* — *Grob*- und *eckig-körnig* abgel. — *drchschnd.* — Uebrigens wie a. — 4,397. K.

62 schwefels. Baryt, 6 schwefels. Kalk, 16 Kiesel, 14,75 Thon (?) 2 Wasser, 0,25 Eisen. Arvidson.

Diese Art war, unter der noch angenommenen Benennung, seit sehr langer Zeit bekannt. Sie ward 1630 von Vincenz Cascariolo, einem Schuster zu Bologna entdeckt, der zuerst wahrnahm, dass sie im Dunkeln durch ihren eignen Glanz sichtbar ward, wenn sie eine Zeitlang im Lichte gelegen hatte. Liceti, Kircher, Mentzel, Marsigli, Galeati untersuchten diese Eigenschaft genauer, und der Bologneserspath spielte, das ganze siebzehnte Jahrhundert hindurch, in der Physik eine bedeutende Rolle.

Seine Phosphorescenz war es vorzüglich, welche die Aufmerksamkeit auf die Eigenschaften der natürlichen und künstlichen Phosphoren hinlenkte. Von rechtswegen ist diese Art gesondert. Sie ist durch Farbe, Gestalt, Bruch und geognostisches Vorkommen auf eine sehr eigenthümliche Weise bezeichnet.

Fundort. Der bekannteste und berühmteste ist Monte Paterno bei Bologna, wo dieses Fossil zuerst entdeckt ward. Auch bei Rimini und in Jütland, in der Nähe von Fridricia, wird es gefunden. Die Form ist *ursprünglich*, wie die Beziehung der Oberfläche gegen den Bruch beweist. Die Neuheit der Formation zeigt das Vorkommen. Der Bologneserspath wird nämlich in Letten und Mergelschichten gefunden, aus welchen er durch Regenfluthen ausgewaschen wird. Leonh. I. p. 417. u. III. 14. Strahliger Baryt.

Cronstedt §. 18. spathartiger Gyps 2. schwerer Spath. Marmor metallicum, 1) Bologneserspath. Waller, gen. 13 spec. 74. 1. p 169. Gypsum spatosum, globosum, semipellucidum. Lapis Bononiensis Phosphorus bononiensis, Syst. Nat. XII. 3. p. 99. Muria (phosphorea) lapidosa spatosa aggregata lenticularis centricosofissilis subeffervescens. Kirvan 1. p 195 Hauy 2. p 342. Tabl. comp. 13. Lucas 2, p. 60. Reuss 2. a. p. 460. strahliger Baryt Mohs 2. p. 226. tabell. Uebers. p. 40. strahliger Baryt. Karsten

p. 59. ebenso. Brochant 1. p. 633. Brongniart 1. p. 251.

21.

HEPATIT, Karsten. (Baryte sulfatée fetide, H.). *Graul*-W, ins *gelbl*-*rauch*-Gr. bis ins *graul*-Schw., (besonders der von Andrarum) — *derb*, und *im plattgedrückter kuglicher Gestalt* (der von Andrarum) — *aussen schimmernd*, dem *Fettgl. nahe*: — inw. *weniggl.* und *glänzend* von *Glasgl.* — Br. *krummblättr.* zum Theil *blumig gekrümmt* — Brchst. *unbest. eck.*, *nicht snd. stumpfk.* — *grob*- und *kleinkörnig abges.*, zuweilen im Kleinen *schaalig* abges., welche Absndr. wieder *grosskörniger vereinigt sind* — *undrchst.* — *weich* — *etwas milde* — 4,120 Kl. 4,400 John.

Giebt gerieben und in der Hitze einen mässigen Geruch von Schwefelwasserstoffgas. Baryt 29, Kiesel 33, Thon 5, Kalk 3,7, Schwefels. und Wasser. Bergmann, der von Andrarum. schwefels. Baryt 92.75, Kohle und Bitumen 2,00, schwefels. Kalk 2,00, Eis. 1,50, Wasser 1,25, dann unwägbare Quantitäten von Schwefelverbindung, Mangan, Chroms. (?) und Thon. John, ebendaher. Schwefels. Baryt 85,25, schwefels. Kalk 6,00, Eisenoxydul 5,00, Thon 1,00, Kohle 0,50, Verl. mit Einschluss der Feuchtigkeit und des Schwefels 2,25 Kl. eben daher; schwefelf. Baryt mit einer Spur von schwefelf. Strontian 93,55, schwefelf. Kalk 3,58, Eis. 0,87, Wasser 2,00, kohlige Substanz, Schwefelverbindung und Thon, John, der von Kongsberg.

Dieses Fossil war schon den ältern Mineralogen bekannt. Cronstedt nannte es Leberstein, und unterschied es mit Wallerius sehr wohl von dem Stinkstein, was schon deswegen leicht war, weil es nicht mit Säuren braust. Dass sie es mit Gyps verwechselten, war natürlich, da ihnen das Eigenthümliche des Schwerspaths überhaupt unbekannt war. Später ward es von den Mineralogen vernachlässigt, und Werner hat es in seinem System nicht aufgenommen, obgleich es durch Farbe, Glanz und eigenthümlichen Geruch sich auszeichnet. Der Umfang der Gattung ist uns im Ganzen zu wenig bekannt, als dass wir wagen sollten, sie in Arten einzutheilen, wozu die wohl nicht ganz zuverlässige Analyse von John nicht berechtigen kann.

Fundort. Kömmt nierenförmig im Uebergangs-Alaunschiefer bei Andrarum und Fuglesang in Schonen und mit Kohlenblende im Gneis bei Kongsberg in Norwegen vor. Leonhard I. p. 432. u. III. p. 92.

Cronstedt §. 24. p. 31. mit brennbarem Wesen und vitriolischer Säure vermischte Kalkerde, Leberstein. Wallerius gen. 13. spec. 76. 1. p. 172. Gypsum textura irregulari, facie spathosa, frictione foetidum. Lapis hepaticus Syst. Nat. XII. 3. p. 112. Bitumen (hepaticum) gypseum, foetidum, amorphum. Kirvan 1. p. 196. Hauy 2. p. 344. Tabl. comp. p. 13. Lucas 2. p. 61. Reuss 2. 2. p. 463. tabell. Uebers. p. 40. Karsten p. 54. Brochant 1. p. 608. u. 636. Brongniart 1. p. 253.

22.

WITHERIT, Wr. (Baryte carbonatée, H.). *Gelbl-graul*-W., *gelbl*- zuweilen ins *bläulgrünl*-Gr. — *derb, grofskuglich, grofsnierenförmig, grofstraubig* und kryftallif. (Kerng. ein etwas ftumpfes Rhomboëder, Neig. der Seitenfl. gegen eine Endfl. 88° 6′ gegen eine andere 91° 54′. Diefe Kerng. hat Hauy in feinem Tabl. compar. gegeben, gefteht indeffen, dafs er fie nur durch Approximation zu beftimmen im Stande wäre. Früher in feiner Mineralogie behauptete er, dafs die Durchgänge in longitudinärer Richtung auf ein reguläres 6f. Prisma hindeuteten. Bournon, in deffen Sammlung eine feltene Menge deutlicher Kryftalle vorkömmt, glaubt noch immer, dafs diefe frühere Vermuthung von Hauy die richtigere fey. (Collection p. 16.).

1) Zugeſpitzter 6ſ. S., 6ſ. zugeſp., ſo daſs die Zuſpgfl. auf die Stfl. aufgeſ. ſind.

2) Ringfacettirter (baryte carbonatée annulaire, T. XLV. t. 47.) no. 1 die Spitze der Zuſpg. abgeſt., zuweilen ſo ſtark, daſs die Zuſpgfl. nur als Abſtgfl. der Endk. erſcheinen.

3) Doppelt zugeſpitzter no. 1. mit einer zweiten ſehr ſtumpfen Zuſpg, die aber nur als eine Abſtg. der Endk. anzuſehen iſt.

4) Dodecaëdriſcher, wenn bei no. 1. die nach und nach niedriger werdende Säule ganz verſchwindet, ſo daſs die doppelt 6ſ. Zuſpg. allein übrig bleibt. (Bournon l c.).

5) Tafelformiger. Eine gleichſeitige 6ſ. Tafel, an allen Seiten zugeſchrft. Entſteht aus no. 4, wenn die Abſtgf. no. 2. ſehr ſtark wird, wo dann die Zuſchrfg. der Tafel der Reſt der doppelt 6ſ. Pyr. iſt.

(Reuſs nennt auſserdem eine mehr lange als breite ſechsſeitige Tafel, an den Ecken abgeſt.; eine etwas geſchobene dicke 4ſ. S. mit ſchief angeſetzten Endfl. und undeutl. abgeſt. Ecken; eine ſtark geſchobene 4ſ. T., an den gegenüber ſtehenden ſtumpfen Ecken zugeſchrft.; die 3ſ. Pyr.; die flache doppelt 6ſ Pyr., an den Kanten der gemeinſchaftl Grundfl. ſchwach zugeſchrft, und an den Spitzen zuweilen ſchwächer oder ſtärker abgeſt. Dieſe Kryſtalle ſollen, die 3f. Pyr. ausgenommen, in Steiermark vorkommen. Hauy kennt, nach Tabl. comp. nur 3 Varietäten).

Die Kryſtalle ſind ſelten *mittlerer Gröſse*, meiſt *klein* und *ſehr klein*. *Einzelne* in derbem Witherit *eingewachſen*, *zuſammengehäuſt in Druſen*. — Die Oberfläche der Kryſtalle *glatt*, bei den beſondern äuſsern Geſtalten mit einer *rauhen, mehlartigen Haut* überzogen. — Aeuſserl. *wenig glänzend* ins *Glänzende* übergehend, der Hauptbr. *glänzend*, der Querbr. *wenig glänzend* von *Fettgl.* — Der Hauptbr. *blumigblättr.* von *mehrfachen* (2 vielleicht 3f.) *Drchg. der Blätter*, immer in der Richtung des Hauptbr., aus dieſem in *ſchmal*- und *büſchelförmig ſtrahlig*. Der Querbr. *uneben von feinem Korne* ins *feinſplittr.* — Brſt. *unbeſt. eck.* meiſt *keilförmig* — *dünnſtänglig* und *groſskörnig* abgeſ. — *drchſchnd.*, einzelne Kryſtalle *halbdrchſtg.* — ritzt den Kalkſpath, wird aber vom Fluſsſpath geritzt — *weich* — *n. ſnd. ſpr.* — *l zrſpr.* — 4,271 Lichtenberg, 4,291 H., 4,361 K. — Phosphoriscirt im Dunkeln, wenn er pulveriſirt auf glühende Kohlen geworfen wird.

Unſchmelzbar vor dem Löthrohr. Brauſt ſchwach mit Salpeterſäure und löſt ſich in dieſer auf, nachdem er anfangs einen ſchönen weissen Bodensatz gebildet hat. Baryt 65, Kohlens. 65, Wasser 28 Bergmann; Baryt 62, Kohlens. 22, Wasser 16 Pelletier; Baryt 90, Kohlens. 10 Fourcroy; Baryt 74,5, Kohlens. 25,5 Vq. Baryt 78,6, Kohlens. 21,4 Withering; Baryt 78, Kohlens. 22 Kl. Baryt 76,6, Kohlens. 20, Wasser 0,3 Buchholz frühere, der geglühete 79 Baryt, 21 Kohlens. Buchholz spätere Analyse. Nach diesem stimmen Witherings und Klaproths Analysen mit Buchholz späterer genau überein, und ihre Resultate sind als die sichersten anzusehen.

Diese merkwürdige Gattung ist von Withering entdeckt, auch von ihm, wie wir hier gesehen haben, mit musterhafter Genauigkeit analysirt, von Werner nach dem Entdecker genannt. Die Gattung ist oryktognostisch sehr bestimmt, und durch Farbe, Glanz, Bruch, Schwere bezeichnet. Wenn das krystallinische Verhältnis durch Untersuchung deutlicher Formen, die bis jetzt selten waren, genauer bestimmt seyn wird, dürfte auch die Krystallisationssuite interessant werden. Alle mir bekannte, und oben angeführte Krystallisationen reduciren sich auf die sechsseitige Säule, die ich, mit Bournon als die wahrscheinliche primitive Gestalt betrachten möchte, denn auch der Hauptbruch scheint, nach einigen Stücken, die ich zu untersuchen Gelegenheit hatte, auf einen dreifachen Durchgang zu deuten. Die von Reufs angeführte gelchobene vierfeitige Säule und Tafel aus Steiermark, die mir nicht genau bekannt find, würden diefer Annahme wohl nicht widerfprechen. Merkwürdig ift die giftige Eigenfchaft, die dem natürlichen Witherit, nach Pelletier's Verfuchen in viel höherm Grade, als dem künftlichen zukömmt. Es wäre intereffant, diefe Verfuche zu wiederholen, nachdem man fich, wie Klaproth und Buchholz überzeugt hätte, dafs der künftliche und natürliche völlig das nämliche Verhältnifs der Beftandtheile enthielten.

Fundort. Entdeckt in Anglefark in der Graffchaft Lancafhire, wo er in den obern Teufen einer aus gradfchaaligen Schwerfpath beftehenden Gangart, die Bleiglanz, braune Blende, Schwefelkies, und, als Seltenheit, Galmey führt, vorkömmt. Er bildet da einen Uebergang in den Schwerfpath. Dafs er durch eine Umwandlung des Schwerfpaths fpäter entftanden feyn follte, fcheint bei der bekannten höchft energifchen, durch chemifche Kunft fchwer zu überwindenden Verwandtfchaft der Schwefelfäure zum Baryt, nicht leicht zu erklären. In Steiermark ift er mit Spatheifenftein ganz verwachfen, auch bei Slana in Ungarn foll er auf eine ähnliche

Weiſe vorkommen. Vom Schlangenberg in Sibirien, kenne ich nur derbe Stücke, die dem engliſchen vollkommen ähnlich ſind. Leonhard II. p. 540.

Withering Philos. Trans. vol. 74. P. 2. p. 293. Kirwan 1. p. 184. Hauy 2. p. 349. Tabl. compar. p. 13. u. no. 17. p. 142. Lucas 2 p. 61. Reuſs 2. 2. p. 430. Mohs 2. p. 200. tabell. Ueberſ. p. 39. Karſten p. 54. Brochant 1. p. 613. Brongniart 1. p. 255.

23.

COELESTIN, Wr. (Strontiane sulfatée, H.).

a) BLÄTTRIGER CAELESTIN. *Milch - graul-gelbl* - W., *blaul* Gr., *himmel - indig* - Bl. ſelten ins *pfirſichblüth* - R. — *derb* und kryſtalliſ. (Kerng. Ein grades Prisma mit Rhomben-Flächen (T. XXXVI f. 120.), deſſen Winkel 104° 48′ und 75° 12′. Die mit den Grundflächen parallel gehenden Schnitte fallen ſehr ſcharf aus, die, welche nach der Richtung der Seitenfl. gehen, viel weniger. Das Prisma theilt ſich noch weiter nach der Richtung zweier Ebenen, welche durch die Diagonalen der Grundflächen hindurchgehen. Dieſe letztern ſind nur, gegen ein lebhaftes Licht gehalten, gut zu bemerken. Integr. Molec. Ein grades 3ſ. Prisma mit rechtwinklichen Grundfl.).

1) Unitairer (strontiane sulfatée unitaire f. 121.). Eine etwas geschobene 4f. S. an den Enden zugeschrft., die Zuschrfgfl. auf die gegenüberstehenden stumpfen Stfl. aufges. Neig. der Zuschrfgfl. gegen einander 104° 48', der Stfl. gegeneinander nach einer Richtung 77° 2', nach einer andern 102° 58'. De l'Isle 1. p. 587. T. III. f. 53. Die Zuschrfgfl. gehören der Kerng.

2) Weggestumpfter (emoussée f. 122.) no. 1. die scharfen Stk abgest. Neig. dieser Abstgfl. gegen die Stfl. 128° 31'. Die Abstgfl. gehoren der Kerng., so dass die Stfl. der Säule, als Zschrfgfl. der Endfl. der Kerngestalt zu betrachten sind.

3) Dodecaëdrischer (dodecaedré f. 124.) no. 1. die Ecken, welche die Zuschrfgfl. mit den scharfen Stk. bilden, stark abgest. Die Abstpfgfl. schief aufges. Neig. dieser Abstgfl. gegen die Stfl. 78° 28'. De l'Isle 1. p. 593. var. 4.

4) Enteckter (epointée f. 125.) no. 3. an den scharfen Stk. abgest. Neig. der Abstpgfl. no. 3. gegen diese neue Abstgfl. 140° 46'.

5) Ringsumdecreszirender (entourée f. 126.) no. 4. die vier Kanten zwischen den Zuschrfgfl. und den Abstgfl. no. 3. abgest., die Abstgfl. schief aufges. Neig dieser Abstgfl. gegen die Zuschrfgfl. 154° 6' gegen einander 128° 12'.

6) Kernwendender (anamorphique T. XXXVII. f. 127.) die geschobene 4ſ. S. an allen Endk. an den gegenüberſtehenden Stk. und dazu gehörigen Ecken abgeſt. Entſteht, indem die Zuſchrfgk. no. 1. abgeſt. iſt, die Abſtgfl. no. 3. und 5 aber ſo zunehmen, daſs ſie die Zuſchrfgfl. ganz verdrängen.

7) Apotomiſcher (apotome Journ. d. m. t. 23. p. 431.) die Säule no. 1, an beiden Enden 4ſ. zugeſp., ſo daſs die Zuſpgfl. auf die Stk. aufgeſ. ſind. Neig. der Zuſpgfl. gegeneinander 161° 16′.

8) Bisunitairer (bisunitaire f. 125.), eine längl. vollk. 6ſ. T. Die Säule no. 2. ſehr niedrig und ohne Zuſchrfg. Zwei gegen einander überſtehende Endfl. der T. gehören der Kerng. Bei den Argauer Tafeln ſind Spuren der Zuſchrfg. **Bronner.**

9) Achtſeitiger no. 7. Zwei einander gegenüberſtehende Kanten der Endfl. abgeſt. Ebenfalls mit Spuren der Zuſchrfg. **Bronner.**

(**Hausmann** hat (**Gilberts** Annalen 16. 4. p. 420.) zwei neue Varietäten, nämlich rechtwinkl. 4ſ. T. an zwei oder ſämmtlichen Seiten zugeſchärft entdeckt).

Die Kryſtalle *büſchelförmig zuſammengehäuft. Mittlerer Gröſse* und *klein.* — Aeuſserl. *ſtark glänzend,* inwend. *glänzend* und *wenig gl.* von *einem Mittel zwischen Perlmuttergl. und Fettgl.* — Br. *unvollk. blättr. 3f. Drch.*, zwei parallel mit den Stfl.; dieser Br. geht über ins *breit* - und *aus einander laufend strahlige*, der gewöhnliche Querbr. ist *uneben.* — Brchst. *unbest. eck.*, *rhomboidal*, zuweilen *keilförmig* — der tafelartige *dünn* - und *zieml. gradschaalig abges.* mit *glänzenden* Absnrgfl. — *drchschnd.*, die Krystalle oft *drchsig.* (Stbr. dpp.) — *weich* — ritzt den Kalkspath, wird vom Flussspath geritzt — *wenig spröde* — 3,510 — 3,960. Clayfield, 3,967 K.

Erregt auf der Zunge einen etwas scharfen Geschmack. Färbt den blauen Theil der Flammenspitze vorm Löthrohr schwach roth. Strontian 54, Schwefels. 46 Vq. der von Sicilien; Strontian 57, Schwefels. 43 Rose, Strontian 56, Schwefels. 40,38, Wasser 3,37, Eis. 0,25, der von Monteviale, Moretti, schwefels. Strontian 97,208, schwefels. Baryt 2,222, Kiesel 0,254, Eisenoxydul 0,116, Wasser und eine Spur von Petroleum 0,190. Stromeyer, der aus dem Hannöverschen.

Die auffallend schönen und grossen Krystalle in Sicilien waren schon Dolomieu sehr frühe bekannt, De l'Isle rechnete sie zu den Schwerspathen, und selbst, nachdem Klaproth die Eigenthümlichkeit der Strontianerde entdeckt hatte, wuſste man dennoch nicht alle Coeleſtin-Kryſtalle von den Schwerſpathkryſtallen in den Sammlungen zu ſcheiden. Auch iſt die Aehnlichkeit ſehr groſs. In der Farbe unterſcheidet ſich der Coeleſtin nur etwa durch das mehr hervortretende Blau, wovon bei den Schwerſpathkryſtallen nur ſchwache Andeutungen vorkommen, die vielleicht auch da auf den characteriſirenden Strontian hindeuten, der Glanz iſt bei beiden Gattungen der nämliche, im Bruche findet man den nämlichen dreifachen Durchgang, nur iſt der blättrige Bruch überhaupt verſteckter, und der Winkel der Durchgänge ein anderer; ſelbſt von der gradſchaaligen Abſonderung, die für den kryſtalliniſchen Schwerſpath ſo characteriſtiſch iſt, findet man Spuren bei den tafelartigen Coeleſtinen (no. 7. und 8.). Der Hauptunterſchied iſt theils in dem unvollkommnen blättrigen Bruch, theils in der geringern ſpecifiſchen Schwere, vorzüglich aber in den abweichenden Winkeln der Kryſtalle zu ſuchen. Und dennoch findet bei dieſer beſtimmten und durchgreifenden Abweichung eine überraſchende und intereſſante Uebereinſtimmung aller kryſtalliniſchen Formen Statt, die ſogar bedeutender iſt, als Hauy, bei der Ausgabe ſeiner Mineralogie ahndete. Jetzt nämlich, wie Hauy auch in ſeinem Tabl. comp. bemerkt, iſt es bekannt, daſs no. 1. 2. 2. 3. des Coelestins, auch beim Schwerspath, unter den nämlichen Verhältnissen, in Hauy's Sprache, nach den nämlichen Decrescenzgesetzen, vorkommen. Die vierte Varietät wird sich ohne allen Zweifel auch finden lassen, so wie die übrigen. Ja, was von dieser krystallinischen Art gilt, das gilt von der ganzen Gattung. Die Gründe zur Trennung des Coelestins in mehrere Arten, sind ganz die nämlichen, die wir beim Schwerspath entwickelt haben, alle Arten haben dasselbe Verhaltniss gegen einander, nur dass sie beim Coelestin nicht so zahlreich sind. — Die häufige krummschalige Art ist besonders dem Schwerspath eigen, und scheint beim Coelestin zu fehlen, weniger auffallend ist dieser Mangel bei den beiden seltnern und mehr anomalen Arten des Schwerspaths (dem Stangen- und Bologneser-Spath nämlich). Endlich verhält sich die nachfolgende Gattung — der Strontianit — völlig zum Coelestin, wie der Witherit zum Schwerspath — Kurz, die beiden Gattungen, die durch Strontian characterisirt werden, stellen eine merkwürdige, nur durchgreifend modificirte Wiederholung der Verhaltnisse der beiden Barytgattungen dar. — Die doppelte Strahlenbrechung, die Hany bei den durchsichtigen Strontiankrystallen, wie bei den Schwerspathkrystallen, entdeckte, bemerkte er bei der

Varietät no. 2, wenn er durch die Seitenfläche der Säule, in der Richtung nach der unten liegenden Abstumpfungsfläche hinblickte. — Ohne allen Zweifel enthalten die meisten bedeutenden Sammlungen noch immer mehrere Coelestin-Krystalle, die zu den Schwerspath Krystallen gerechnet werden, und wenn diese gesondert werden, dürfte nicht allein die Krystallisationssuite des Coelestin erweitert werden, sondern auch der merkwürdige Parallelismus, der bei der großen chemischen Aehnlichkeit des Strontians und Baryts doppelt lehrreich ist, sich durchgreifender darthun lassen. Die von Werner gewählte Benennung ist, wie auch schon Karsten bemerkte, vielleicht nicht die glücklichste, aber die allgemein angenommene, die wir, unsern Grundsätzen, neue Namenbildungen, so viel wie möglich zu umgehen, getreu beibehalten haben. Werner hatte von dem blättrigen Coelestin zwei Unterabtheilungen, den tafelartigen und säulenartigen, die er aber (nach der in Molls neuen Jahrb. 2. 2. p. 99. mitgetheilten Classification) wieder aufgegeben zu haben scheint. Wir glauben alle Trennungen, die den Zusammenhang der Krystallisationssuiten zu zerreißen drohen, sorgfältig vermeiden zu müssen. Aus diesem Grunde haben wir auch Karstens strahligen Coelestin mit dem blättrigen vereinigt.

Fundort. Die ausgezeichnetsten Krystalle finden sich von Zolllänge in den Höhlen der Schwefelschichten (im Gyps) in den Thälern von Noto und Mazzara in Sicilien. Es sind die Varietäten no. 1. 3. 4. welche die Wände dieser Höhlen vorzüglich bedecken (Journ. d. phys. mars 1796. p 203.). Bey St. Melard im Departement de la Meûrthe fand Gillet no. 4. Dieselbe Varietät und no. 1. brachte Launoy aus Spanien. Die apotomische Varietät fanden Cuvier und Brongniart auf Montmartre. Die tafelformigen kommen vorzüglich in Derbyshire bei Bristol und an mehrern Orten vor. Bronner fand sie im Canton Argau, als Ausfüllung des Risses in sphäroidischen Massen von verhärtetem Mergel. Leonhards Taschenbuch 1810. p. 376.). Moretti hat genauere Nachrichten über das Vorkommen des Coelestins in Italien geliefert. Er bemerkt, daſs dieses Fossil nie bis jetzt in Urgebirgen gefunden ward, sondern immer in Flözgebirgen, begleitet von Schwefel in Gyps. In dem Felsen von Anso in Italien, fand man ihn indessen in einem harten schwarzen Kalkstein, der zur Uebergangszeit zu gehören schien. Im Vicentinischen findet man dieses Fossil in den Laven oder vulkanischen Conglomeraten von Montecchio Maggiore, wo er begleitet ist von trapezoidischem Analcim und strahligem Mesotyp.

Bei Monte Viale, in dem nämlichen Gebiete, kömmt der Coelestin in Madreporiten vor, die früher Fortis, später Faujas St. Fond beschrieben haben, ebendaselbst füllt er die Höhlungen der Muscheln in einem Muschelkalkstein aus, (wie Kalkspath), er war in diesem Falle krystallisirt, von strahligem Bruche, blaulich, durchsichtig. (Schweigger Journ. 1813. 9 2. p. 170.). Am Süntel, unweit Münder im Hannöverschen, bildet der Coelestin ein Lager, ¼ Lachter mächtig, in einem Steinkohlen-Gebirge, welches von der Muschel-Kalkstein-Formation des nördlichen Deutschlands eingeschlossen wird, scheint aber auf diesem Lager in ellipsoidische Nieren abgetheilt zu seyn. Ferner hat Hausmann eine ihm zugesandte Steinart von Dehrshelf, unweit der Karlshütte, an der Strasse zwischen Göttingen und Hannover, ebenfalls für Coelestin erkannt. (Gilberts Annal. 1814. 16. 4. p. 420. u. 424. Bournon hat bei einigen durchsichtigen Coelestin-Krystallen aus Sicilien in dem Inneren der Masse kleine Parthien von Schwefel entdeckt. (Collection. p. 17.). Leonhard II. p. 461. blättr. schwefelsaurer Strontianit.

Hauy 2. p. 463. Tabl. comp. p. 14. u. no. 18. p. 142. Lucas 2, p. 62. Reuss 2. 2. p. 323. blättr. Schüzit. Mohs 2. p. 225. blättriger Coelestin p 230. strahliger. tabell. Ueberf. p. 41. Karsten p. 64. u. no. 77. p. 95.

blättriger und strahliger Coelestin. Brochant 1. p. 640. Brongniart 1. p. 257.

b) FASRIGER COELESTIN, Wr. (Strontiane fibreuse, H). *Milch - röthl* - W., *blaul.* Gr. *himmel* - und *indig* - Bl. — *derb* und *trummweise* — *wenig glänzend* von *Perlmuttergl.* — Hauptbr. *gleichlaufend*, *gekrümmt*, *schmal-* und *grob - fasrig.* Querbr. *versteckt blättr.*, den fasrigen Bruch rechtw. schneidend — Brchst. *unbest. eck.* und *langsplittr.* — *weicher* als die vorige Art — *undrchstg.* und *drchschnd.* — *n. Jnd. spr.* — *l. zrspr.* 3,712 K. 3,830 Kl.

Strontian 58, Schwefels. 42 Kl., Clayfield, Henry und Kirvan.

Diese characteristische Art unterscheidet sich von dem fasrigen Schwerspath durch Farbe, geringere Schwere und Härte und durch die gleichlaufenden Fasern, die beim fasrigen Schwerspath auseinanderlaufend sind.

Fundort. Man fand ihn in Pensylvanien bei Frankstown himmelblau (Journ. d. phys. mars, 1798. p. 214), bei Toul im Departement de la Meurthe, Bronner (siehe oben) bei Argau, meist wohl in Mergellagern, wohl auch im Gyps. Leonh. II. p. 461. fasriger schwefels, Strontianit.

Schüz. Beschreib. einiger nordamerikanischer Fossilien, p. 98. Hauy 2. p. 358. Tabl. compar. p. 14. Lucas p. 63. Reuss 2. 2. p. 426.

Mohs 2. p. 231, tabell. Uebers. p. 41. Karsten p. 54. Brochant 1. p. 644.

c) DICHTER COELESTIN, K. (Strontiane sulfatée, calcarifere, H.). *Gelbl*-Gr., in *ocker*-Glb. und *gelbl*-Br. — *derb*, (massive, H.), in *plattgedrückten elliptischen* und *sphäroidischen Stücken* (ovoide-comprimée, H.), die oft mit Coelestin-Kryſtallen drusenartig besetzt, und dann rauh sind, in *linsenförmigen Afterkryſtallen,* die den linsenförmigen Gyps überzogen haben (pseudo-morphique, H.) — *matt* bis in *schwach schimmernd* — Br. *erdig*, öfters *splittr.* — ins *versteckt blättr.* (Uebergang in den blättrigen Coelestin) — Brchst. *unbest. eck. stumpfk.* — Die elliptischen *stängl.* abgesf. Die Absndrgst. *auseinander laufend* (dann der Bruch versteckt blättr. und sich in Kryſtalle endigend.) — *Undrchstg.* ins *durchschnd.* — *etwas weicher* als der blättr. Coelestin — *spr.* — *nicht snd. schw. zrspr.* — *hängt ein wenig an der Zunge.* — 3,592. H.

Braust ein wenig mit Salpetersäure, schwefels. Strontian 91,42, kohlens. Kalk 8,53, Eis. 0,25. Vq. Aehnliche Resultate erhielt Kl.

Dieses merkwürdige, von den französischen Mineralogen entdeckte Fossil ist bis jetzt nur wenig

wenig oryktognostisch untersucht. Es ist ein Gemenge von schwefelsaurem Strontian und kohlensaurem Kalk, aus welchem der Coelestin in reiner Form sich hervorarbeitet, und in hellern Krystallen die Oberfläche der elliptischen Stücke drusenförmig überzieht. Man darf daher die krystallinische Form nicht dieser Art zuschreiben. Wo diese hervortritt, ist das Gemenge, welches die charakterische gelblich graue Farbe hervorruft, und die ursprüngliche krystallinische Struktur mehr oder weniger zerstört, verschwunden. Die Gestalt, zum Theil auch die Farbe, die aus einanderlaufende stängliche Absonderung, das Vorkommen erinnern an den Bologneserspath. Ueberhaupt ist es wohl merkwürdig, dass alle Arten des Coelestins, des auffallenden Parallelismus mit Schwerspath und der genauen chemischen Verwandtschaft ohnerachtet, eben so charakteristisch für neuere Flözformationen zu seyn scheinen, wie der Schwerspath hauptsächlich für Urgebirge. Der Bologneserspath allein zeigt ein Vorkommen, dem des Coelestins in gewissen Fällen ganz ähnlich.

Fundort. Montmartre in einem Bruche in der Nähe des Dorfes Clignancourt. Leonhard II. p. 461. Dichter schwefelsaurer Strontianit.

Hauy 2, p. 359. Strontiane sulfatée amorphe und pseudomorphe. Tabl comp. p. 14. Lucas 2, p. 64. tabell. Ueberſicht p. 41. Karſten p. 54. Brongniart 1, p. 258. Strontiane sulfatée terreuse.

24.

STRONTIANIT. Wr. (Strontiane carbonatée, H.). *Mich - gelbl - grünl* - W., aus dem *gelbl*-W. in *blaſs - ſtroh*-Glb., aus dem grünl-W. ins *äpfel* - und *ſpargelgrüne*. Die letztern Farben die häufigſten. Selten *honig*- Glb. und *gelbl*-Br. — *derb* und *kryſtalliſirt*. (Die mechaniſche Theilung geht von Statten parallel mit den Seitenflächen eines regulairen 6ſ. Prisma's, und wenn man ein Stück vor einem ſtarken Lichte hin und her bewegt, ſo ſieht man eine Art von Schillern, welches noch einen andern Durchgang ſchräg mit der Axe vermuthen laſſen könnte).

1) Prismatiſcher, regulaire 6ſ. Säule. Aber immer undeutlich.

2) Nadelförmiger, häufiger.

Die nadelförmigen Kryſtalle ſind *garbenförmig zuſammengehäuft*. — Im Hauptbruche *glänzend* und *weniggl.*, im Querbruche *wenig glänzend* von *Perlmuttergl.* — Hauptbr. *grad-* und *büſchelförmig aus einanderlaufend ſtrah-*

lig, Querbruch *uneben* — Brchst. *keilförmig* — *dünn keilförmig stängl.* abgeſ., die Abſndrg. in *dick keilförmig stängl.* verſammelt, — *stark drchſchnd.* — Ritzt den Kalkſpath, wird vom Fluſsſpath geritzt — *nicht ſnd. ſpr.* 3,591 Lichtenberg. 3,65 — 3,67. H. 3,67. Kl. Sein Pulver, auf glühende Kohlen geworfen, phosphorescirt.

Löſt ſich in Salpeterſäure mit Aufbrauſen auf. Schmilzt vor dem Löthrohr mit einem ſchönen purpurfarbnen Scheine. Ein Papier in die ſalpeterſaure Auflöſung getaucht, brennt, nach dem Trocknen, mit einer purpurfarbigen Flamme. Strontian 69,50, Kohlenſ. 30, Waſſer 5. Kl.

Dieſe Gattung verhält ſich zum Coeleſtin, wie der Witherit zum Schwerſpath. Nach der frühern Anſicht Hauy's, die uns noch immer die wahrſcheinlichere dünkt, würden beide eine Andeutung zur nämlichen primitiven Geſtalt zeigen, worauf auch Hauy in ſeiner Mineralogie aufmerkſam macht. Nach der veränderten Anſicht der primitiven Geſtalt des Witherits im Tabl. comp. fiele dieſer Parallelismus weg. Im Ganzen genommen iſt aber auch die Abweichung des Strontianits vom Witherit gröſser, als die des Coeleſtins vom Schwerſpath. Nicht bloſs die Farbe, der Glanz, die Schwere ist verschieden, auch das chemische Verhaltniss ist sehr abweichend. Der Strontianit wirkt auch nicht als Gift. Aber diese Gattung verspricht von einer andern Seite sehr interessant zu werden. Gehlen schrieb mir vor Kurzem, dass er mit Fuchs unter den Schwerspathen in einer Sammlung Strontiane fand (gelbl. W. ins honig- und wachs-Glb., 6s. T. mit abgest. Ecken und eben solchen Prismen), die, genauer untersucht, durchaus die krystallinische Textur des Arragons zeigten. Die prismatischen Krystalle haben vorzüglich auch in den übrigen Aeusserlichkeiten das Ansehen der Krystalle des spanischen und des sehr reinen und hellen salzburgischen Arragons. Als der Bogen dieses Theils, der den Artikel Arragon enthält, (schon vor dem Kriege) gedruckt wurde, waren Strohmeyers schöne Analysen des Arragons noch nicht angestellt. Ich behauptete nur das Recht des Oryktognosten, da chemische Differenz vorauszusetzen, wo die oryktognostische evident ist, auch wenn es den Chemikern nicht gelungen war, eine solche darzustellen. Eine jede wahre oryktognostische Differenz ist ein *Problem* für die Chemie. Sie soll es lösen, nicht ableugnen. Ich stellte eine vorläufige, mögliche Hypothese auf. Ich konnte freilich nicht ahnden, dass ein Fossil, welches mit so grosser Genauigkeit von *allen* berühmtern zerlegenden Chemikern analysirt war, auf eine so auffallende Weise die Schranken der chemischen Kunst darthun sollte. Mein Zutrauen zur chemischen Zerlegungskunst war zu gross. Nach Strohmeyer enthält der Arragon 94,5 — 94,8 kohlens. Kalk, 2,05 — 4,08 kohlens. Strontian, 0,21 — 0,98 Wasser. Wenig Magan und Eisenoxyd Hydr. — dasselbe und Quarz, auch Gyps mechanisch bei einigen beigemengt. Sehr merkwürdig ist es, dass das Verhältniss bei dieser Tripelverbindung von Strontian, Kalk und Kohlens. doch das nämliche bleibt, welches nach Berzelius zwischen Kalk und Kohlensäure allein Statt findet. — Nach Strohmeyer 53,3 Kalk, 2,8 Strontian, 53,6 Str, 2,8 K.; 5,5 Str., 1,4 K., mit 42,8, 42,4 und 43,2 Kohlens., da der kohlens. Kalk nach Berzelius und Strohmeyer 56 Kalk und 43 Kohlens. enthält. — Sollte nun die Beobachtung von Gehlen und Fuchs sich bestätigen, so würde man vielleicht in der Zukunft Strontianit und Arragon vereinigen müssen. Werner und Hauy waren über die Bestimmung eines nadelförmigen Fossils von Bräunsdorf in Sachsen uneinig. Hauy erklärte es für einen Strontianit, da es Werner für einen Arragon hielt. Dieser Streit wäre dann geschlichtet und beide würden Recht haben.

Fundort. Bei Strontian in Schottland, in einer in Gneiss aufsetzenden Gangart von Schwerspath, Kalkspath und Bleiglanz, ferner bei Leadhills, nach Hauy bei Bräunsdorf in Sachsen, wahrscheinlich bis jetzt verkannt, an mehrern Orten. Humboldt hat bei Pisope, in der Nähe von Popayan in Peru eine weisse, durchscheinende und strahlige Abänderung gefunden. (Brongniart). Leonh. II. p. 460.

Kirvan Transact. of the royal irish academy, Vol. V. no. 12. und Mineral 1. p. 445. Schmeisser phil. Trans. 1794. P. 2. p. 418. Hauy 2. p. 370. Tabl. comp. p. 15. u. no. 19. p. 143. Lucas 2. p. 64. Reufs 2. 2. p. 416. Mohs 2. p. 198. tabell. Uebers. p. 41. Karsten p. 54. Brochant 1. p. 637. Brongniart 1. p. 259.

25.

STEINSALZ, Wr. (Soude mouriatée, H.).

a) BLÄTTRIGES STEINSALZ, Wr. *Gelbl-gräul*-W., *rauch*- *perl*- *gelbl*-Gr., aus dem perl-Gr. in *veilchen*- *lasur*- *berliner*-Bl. auch in *fleisch*- *blut*- *ziegel*-R., aus dem gelbl-Gr.

in *ocker*-Glb., ſelten, durch zufällige Färbung *äpfel*-Grn., der blaue meiſt mit den grauen Farben *geſleckt*, *geſlammt* und *geſtreiſt* — *derb*, *eingeſpr.*, ſelten *zähnig*, *tropfſteinartig*, *zellig*, *mit Eindrücken* und kryſtalliſ.

1) Primitives (S. m. primitive T. XXXVIII. f. 145.). De l'Isle t. 1. p. 577. var. 1. 2. 3. Waller. 2. p. 54. vollkommner Würfel. Vorzüglich ſchön in Wiliczka, integr. Molec. eben ſo. Zuweilen ſind die natürlichen Würfel etwas geſchoben, auch die Würfel länglich, in 4ſ. S. übergehend und niedrig, daſs ſie 4ſ. T. bilden, manchmal ausgehöhlt. Auf mannichfaltige Weiſe *auf- neben-* und *durcheinander gewachſen*, *treppenartig*, *reihenförmig* und *kuglich zuſammengehäuſt*.

Die Kryſtalle von allen Gröſsen, von *groſs* bis *klein* und *ſehr klein*. Die Oberfl. der Kryſt. ſelten *glatt*, meiſt *rauh* und *uneben*. — *Glänzend* und *ſtarkgl.* von *Fettgl.* — Br. *vollk.* und *gradblättr.* *3ſ. Drchg.* parallel mit den Sſl. des Würfels — Brchſt. *würfl.* — *Groſs- grob-* und *kleinkörnig* (nach Reuſs auch *langkörnig*, mit einem Uebergang in *ſtängl.* und ſelten *dick-* und *dünn-ſchaal.*) abgeſ. — *drchſchnd.*, in Kryſt. *drchſt.* (Strbrch. einf.) — fühlt ſich *etwas feucht und fett an — weich — milde — l. zrſpr.* — 2,139 Briſſon. ſüſsl. ſalziger Geſchmack.

Auflöslich in dreimal ſo viel Waſſer. 52 Salzſ., 42 Natrum, 6 Waſſer Bergm. 38,88 Salzſ., 53,00 Natrum, 8,12 Waſſer Kirvan, das würfliche Kochſalz, das natürliche noch nicht analyſirt.

Dieſe ganze Gattung ſteht in der Oryktognoſie ſehr iſolirt, und ward ſeinem echt oryktognoſtiſchen Charakter nach oft dadurch verunreiniget, das man auch das künſtliche Vorkommen darin aufnahm. Zu den künſtlichen Kryſtalliſationen gehört noch die kubo octaëdriſche und die octaëdriſche Varietät. Andeutungen der erſtgenannten Varietät, glaube ich auch unter Kryſtallen von Wieliczka gefunden zu haben. Die Arten ſind ſehr beſtimmt von einander getrennt.

Fundort. Dieſe Art iſt die gewöhnlichſte. Das Steinſalz bildet eine eigne merkwürdige Gebirgsformation, die geognoſtiſch genau mit dem Gyps in Verbindung ſteht. Sein Vorkommen iſt beſonders in den ältern Flözbildungen, und es fehlt oft, wie im nördlichen Deutſchland, ganz, ohne daſs man, wie man bisher glaubte, aus den in solchen Gebirgen vorkommenden Salzquellen, berechtigt wäre, auf sein Daseyn zu schliessen, so merkwürdig auch in anderer Rücksicht diese Stellvertreter des fehlenden Steinsalzes sind. (Vergl. meine geognost. geolog. Aufsätze, Hamburg 1810. p. 293.). Sein gewöhnlicher Begleiter ist Gyps. Mit diesem wechselt es oft ab, oft auch mit einem von Salz, manchmal auch von bituminösen Theilen durchdrungenen, geognostisch dem Steinsalz eigenthümlichen Thon (Salzthon). Zuweilen bildet das Steinsalz ganze Stöcke von bedeutender Mächtigkeit, gewöhnliche wechselnde Flöze, auch ganze Gebirgsmassen. Die merkwürdigsten Niederlagen sind im südlichen Deutschland (Oberösterreich, Salzburg, Berchtesgaden, Steiermark.) (L. v. Buch). Die wenigen Spuren in den häufig, und nach allen Richtungen durchwühlten Gypsgebirgen des nördlichen Deutschlands sind, bei der Häufigkeit der Salzquellen, eben ihrer gänzlichen Unbedeutsamkeit wegen merkwürdig, (meine oben genannte Schrift). In Oberösterreich findet man das blaue blättrige. Ausser Deutschland findet man die mächtigsten Niederlagen in den Karpathen, bei Wieliczka und Halisch. Zu Wieliczka sind drei über einander liegende Stockwerke, von welchen das tiefste und reinste in einer Tiefe von 70 Toisen eine Länge von 1400 T. von O. nach

W. und eine Breite von 800 T. besitzt, und bis auf eine Tiefe von 116 T. niedersteigt. Das erste Stockwerk endigt bei 34 T., dass zweite bei 38 unter dem ersten, das dritte hat eine Höhe von 44 T. (Schultes, Gehlens Journ. f. Chem. Phys. u. Miner. 5. 2. p. 249.). In Siebenbürgen, in Spanien, wo das Steinsalz bei Cordova einen 500 Fuss hohen Berg bildet, der drei Meilen im Umfang hat, obgleich es hier nicht, wie an den meisten Orten, mit Gyps vermischt ist. (Bowles Introduction à la Hist. natiral y à la geografia fisica de Espanna —Madr. 1789. p. 454. Townsend Travels 1. p. 122.) In England (Chester- Stafford- Worcester-Shire) in Stöcken von 30 — 40 Fuss Mächtigkeit, unter Mergel und Letten, die Stöcke durch einen von Salzträmmern durchdrungenen Thon getrennt (Evermann Crells Annal. 2. B. 1796. p. 130.), in Russland bei Ilersk (Pallas). Auch in Persien, Armenien, Arabien, und im Atlas-Gebirge, in Amerika, in Peru (Helm) und auf dem Plateau von Bryota mit Gyps, wie so viele Flözbildungen, in einer sonst ungewöhnlichen Höhe (von 1383 Toisen). Ferner westlich von Sierra Verde, in der Nähe von dem grossen Landsee Timpanoyos in dem oberen Louisiana, und in den weitläufigen nördlichen Regionen zwischen Mackensie's steinigen Gebirgen (stony-montains) und der Hudsonsbay, (Humboldt). Leonhard II. p. 444.

b) FASRIGES STEINSALZ, Wr. (Soude muriatique fibreuse, H.). *Schnee - graul- grünl-* W., *bläul-* sehr selten *perl- rauch-* Gr. bis ins Schw. *fleisch - ziegel -* R., *lichte berliner* Bl. selten ins *indig* - Bl. — *derb* — Oberfl. *glatt*, auch *rauh* — *wenigl.* von *Fettgl.*, häufig in *Perlmuttergl.* übergehend — Br. *gleichlaufend*, theils *grad* - theils *krumm* - *mehr* oder *weniger* *zart-* und *dick-fasrig* — Brchst. *splittr.* — selten *dünnstängl.* abgeſ. — *stark drchschnd.* — übrigens wie a.

Fundort. Ist seltener wie die vorige Art, und kömmt gewöhnlich in dünnen, mit Salzthon wechselnden Schichten vor. Das blaue in Tyrol, Leonh. II. p. 444.

Cronstedt Bergsalz, Steinsalz §. 129. p. 148. Wallerius Muria fossilis pura 2. p. 53. §. 94. gen. 36. spec. 242. Syst. nat. XII, 3. p. 98. Muria (montana) nuda fossilis Kirvan 2. p. 41. 42. 1) tafelförmiges, 2) fasriges Steinsalz. De l'Isle 1. p. 377. Hauy 2. p. 403. Tabl. compar. p. 20. Lucas p. 83. Reuss 2. 3. p. 27. fasriges, p. 30. blättriges Steinsalz. Mohs 2. p 260. tabell. Uebers. p. 44. Karsten p. 56 Brochant 1. p. 20. n. 25. Brongniart 1 p. 120.

26.

GLAUBERIT, Brongniart. *Sehr blafs wein*-Glb. (wie der Topas) — kryftallif. (Kerng. ein 4f. gefchobenes Prisma, deffen Winkel 75° 32′ und 104° 28′).

a) Quaternärer (quaternaire Journ. d. mines no. 133. T. 11. f. 30.) niedrige gefchobene 4f. S. mit fchief angefetzten Endfl. Neig. der Endfl. gegen die Stfl. 142°, der Winkel, der von der Endfl. mit der fcharfen Stk. gebildet wird, 154°. Die Endfl. find *glatt* und *glänzend*, die Stfl. *wenig glänzend* und *geftreift*, parallel mit den Endk. — Br *blättr*. ein Drg. parallel mit den Endfl. deutl. ein anderer parallel mit den Endk. weniger deutlich — *härter als Gyps*, weniger hart als Kalkfpath — *drchfig*. — 2,73.

Bekömmt in der Hitze Riffe und fchmilzt zu einem weifsen Email. Wird der Kryftall in Waffer gelegt, fo wird die Oberfläche milchweifs, in kurzer Zeit ganz weifs und undurchfichtig. Nimmt man ihn aus dem Waffer heraus, fo erhält er feine Durchfichtigkeit nicht wieder. Die ganze Rinde zerfällt vielmehr zu Pulver, welches, wenn man es wegnimmt, einen unveränderten Kern enthält.

Wasserleerer schwefels. Kalk 40, wasserleeres schwefels. Natrum 51. Brongniart.

Diese in der That merkwürdige, von Dumeril entdeckte, und Brongniart zuerst fixirte Gattung, verdient die Aufnahme in das oryktognostische System, theils wegen des interessanten Verhältnisses zum Gyps, Kochsalz und Muriacit, theils weil sie im Steinsalz vorkömmt, und sehr wahrscheinlich selbst ursprünglich. Hauy macht darauf aufmerksam, dass man wohl Beispiele hat, von inniger Verbindung zweier Salze. So giebt es ein Salz, welches aus schwefels. Kupfer und schwefels. Eisen besteht. Die primitive Gestalt ist die des schwefels. Eisens. In dem vorliegenden Fall ist die Kerngestalt ganz abweichend von der des anhydrischen Kalks, ob sie aber nicht mit der des anhydrischen schwefels. Natrum übereinstimme, läfst sich nicht ausmachen, weil uns die Kerngestalt des letztern, noch nicht durch Kunst dargestellten Salzes unbekannt ist. Ich habe diese Gattung unbedenklich an das Steinsalz angereiht, seines Natrongehalts und seines Vorkommens wegen. Unten werde ich mich über die Classification beider Gattungen ausführlicher äussern. Die Krystallisation hat Aehnlichkeit mit der des Axinits.

Fundort. Bis jetzt nur zu Villarubia bei Ocána in Neukastilien in einzelnen und zusammengehäuften Krystallen im Steinsalz. Leonhard III. p. 68.

Brongniart Journ. d. mines t. 23. p. 5. Gehlens Journ. f. Chem. u. Phys. 5. p. 244. Leonh. Taschenb. 3ter Jahrg. p. 128. Tabl. compar. p. 25. u. no. 34. p. 150. Lucas 2. p. 96.

ÜBER
DIE BISHERIGE KLASSE DER SALZE IN DER ORYKTOGNOSIE.

Die Aufnahme der Salze in der Oryktognosie, war bis jetzt in der That willkührlich. Früher wurden alle in der Chemie bekannten Salze in den Mineralsystemen aufgeführt, bis Cronstedt darauf aufmerksam machte, dass doch nur diejenigen Formen hierher gehören, die wirklich in der Natur vorkommen (p. 135.). Aber auch dieses Vorkommen ist nicht hinreichend; denn man kömmt schon darin überein, dass nicht ein jeder anorganischer Korper ein Gegenstand der Oryktognosie sey. Diese Abtheilung der Mineralogie darf nicht dem allgemeinen Charakter der Wissenschaft entsagen. Aber die Mineralogie ist das Antiquitäten-Studium der Erde. Was blosses Produkt der gegenwärtigen organischen Epoche der Erde ist, was selbst diese charakterisirt, gehört der Mineralogie nicht zu. Mohs macht (2. p. 257.) die richtige Bemerkung, dass nur das Steinsalz die Gattung ist, die ein geognostisches Interesse hat, und hiermit wird auch dieſer Gattung allein ein Recht zugeſtanden, in der Oryktognoſie aufgenommen zu werden. Man fühlt es wohl, daſs man nicht alle Salze der Chemie hier abhandeln, beſchreiben darf, man muſs aber doch zugleich geſtehen, daſs die Trennung, die nur einige, zufällig in der Natur vorkommende, gewöhnlich unreine Formen aufnimmt, die übrigen die Gattung beſtimmenden, bezeichnenden, ausſchlieſst, in einer Doctrin, deren eigentliches Geſchäft Gattungs-Beſtimmung iſt, etwas durchaus unzuläſſiges iſt. Das Natrum, welches an unſeren Mauern auswittert, den Salpeter, der in wärmern Gegenden, wo die Dammerde voll faulender thieriſcher Theile iſt, ausſchwitzt, nimmt man in ein oryktognoſtiſches Syſtem auf. Kommen denn die Mauern, die Dammerde ſelbſt etwa in der Geognoſie vor?

Die Vitriole, der Alaun, ſind *nur* jetzt entſtehende Produkte, hervorgerufen durch die jetzt herrſchende Thätigkeit der Elemente, und eben daher kein Gegenſtand der Mineralogie im engern ſtrengern Sinne. Man hat, und zwar mit Grund, die Torfarten aus der Mineralogie ausgeſchloſſen, und dennoch dürfte es nicht ſchwer fallen, darzuthun, daſs dieſe mit mehr Recht noch ein Gegenſtand mineralogiſcher Betrachtung ſind, als die Salze. Denn die Torfarten bilden ganze Flöze; ja Torfschichten kommen, wie in Jütland, von wahrem Sandstein bedeckt, vor, und der Torf nähert sich dann (der sogenannte Pechtorf), den Steinkohlen. Endlich haben die Torfarten, durch ihre Verwandschaft mit Braunkohlen und Steinkohlen, ein wirkliches geognostisches Interesse. Selbst das Wasser in seinem erstarrten Zustande, als Schnee und Eis, müfste man mit mehr Recht, als die Salze, wie eine oryktognostische Gattung behandeln und bestimmen. Denn bilden Schnee und Eis nicht wahre Gebirgsmassen, die in übergreifender Lagerung gegen die Pole und über die Schneelinie hinaus alle Gebirge bedecken? Ja an der nördlichen Küste von Siberien schliefsen die Eismassen ganze Thiere der Vorzeit ein (nach Adams Entdeckúng), und auf dem Chimborasso findet man, tiefer als die heutige Schneelinie, wenn man gräbt, unter mächtigen Sandschichten uralte Schneelagen. (Humboldt Naturgemälde der Tropenländer p. 161.).

Man könnte uns einwenden, dafs wir ja doch selbst in der Oryktognosie eine Menge Korper aufnehmen, deren Form erst durch neuere Umwandlung bestimmt ist. So viele Kalkspathkrystalle, so manche Formen des Fraueneises, so die Afterkrystalle, die Tropfsteinformen u. s. w. Ja, könnte man sagen, und wir werden es darthun, eine grosse Menge der edeln Silbererze, und eine bedeutende Anzahl der Bleierze sind offenbar in den Gängen durch neuere Processe gebildet, mit welchem Recht nun werden diese als Gattungen betrachtet, wenn wir die Salze ausschliessen? Mit welchem Recht bilden Wiesenerz, Sumpferz, Raseneisenstein oryktognostische Gattungen? Die Mineralogen haben diesen Einwendungen schon selbst begegnet, indem sie Torfarten, die Lagerstätte der letztgenannten Fossilien, ausschlossen. Offenbar ist es ein anderes, wenn wir solche Substanzen, die den Charakter der Vorzeit so deutlich tragen, auch in ihren neuern Verwandlungen verfolgen. Auch tragen wir, indem wir dieses betrachten, kein Bedenken, die Gattungen in allen Formen zu bestimmen. Die Salze aber sind der ganzen Vorzeit fremd — Steinsalz ausgenommen.

Man hat gefühlt, dass man mit solchen Körpern zu thun hatte, die der Oryktognosie fremd waren, und daher hat man sie mit einer auffallenden Nachlässigkeit behandelt. Selbst die vorzüglichsten Oryktognosten zeigen hier nicht jene Sorgfalt, jene Strenge in den Bestimmungen, die auch nicht einmal möglich war, weil man nicht die ganze Gattung, sondern nur das zufällige, unreinere, unvollständigere Vorkommen derselben beschreiben durfte. Wer, wie

Hauy, mehr die Kryſtallographie, als die Oryktognoſie im engern Sinne behandelt, hat ein anderes Thema zu behandeln, und es verſteht ſich von ſelbſt, daſs alle kryſtalliſirbare Körper der Natur ein Gegenſtand ſeiner Betrachtung werden müſſen. Auch iſt es klar, daſs das Studium der Salzkryſtalle dem Mineralogen, wenn er nach höhern Anſichten ſtrebt, wichtig, ja unentbehrlich iſt. Aber was dem Mineralogen wichtig iſt, iſt nicht deswegen Gegenſtand der Mineralogie im engern Sinne. Was wäre der Mineralog ohne Einſicht in die allgemeine Naturkunde?

Indem wir uns nun entſchloſſen, die ohnehin unvollſtändigen Beſchreibungen mancher Salze aus der Oryktognoſie auszuſchlieſsen, könnten wir auch einer Klaſſe entbehren, die willkührlich beſtimmt, wie die Gattungen, deren zerſtümmelte Darſtellung ſie enthält, ein lang gefühlter Anſtoſs war. Daſs die alkaliſchen Erden mit den Alkalien eine Reihe bilden, iſt jetzt allgemein angenommen, iſt eine anerkannte Thatſache. Im chemiſchen Sinne ſind alle Foſſilien dieſer Reihe Salze, und daſs die Auflösbarkeit im Waſſer, der Geſchmack, und was man noch als Unterſcheidungszeichen für die Klaſſe der Salze anſah, keinen wahrhaft beſtimmten und ſpeciſiſchen Klaſſen-Unterſchied begründet, iſt allgemein anerkannt. Hauy hat diesen Unterschied daher mit Recht aufgehoben. Wie der Chemiker, durch die geschichtliche Entwickelung seiner Wissenschaft dazu veranlasst, von den Alkalien ausgeht, und diese Benennung dem Strontian, dem Baryt, dem Kalk beilegt, so geht der Mineralog mit gleichem Rechte von dem aus, was ihm als das wichtigste erscheinen muss, von dem Kalk nämlich, der bei dem ganzen Bildungsprocess der Erde offenbar als das wichtigste Produkt der ganzen alkalischen Reihe erscheint. Daher unsere Benennung Kalkreihe. Und es wird demjenigen, der die Lage der Naturkunde unserer Tage kennt, nicht befremden, in dieser Reihe das Steinsalz zu finden, welches, auch geognostisch, durch seine merkwürdige Verwandtschaft mit dem Gyps, ein solches Anschliessen zu fordern scheint.

Da man indessen gewohnt ist, in den oryktognostischen Handbüchern das Vorkommen der Salze zu suchen, so werden wir hier kürzlich die Salze erwähnen, die in der Natur vorkommen, welches uns zugleich Gelegenheit giebt, manches über diese vermeintliche Klasse genauer zu erörtern. Um zu bezeichnen, dass hier ein eigentlich chemischer Gegenstand behandelt wird, werde ich, wie sonst nicht, die chemisch angenommenen Namen beibehalten.

1) KOHLENSAURE SALZE.

a) KOHLENSAURES NATRUM. Man findet es von gelblichweisser Farbe, auch ins hellbraune — durch Verunreinigung, theils matt, und wie ein Pulver, und körnich-krystallinisch (gemeines Natrum, Reuss und Karsten) theils in zusammengehäuften nadelförmigen Krystallen (strahliges Natrum derselben Mineralogen), die manchmal strahlig sind, dem Ansehen nach, wie ungebrannter Gyps. — Man findet dieses Salz sehr häufig, es wittert an der Oberfläche der Dammerde aus, in solchen Gegenden, wo natronhaltige Quellen vorkommen. — Ein solches ausgewittertes Natrum von Bilin enthält nach Reuss 89,18 kohlens. Natr., 7,44 kohlens. Kalk, 1,35 kohlens. Talk, 2,03 Extraktivstoff. Es ist ein mattes Pulver. Eben so, als mehligen Staub, findet man es zu Debrezin in Ungarn, wo es nach Lampadius aus 14,2 kohlens. Natr., 22,4 salzs. Natr, 9,2 schwefels. Natr., 9,2 erdigen Rückstand, 45 Wasser besteht. Man findet es dort nach Born (mineralog. Reise p. 7.) sehr häufig. — Eben so fand es Breislach, die vulkanischen Substanzen, bei Neapel überziehend, Dolomieu beim Aetna, Bory St. Vincent auf den Vulkanen von Bourbon. Ausser Europa findet man das Natrum in Persien, in Butan bei Tschalu (28° 16') nach Saunder (phil. Transact.

Vol. LXXIX. p. 79.), in Siberien bei Ochotzsk, Nertſchinsk nach Pallas, (Reiſe 3. p. 254.) in Südafrika auf den groſsen Karrofeldern nach Barrow (Reiſe p. 303.) und Lichtenſtein (Reiſe 1. p. 108. 163. 2. p. 122. 351.). Nach Humboldt findet man in mehrern Gegenden von Mexiko, in dem Thale der Stadt und anderswo, bei einer Höhe von 2000 bis 2500 Meter einen Thon (dort Taquesquetti), der eine bedeutende Menge kohlenſ. und ſalzſ. Natr. enthält, (Journ. d. phyſ. t. 74. p. 21.). Am berühmteſten ſind die Natronſeen in Egypten, die 6 Lieues Länge, 600—800 Meter Breite haben, und durch heiſsen Sand getrennt ſind. Die Seen enthalten Salze, die von einander verſchieden ſind, ſelbſt bei ſolchen Seen, die Verbindung mit einander haben. Das Natrum ſetzt ſich an die Ufer dieſer Seen an. (Andreoſſy Deſcription de l'Egypte t. 1. p. 281.). Eine körnicht-kryſtalliniſche Maſſe dieſes Salzes ward von Kläproth analyſirt und enthielt 32,60 kohlenſ. Natr., 20,80 ſchwefelſ. Natr., 15,00 ſalzſ. Natr., 31,60 Waſſer. Nach Bagge (Crells neueſte Entdeck. in d. Chem. 1. p. 95.) kömmt das ſtrahlige Natrum in der Provinz Sukená, zwei Tagereiſen von Feſſan vor. Man findet es am Fuſse eines Berges über der Erdſchale, und es iſt höchſtens einen Zoll mächtig, meiſtens nur einen Meſſerrücken dick, aber in solcher Menge, daſs 1000 Centner allein nach Tripoli jährlich versandt werden. Nach Klaproths Analyse besteht dieses afrikanische strahlige Natrum aus Kohlens. 38, reines Natr. 37, schwefels. Natr. 2,50, Waſſ. 22,50. Merkwürdig ist hierbei die viel gröſsere Menge von Kohlensäure in diesem Salz, als in dem künstlichen, 100 Th. gewöhnliches Natrum enthalten nur 73, dieses 103 Th. Kohlens. — Obgleich nun die natürliche Production von Natrum, besonders in warmen Gegenden, auſserordentlich bedeutend ist — Staunton fand es in der Gegend von Peking (Reise 2. p. 317.), Brown in mehrern Gegenden der afrikanischen Wüsten (Reise p. 39. 46. 205.), so ist es doch aus den Analysen und aus allem vorhergehenden völlig klar, daſs Form und Bestandtheile des Salzes, in sofern es natürlich vorkömmt, also wie man meint, ein Gegenstand der Oryktognosie seyn sollte, selbst an denselben nahe liegenden Orten, durchaus von zufälligen, nicht zu bestimmenden Umständen abhängt, wie nach Andreossy in Egypten, und daſs man fast mit Gewiſsheit behaupten kann, daſs eine jede Portion, bei der Untersuchung von der andern abweichen wird. Wie ist es nun möglich, eine solche, in Form und Gehalt schwankende Substanz oryktognostisch zu fixiren?

Cronstedt p. 151. §. 135. reines Meeralkali. Wallerius 2. p. 61. gen. 37. spec. 247. Alkali minerale impurum terrestre. Syst. Nat XII. 3. p. 88. Natrum (antiquorum) nudum terrestre. Kirvan 2. p 9. De l'Isle 1. p. 146. Hauy 2. p. 422. Tabl. comp. p 21. Lucas 2. p. 90. Reuſs 2. 3. p 4. Mohs 2. p. 259. tabell Ueberſ. p. 44. Karſten p. 56 Brochant 2. p. 30. Brongniart 1. p. 154.

2) SCHWEFELSAURE SALZE.

a) SCHWEFELS.-NATRUM (Glauberſalz), kömmt als mehliger Beſchlag, am häufigſten flockig, ſelten tropfſteinartig, in nadelförmigen Kryſtalle, auch (in den Oeſterreichiſchen Steinſalzſtücken) in 6ſ. S., 3ſ. zugeſp., ſo, daſs die Zuſpgsfl. auf die abwechſelnden Stfl. aufgeſ. ſind, vor. Man findet es an mehrern Orten, vorzüglich entſteht es durch wechſelſeitige Zerſetzung in den Steinſalzgebirgen in der Nähe des Gypſes, daher in Oberöſterreich, in Salzburg, ferner in ſolchen Gegenden, wo mächtige Salzgründe, (vielleicht aus Quellen, vielleicht durch abgedunſtetes Salzwaſſer?) mit Selenit vermiſcht vorkommen, wie in den groſsen Salzebenen bei Aſtrakan nach Pallas (Bemerk. auf einer Reiſe in d. ſüdl. Statthalterſch. d. ruſſ. R. 1793-94. 1. p. 107.). Auſserdem wohl urſprünglich aus Gewäſſern, die es enthalten, auswitternd aus Moräſten, wie in Ungarn,

Ungarn, auf Mergelschiefer bei Hildesheim (nach Hofmeister, Crells Ann. 1790. 1. p. 45.) u. s. w. Ganz rein ist es wohl nie, öfters mit kohlens., salzs. Natr. und salzs. Kalk vermischt.

Cronstedt p 144. §. 126. Wallerius 2. p. 70. gen. 39. spec. 250. Sal neutrum compositum alcali minerali et acido vitriolico. Kirvan 2. p 14. Tabl. compar. p. 19. Lucas 2. p. 81. Reufs 2. 3 p 49. Mohs 2 p. 273. tabell. Uebers. p. 46. Karsten p. 56. Brochant 2. p. 14. Brongniart 1. p. 118.

Man ist so weit gegangen, dass man aus einer zufälligen Mischung des schwefelsauren Natrum mit schwefels. und salzs. Talk, die in 6s. breitgedrückten S., die zugeschrft sind (Modification des schwefels. Natr.), krystallisirt, meist aber mehlig, flockig, nadelförmig vorkömmt, und bei Sedliz in Böhmen aus Sümpfen auswittert, eine eigene oryktognostische Gattung gebildet hat — Karstens Reussin.

Thompson fand bei der Eruption des Vesuv 1794, an einigen der Mündungen auf der halben Höhe des Vesuv, aus denen etwas Lava herausgedrungen war, *schwefels. Kali*, welches sich aber bald so ausserordentlich erhärtete, dass man es für Marmor hätte halten sollen, (Crells chemische Annalen 1796. 1. p. 108.).

Reuſs 2. 3. p. 46. tabell. Ueberſ. p. 45. Karſten p. 56.

b) SCHWEFELS. AMMONIAK, (Mascagnin, Reuſs und Karſten) gelbl.-Gr. und citron.-Glb., tropfſteinartig und als mehliger Ueberzug, in den Lagunen bei Siena von Mascagni, auf dem Boden eines heiſsen Brunnen in Dauphine, und ausgewittert aus der Erde bei Turin, (Journ. d. phyſ. 16. p. 363. u. 6. p. 125.), auſserdem vermiſcht mit ſalzſ. Ammoniak in zuſammengeſinterter Geſtalt zwiſchen den vulkaniſchen Produkten vom Veſuv, Aetna und Solfatara nach Dolomieu (Catalogue des products de l'Etna, p. 375. no. 4.).

Reuſs 2. 3. p. 46. tabell. Ueberſ. p. 46. Karſten p. 56.

c) SCHWEFELS. TALK (Bitterſalz), als ſtaubiger Ueberzug, flockig, zuſammengeſintert in derben Maſſen, traubig, nadelförmig, kömmt nicht ſelten an einigen Orten in unglaublicher Menge vor. Zufällig findet er ſich ausgewittert auf einigen Gebirgsmaſſen, die talkartig ſind, wie Thonſchiefer, Porphyr, Gneis u. ſ. w., ſo bei Clausthal auf dem ſchiefrigen Nebengeſtein, an den Wänden der Gypshöhlen bei Jena, auf Montmartre, auf dem kalkhaltigen Thon in den Gypsbänken der Dörfer Aix und Menil-le Montant bei Paris (nach Brongniart), bei Mont-Valaisan nach Lelivei (Journ. d. mines 20. p. 492.). Häufiger in Siberien. Nach Pallas ist bei Jamalcha an der chinesischen Grenze, ein Salzsee-Lager mit schwefell. Talk, schneeweiss beschlagen, nicht weit davon bei Sacsuschintkoi Karaul sind ebenfalls halb ausgetrocknete Seen, die dieses Salz in grosser Menge absetzen. (Reise 3. p. 212.). Nach Patrin sind mehrere siberische Wildnisse jährlich mit diesem Salze bedeckt, welches während des kurzen aber heissen Sommers in solcher Menge auswittert, dass man zwischen Schneefeldern zu gehen glaubt. Regen und Schnee vernichtet diese Salzblüthe, die aber im nächsten Jahr in eben so grossem Ueberfluss wieder erscheint. (Patrin Mineralogie 1. p. 18.). In Andalusien schiesst es, nach Bowles, in solcher Menge hervor, dass die Erde grau erscheint. An Quellen, die dieses Salz enthalten, ist besonders Böhmen reichhaltig — (Epsom, Saidschütz u. s. w.).

Wallerius 2. p. 71. gen. 39. spec. 251. Sal neutrum compositum terra solubili alcalina et acido vitriolico. Sal neutrum acidulare. Syst. Nat. XII. 3. p. 89. Natrum (fontanum) nudum fontanum saturatum. Kirvan 2. p. 17. De l'Isle 1. p. 306. Hauy 2. p. 374. Tabl. comp. p. 15. Lucas 2. p. 65. Reuss 2. 3. p. 55. Mohs a, p. 272. tabell. Uebers. p. 46. Brochant a p. 11. Brongniart 1. p. 165.

Scopoli's HALOTRICHUM, (Principia Mineralogiae p. 81. §. 105.). Reuss Haarsalz, welches von silberweisser Farbe, in sehr zarten haar- und nadelförmigen Krystallen von Seidenglanz in Idria in den Quecksilbergruben, in den Klüften des mit Alaunschiefer gemengten Schieferthons vorkömmt, ward nach einer Analyse des Entdeckers für schwefels. Thon gehalten. Eine genauere Analyse von Klaproth, hat bewiesen, dass es aus schwefels. Talk mit etwas wenigem schwefels. Eisen besteht.

Reuss 2. 3. p. 63. tabell. Uebers. p. 46. Karsten p. 56. u. no. 84. p. 95. Mohs 2. p. 270.

d) SCHWEFELS. THONKALI (Alaun), wird, wie ast alle Salze, in derben Massen zusammengesintert, mehlig, tropfsteinförmig, und in haarförmigen Krystallen gefunden, auch in äusserst zarten Pyramiden, die zusammengewachsen, einen gleichlaufend fasrigen Bruch mit Seidenglanz bilden. (Karstens Federsalz, sonst Federalaun). Als Auswitterung findet man den Alaun in Uebergangsthonschiefergebirgen, in Schieferthonflözen, die Schwefelkies enthalten, wo der Schwefel des Eisens sich zu säuern vermag, und dann den

Thon des Schiefers neutralisirt. Vorzüglich wird der chemische Procefs durch die Gegenwart bituminöser Substanzen unterstützt. Auf diese Weise in Böhmen, Oesterreich, Kärnthen. Mehrere Steinkohlen, die Schwefelkies enthalten, zeigen diese Auswitterung, die keinesweges selten ist. Auf dem Alaunschiefer in Freienwalde, bildet sich das Federsalz, welches nach Klaproth 7,50 Th. Eisenoxydul enthält. Das schönste Federsalz ist dasjenige, welches Tournefort in einer Höhle der Insel Milo fand, und welches Olivier ebendaselbst später entdeckte. Sehr oft findet man Alaun in den Braunkohlenlagern der aufgeschwemmten Gebirge mit Fraueneis, wie bei Halle, bei Friedberg, im vormaligen Moseldepartement. (Timoleon Calmelet Journ. d. mines 25. p. 329.). Der Alaun, welcher in der Alaunhöhle (Grotha di Alume) bei Capo di Miseno, unweit Neapel, beständig auswittert, ist aus Spallanzanis Reise (1. p. 155.) und Klaproths Analyse bekannt. Nach Breislach (Essais mineralogiques sur la Solfatara, Naples. 1792. p. 157.) findet bei Solfatara eine ähnliche mächtige Alaunerzeugung statt. Eine ausserordentliche Menge Alaun erzeugt sich nach Borch (Miner. sicilienne p. 177.) bei Monte rosso und Petraglia, bei Gampligliari und auf den liparischen Inseln, Vulcano und Stromboli. Bei

Aubin, im Departement d' l'Aveyron, findet man ihn in beträchtlicher Menge nach Cordier (Journ. d. mines 26. p. 406.). In allen diesen Gegenden scheint er ein räthselhaftes vulkanisches Produkt zu seyn. In Berghöhlen bei Segerio auf Sardinien, findet man ihn krystallisirt, nach Azunu (Hist. d. Sardaigne 2. p. 361.) und durch Caravanen wird er durch die Einwohner von Goubanieh in grosser Menge aus den Gegenden, jenseit Syene, im Innern von Afrika, nach Aegypten gebracht. (Girard, Decade egyptienne 3. p. 84.).

Cronstedt p. 141. §. 124. Wallerius 2. p. 31. gen 34. spec. 234. Alumen nativum. Syst. Nat. XII. 3. p. 101. Alumen (nativum) nudum. De l'Isle 1. p. 313. Kirvan 2. p. 19. Hauy 2. p. 439. Tabl. comp. p. 22. Lucas 2. p. 92. Reuss 2. 3. p. 58. Mohs 2. p. 272. tabell. Uebers. p. 46. Karsten p. 56. Brochant 2. p. 6. Biongniart 1. p. 155.

Die Bergbutter, die von einer schmuzigen gelbl - Gr., auch gelbl - Br. Farbe vorkömmt, meist derb und knollig, in weichen zerbrechlichen Massen, von einem schimmernden Fettglanz, und fettig anzufühlen, ist nichts als ein unreiner Alaun, der auch keinesweges allenthalben die nämliche Gestalt zeigt. Man findet sie auf Alaunschiefern auf Bornholm, auf Alaunerde in Böhmen.

Kirvan 2. p. 19. Schumacher Verzeichn. p. 5. Reufs 2. 3. p. 66. tabell. Ueberf. p. 46. Karften p. 56, Brochant 2. p. 10, Brongniart 1. p. 156.

e) SCHWEFELS. EISEN, (Eifenvitriol). Diefes bekannte Salz, von mehr oder weniger äpfelfpan - fmaragdgrüner Farbe, die Oberfläche meift mit Eifenocker belegt, findet man derb, öfters knollig, traubenförmig, in Ungarn, felten in Rhomben und dpp. 4f. gefchobenen Pyr., meift von Fettgl. — in den Gruben, wo häufige Schwefelkiefe verwittern. Am ausgezeichnetften — auch kryftallifirt — in Ungarn und am Harz, faft immer unrein, mit Kupfer, Zink und Alaun vermifcht.

Cronftedt p. 140. §. 123. Wallerius 2. p. 22. gen. 33. spec. 227. Vitriolum ferri viride, nativum. Syst. Nat. XII. 3. p. 104. Vitriolum (martis) ferri, viride, hexaedrum. Bei Wallerius l. c. p. 27. (Lapis atramentarius,) wie bei Linné l. c. (Vitriol. atramentarium,) wird ein Schiefer angeführt, welcher mit Vitriol durchdrungen ift, und welcher bei den älteften Mineralogen eine grofse Rolle fpielte. Der rothe hiefs bei Plinius, der diefe durch Verwitterung imprägnirte Schiefer fchon kannte, Chalcotis, der gelbe Mify, der graue Sory, der fchwarze Melanteria, und diefer foll nach Wallerius, indem der Vitriol mit adftringirenden vegetabilifchen Subftanzen zufammen kömmt, eine natürliche Dinte bilden, und ift alfo der wahre Atramenstein. — Kirvan 2. p. 28. De l'Isle 1. p. 331. Hauy 4. p. 163. Tabl. comp. p. 100. Lucas 2. p. 418. Reuſs 2. 3. p. 68. Mohs 2. p. 268. tabell. Uebers. p. 45. Karſten p. 56. Brochant 2. p. 2. Brongniart 2. p. 180.

f) SCHWEFELS. KUPFER, (Kupfervitriol). Ausgezeichnet durch ſeine dunkelhimmelblaue Farbe, die, wenn es mit Eiſenvitriol vermiſcht iſt, in eine ſpangrüne übergeht. Es kömmt derb, eingeſprengt, zapfen und tropfſteinförmig, äuſserſt ſelten kryſtalliſ. in Würfeln von Glasglanz vor, am ausgezeichnetſten in Ungarn bei Neuſohl, auch in den Gruben des Rammelsberges, in den Pinzgauer-Gruben bei Mühlbach im Salzburgiſchen, bei Wicklor in Irland, unter ähnlichen Umſtänden, wie der Eiſenvitriol. Es iſt ſelten rein, enthält vielmals Eiſen, und zuweilen Zink. Plinii Chalcanthus, auf Cypern.

Cronſtedt p. 140. §. 123. Wallerius gen. 33. spec 228. p. 20. Vitriolum cupri, caeruleum, nativum. Vitr. cupri, Syst. Nat. XII. 3. p. 104. Vitriolum (cyprinum) cupri caeruleum dodecaëdrum. De l'Isle 1. p. 326. Kirvan 2. p. 30. Hauy 3. p. 675. Tabl comp. p. 92. Lucas 2. p. 356. Reuſs 2. 3. p. 73. tabell. Ueberſ. p 45. Karſten p. 56. Brochant 2. p. 2. Brongniart 2. p. 226.

g) SCHWEFELS. ZINK (Zinkvitriol), gelblgraul. röthl.-W., derb, tropfſteinartig, knollig, flockig, als wolliger Ueberzug, meistens von fasrigem Bruch, kömmt, wie die übrigen Vitriole, und unter gleichen Umständen in Ungarn (auf dem Pacherstollen bei Schemnitz), in den Gruben des Rammelsberges, in grosser Menge zwischen Grand-Vabre und Saint-Porthens, Depart. l'Aveyron (nach Blavier Journ. d. mines 19. p. 255.) vor. Ist viel seltener, aber eben so wenig rein, wie die vorigen Arten.

Cronstedt l. c. Wallerius 2. p. 24. gen. 33. spec. 230. Vitriolum Zinci album, nativum. Syst. Nat. XII. 3. p. 104. Vitr. (album) Zinci album dodecaëdrum prismaticum. De l'Isle 1. p. 340. Kirvan 2. p. 31. Hauy 4. p. 244. Tabl. comp. p. 104. Lucas 2. p. 452. Reuss 2. 3. p. 77. Mohs 2. p. 269. tabell. Uebers. p. 45. Karsten p. 56. Brochant 2. p. 2. Brongniart 2. p. 143. u. 362.

h) SCHWEFELS. KOBALT, (Kobaltvitriol). In dem Herrengrunde bei Neusohl in Ungarn fand man einen salzigen, inwendig glänzenden (Glasgl.), in einer Richtung gradblättrigen, weichen Tropfstein von rosenrother Farbe und auffallend styptischen Geschmack. Klaproth behauptete nach einigen vorläufigen Versuchen, dass dieses Salz aus Schwefelsäure und Kobaltoxyd bestand, erhielt aber durch kohlens. Kali nur 7 Gr. Kobaltoxyd. Vauquelin, der dasselbe Salz untersuchte, behauptete, dass es aus schwefels.

Talk, gefärbt durch Kobaltoxyd, beſtände. Später fand Kopp zu Bieber im Hanauiſchen ein ähnliches Salz von fleiſch-, ſelten kupfer-rother Farbe, tropfſteinartig, zackig und äſtig, auch als dünner Ueberzug, angeflogen, im Bruche erdig, körnig abgeſ., zerreiblich, mit einem lichteröthlichen Strich, und von ſtyptiſchen Geſchmack, welches auf ſchaaligem Baryt, ſchwarzem und grauem Spieskobalt und mit Arſenikoxyd ſich auf einem alten Manne gebildet hatte. Dieſes Salz enthielt, nach einer genauen Analyſe, 38,11 Kobaltoxyd, 19,54 Schwefelſ., 41,55 Waſſer, zerfloſs ſehr leicht auf der Zunge. Die Bildung iſt ſowohl von dem ungariſchen wie hanauiſchem Salze, ganz ſo, wie bei den übrigen Vitriolen, durch zufällige Umſtände in Gruben veranlaſst, und es iſt alſo nicht zu verwundern, wenn Form und Gehalt verſchieden ſind. Im Hanauiſchen iſt der Kobaltvitriol zufällig rein (wie man wohl auch die andern Vitriole, unter günſtigen Umſtänden, wenn auch noch ſo ſelten, finden könnte), in Ungarn, was durchaus nichts auffallendes hat, iſt dieſes Salz bald ein wahres Bitterſalz, mit Kobaltoxyd gefärbt, (wie das von Vauquelin analyſirte,) bald ein unreiner Kobaltvitriol (wie das von Klaproth analyſirte Stück). Ohne allen Zweifel würde man auch zu Neuſohl noch reineres Salz finden.

Reuſs a. 3. p. 79. Karſten p. 56. Lucas 2. p. 445. Kopp mineral. Taſchenb. 1. p. 104. u. 3. p. 201.

SCHWEFELSÄURE. Man hat keinen Grund, (mit Kirvan Miner. p. 5.) die Gegenwart der Schwefelſäure in reinem Zuſtande in der Natur zu bezweifeln. Doch iſt es zu wünſchen, daſs die vulkaniſchen Produkte, welche man bis jetzt für Schwefelſäure in feſtem Zuſtande hielt, genauer unterſucht würden. Ein ſolches iſt das bekannte Produkt, welches Baldaſſari, haarförmig kryſtalliſirt, an einem Kalkhügel (Monte Zaccolino) bei den Bädern von San Filippo in Toskana, und die ähnlichen Kryſtalle, welche Dolomieu in einer Höhle des Aetna fand. Daſs aber, in vulkaniſchen Gegenden, Schwefelſäure ſich bildet, beweiſen ſchon Tourneforts Erfahrungen in der nämlichen Höhle, wo er das (oben angeführte) Federſalz fand (Voyage 1. p. 64.). So ſcheinen nach Breislack die ſauren Waſſer von Molfetta, in der Gegend von Neapel, Schwefelſäure zu enthalten. Häufiger iſt die Schwefelſäure, in freiem Zuſtande, in vulkaniſchen Quellen. Leſchenault de la Tour fand auf der Inſel Java, auf dem Crater eines alten Vulkans (Mont-Idienne), eine See mit ſaurem Waſſer, welches nach Vauquelin eine groſse Menge freie Schwefelſäure, mit einem kleinen Antheil von freier schweflicher Säure, Salzsäure, Schwefel, schwefels. Kali, Alaun und Eisenvitriol enthielt (Journ. de phys. 65. p. 405.), und Humboldt fand auf der Höhe des Vulkans von Purazé, bei Popeyon, eine Quelle, die so mit Schwefelsäure geschwängert war, dass die Einwohner sie die Essigquelle nennen. In dieser Quelle findet man keine Fische, auch in dem Fluss, in welchen sie sich ergiesst (Rio-cama oder Cauca), erst in einer Ennernung von vier Lieues (Journ. de phys. 62. p. 61.). Die schwefliche Säure aber bildet sich in grosser Menge in allen Vulkanen.

3) SALPETERSAURE SALZE.

a) SALPETERS. KALI (Salpeter), wird wohl nie anders, als in der Form von Flocken, als dünner Ueberzug, kaum in haarförmigen Nadeln, ausser in den Salpeterplantagen gefunden. Da, nach der angenommenen Ansicht der Chemiker, der Salpeter sich bildet, indem der, aus den faulenden thierischen und vegetabilischen Substanzen sich entwickelnde Stickstoff, sich in dem Augenblick seiner Entwickelung mit dem Sauerstoff der Atmosphäre vereinigt, so dass die so entstandene Salpetersäure sich mit dem zufällig vorhandenen Kali neutralisiren kann, so sind allerdings die, in mehrern mineralogischen Handbüchern angeführten Beiſpiele von Salpeterbildung, ohne alle Gegenwart faulender Subſtanzen ſehr merkwürdig und räthſelhaft. Zu dieſen gehört der merkwürdige talkhaltige Kalkſtein, aus welchem die Häuſer auf Maltha gebauet ſind. Von dieſem erzählt Dolomieu, daſs er, ſobald er mit Seewaſſer benetzt wird, in Kochſalz, *Salpeter* und ſalpeterſauren Kalk zerfällt. Ein einziger Tropfen Seewaſſer iſt hinreichend, den Keim der Zerſtörung zu erzeugen: es wird dadurch ein Fleck gebildet, welcher allmählig zunimmt, und ſich, wie der Knochenfraſs, durch die ganze Maſſe des Steins verbreitet, (vergl. meine Beitr. z. innern Naturg. d. Erde p. 68.). Noch auffallender iſt die Erzeugung des Salpeters in dem Pulo von Molfetta, die zuerſt von Fortis, ſpäter von Zimmermann (Voyage a la nitrière naturelle, que ſe trouve a Molfetta, Paris 1789.), und Salis Marſchlins (Reiſ. 1. p. 126.) beobachtet wurde. In dieſer Höhle, 100 Fuſs tief, findet man in mehreren natürlichen Grotten, zwiſchen Schichten von dichtem Kalkſtein, unregelmäſsig kryſtalliſirten Salpeter. Wie der oben erwähnte Stein, zerplatzt auch dieſer, und bildet eine zuckerähnliche, mit Gyps vermiſchte Rinde. Wird dieſe Rinde weggenommen, ſo erzeugt ſich im Verlaufe eines Monats eine neue, im Sommer am ſchnellſten. Am reichlichſten iſt die Salpetererzeugung in den Grotten, deren Oeffnung nach der einige Meilen entfernten See zugekehrt ist. Ein Brunnen in der Mitte des Pulo, enthält sehr viel Salz nach starken Regengüssen, welches vermuthen läſst, daſs dieses Salz in der Tiefe in bedeutender Menge vorhanden sey. Man entdeckte später Salpeter in mehrern Höhlen (Gravina, Altamura u. s. w.), wo in einigen Viehställe waren, die aber am wenigsten enthielten. Das Salz von Mofetta besteht nach Klaproth aus 42,55 Salpeter, 25,45 Selenit, 30,4 Kalk, 0,2 Salzs (Kali?). Der bekannte Kehrsalpeter, welcher in groſser Menge in flockiger Gestalt, die Oberfläche der Erde bedeckt, in heiſsen Ländern, wie in mehrern Gegenden von Spanien, besonders in Arragonien, (Introduction à la historia natural y à la geografia fisica de Espanna par D. G. Bowles, Madrid 1789. an mehrern Orten, besonders pag. 412.), in Lima (nach Carrere Journ. d. phys. 30. p. 393), in Virginien (nach Schöpf Reisen 1. p. 639.), ist meist salpetersaurer Kalk. Nach Winterl (Analysis aquarum budens. Budae 1781. p. 184.) enthalten die Quellen vom Samosflusse bis nach Wien, in einer Strecke von 70 — 80 Meilen, und von den Karpathen bis an die Drau in der Breite, so oft Salpeter, daſs die meisten dadurch untrinkbar werden.

Wallerius p. 45. Gen. 35. spec. 240. Nitrum terrae mineralisatum. Terra nitrosa p. 46. Nitr. calcareum. Syst. Nat. XII. 3. p. 84. Nitr. (nativum) humosum. De l'Isle p. 350. Kirvan 2. p. 34. Hauy 2 p. 391. Tabl. comp. p. 19. Lucas 2. p. 78. Reuſs 2. 3. p. 21. tabell. Ueberſ. p. 44. Karſten p. 56. Brochant 2. p. 17. Brongniart 1. p. 112.

4) SALZSAURE SALZE.

a) SALZS. KALI (Kochſalz) wird hier erwähnt, in ſofern es ſich theils aus Meerwaſſer noch immer abſetzt, theils wo das Meerwaſſer das Land verlaſſen hat, als Ueberbleibſel des verſchwundenen Meers ſich zeigt. Es iſt Werners Seeſalz, Karſtens körniges Steinſalz, (eine unpaſſende Benennung), welches ſich meiſt in Körnern und Graupen auf dem Boden der Seen abſetzt, aber auch durch Auswitterung in der gewöhnlichen flockigen Geſtalt. Vulkane, die in Verbindung mit dem Meere ſind, ſetzen nach Eruptionen Seeſalz ab. So auf der Inſel Bourbon (nach Barth bei der Eruption von Veſuv 1794, nach Breislack, Gilberts Annal. 6. p. 33. und 1805), nach Thompſon (Bibl. britanniq. 30. p. 252.), unter den nämlichen Umſtänden wittert dieſes Salz auf dem Hekla aus. (Olavſen und Poulſen). Selbſt in Europa findet man mehrere Salzſeen, die Salz abſetzen. So in Frankreich, in den Departements Jura, de la Meurthe, Basses-Pyrenées, Montblanc u. s. w. Am häufigsten ist aber der Absatz in heissen Ländern. Die Natronseen in Aegypten, entstehen aus dem Kochsalz. Auf dem Boden derselben findet man es, und nach Berthollet wittert kein Natrum aus, wenn der Boden zu viel Kiesel oder Thon enthält. Das kohlens. Natrum entsteht nämlich, wenn der Boden viel kohlens. Kalk enthält, durch einen Umtausch der Bestandtheile, und der entstandene salzs. Kalk, welches sehr leicht zerfliesst, muss in den Boden einsickern. So bildet sich also das kohlensaure Natrum in den weitläufigen Sandwüsten Afrika's, und setzt eine ungeheure Menge Kochsalz voraus. Von dem ausserordentlichen Gehalt und mächtigen Absatz der Salzseen im südwestlichen Asien, und zwar zu Asov, in Taurien, bei Astrachan, hat uns Pallas genaue Nachrichten mitgetheilt (Bemerk. auf einer Reis. durch die südl. Statthaltersch. v. Russl. 2. Th. p. 477.). Nach Barrow (Reise 1. p. 153.) und Lichtenstein (Reise 1. p. 556.), findet man in der Nähe von dem grossen Zwartkopfluss, einen beträchtlichen See (die Salzpfanne), der, wenn das Wasser verdunstet, eine dicke Rinde von schneeweissen Krystallen absetzt, die dem ganzen Bassin vollkommen das Ansehn eines überfromen und dünn mit Schnee bedeckten Sees giebt. Bei weiterer Verdünstung lösen sich die feinen Nadeln des Salzes los, und werden von dem Winde, in Flockengestalt angehäuft, zu ordentlichen kleinen Schnee-Hügeln an dem Ufer zusammengetrieben. Ein Salzsee, Penon blanco, in der Intendantschaft St. Louis Potosi, ist, nach Humboldt (Essai politique sur la Nouvelle Espagne 2. p. 594.) in Mexico der bedeutendste.

Cronstedt p. 149. § 130. Wallerius o p. 55. gen. 36. spec. 245. Muria (marina. Sal marinum. Syst. Nat. XII. 3. p. 98. Muria (marina) nuda, marina. Vergl. die Citate bei Steinsalz.

b) SALZ. AMMONIAK (Salmiak) findet man in den Lagunen von Siena aufgelöst. In den pseudovulkanischen Steinkohlengebirgen von Lüttich und Newcastle ausgewittert, besonders häufig und ausgezeichnet aber unter den vulkanischen Produkten von Aetna, Lipari, (nach Dolomieu Reise p. 91.), Salfatara und Vesuv, so dass der Salmiak nur durch einen grossen Verbrennungsprocess natürlich gebildet wird. Vorzüglich merkwürdig ist Breislacks Beobachtung bei der Eruption 1794. Der Salmiak gehörte zu den ausgezeichnetsten Produkten dieser Eruption. Man fand ihn in den Ritzen der Schlacken in Rhomben eine Linie groſs, in Rhomboidal-Dodecaëdern, mit abgeſt. Spitzen, in rechtwinkl. 4ſ. S., 2ſ. zugeſp. (Hyacinth-Kryſtalliſation), in dendritiſchen Zuſammenhäufungen von Kryſtallen, in Stücken von fasrigem Bruch, ganz wie die des künſtlichen ſublimirten Salmiaks. Viele Kryſtalle waren gelblich gefärbt und durchſichtig, wie der ſchönſte Topas. Sie waren, wie Verſuche von Thompſon darthaten, ohne Kryſtalliſationswaſſer, obgleich feuchte Dämpfe aus den Ritzen traten. (Gilberts Annal. 6. p. 33.). Bei der Eruption 1805, fand Thompſon eine auſserordentliche Menge Salmiak, welches die flieſsende Leucit haltende Lava bedeckte. (Biblioth. britannique 30. p. 87.).

Cronſtedt p. 157. §. 140. Wallerius 2. p. 78. gen. 40. spec. 257. Sal ammoniacum Vulcanorum. De l'Isle 1. p. 382. Kirvan 2. p. 44. Hauy 2. p. 431. Tabl. comp. p. 22. Lucas 2. p. 92. Reuſs 2. 3. p. 38. Mohs 2. p. 267. taboll. Ueberſ. p. 45. Karſten p. 56. Brochant 2. p. 27. Brongniart 1. p. 109.

Freie Salzſäure entwickelt ſich ſelten in der Natur. Ein Grubenſee in den Salzgruben von Wieliczka, haucht eine Menge ſalzſaures Gas aus, wenn das überſättigte Waſſer in Bewegung geſetzt wird. (Schultes in Gehlens Journ. f. Chem., Phyſ. u. Miner. 5. 2. p. 253). In der

Nähe des Sees von Cusco bei Vallalolid in Neuspanien, welcher Kochsalz enthält und Schwefelwasserstoffgas aushaucht, sind eine Menge Quellen, die hauptsächlich Salzsäure enthalten, ohne eine Spur von erdigen schwefelsauren oder metallischen Salzen. (Humboldt Journ. de phys. 69. p. 155.). Vauquelin fand, dass eine vulkanische Substanz von Monte-Dome in Auvergne einen Geruch, wie den von der Salpeter-Salzsäure aushauchte. (Anmerk. d. Mus. 6. p. 98.).

5) BORAXSAURE SALZE.

a) BORAXSAURES NATRON. (Borax, Tinkal). Das Salz, welches wir unter dem Namen Tinkal kennen, ist ohne allen Zweifel künstlich, und die Nachricht, welche Grill Abrahomson durch seinen Correspondenten aus China erhielt, sehr unsicher. Nach dieser (schwed. Ak. Abh. 34. p. 317.), soll man die Pounxa (den natürlichen Borax) in Thibet 2 Ellen tief aus der Erde graben, und 1) in Stücken, von der Gröfse der Mannakörner (Houi Poun), 2) wie kleine Bohnen (My Poun), 3) als klare Krystalle, so grofs als welsche Nüsse (Pin Poun) erhalten. Aber die krystallinische Form ist gewifs durch eine vorläufige Bearbeitung entstanden, die schon die Verschickung nothwendig macht, und mit Gewiſsheit können wir voraussetzen, daſs die Krystalle, die nach Europa kommen, (geschobene 6ſ. S. und dpp. 4ſ. Pyr.) künſtlich ſind. Wir haben eine doppelte Nachricht von dem Vorkommen der Tinkals in Thibet. Die eine (phil. Trans. Vol. LXXVII. p. 297.) berichtet, daſs der Tinkal (indiſch Sovaga, Svaga, Sohaga,) an den ſeichten Ufern von ſtehenden Seen erzeugt wird, die von Tezboo Lomboo (29° 4′ nordl. Br.) gegen Norden liegen. Einige weſtwärts von Loſſa oder Lahaſſa, in der Provinz Marmi oder Marma, andere mehr nordwärts liegende im Thale Tapré, auch in Tſchiaga, deſſen Lage unbeſtimmt iſt. Ferner in der Provinz Dſchumlata gegen Norden von Betaule. Die Erde iſt mit Boraxſäure geſchwängert — dieſe iſt alſo hier, wie in den toskaniſchen Lagunen, das Urſprüngliche — ſie zerlegt das Kochſalz, und bildet ſo den Tinkal. Man glaubt, daſs die Gegend, wie wahrſcheinlich im Toskaniſchen, vulkaniſch ſey, denn der eine See in Dſchumlata, iſt heiſs. Die zweite Nachricht verdanken wir Saunder, der Turner auf ſeine Reiſe durch Bootan und Thibet begleitete. (Phil. Trans. Vol. LXXIX. p. 79. und Grens Journ. d. Phyſ. 2. p. 88.). Funfzehn Tagereiſen nordwärts von Tezhoo-Lomboo, iſt eine See mit Steinſalz und Tinkal von allen Seiten mit felsichten Bergen umschlossen. Er wird von Quellen versorgt. Der Tinkal setzt sich an dem Boden an, und die, welche ihn einsammeln, graben ihn in grossen Stücken aus, die sie nachher, um sie bequemer fortbringen zu können, in kleinere Stücken brechen, und zum Trocknen an die Luft legen. (Dieses deutet auf zusammengesinterte Massen, von Krystallen erwähnt Saunder nichts). Obgleich man das Salz lange gesammelt hat, nimmt es dennoch nicht ab. Die Löcher füllen sich immer wieder. Man trifft den Tinkal nie auf trockenen Boden oder Höhen, immer an den seichtesten Stellen, oder an den Ufern des Sees, der von dem Rande nach der Mitte zu tiefer wird, daher zu viel Wasser hat, als dass man nach den Tinkal suchen könnte. Allein aus den tiefsten Stellen bringt man das Steinsalz herauf, welches man an den seichten Stellen, oder am Ufer, gar nicht findet. (Dieses scheint auf die oben angeführte Entstehung des Tinkals aus Kochsalz zu deuten). Der See steigt oder sinkt wenig, und wird von unveränderlichen Quellen unterhalten. Er hat, wie man versichert, 20 (engl.) Meilen im Umkreis, und eine so hohe, kalte Lage, dass er den grössten Theil des Jahres hindurch gefroren ist. Carrere behauptet, dass dieses Salz bei Potosi in Südamerika, in den Gruben von Viquintuba, vorkommt. (Journ. d. phyſ. 30. p. 393.). Der Borax, welcher nach Europa kömmt, hat etwas fettiges.

Cronſtedt p. 15. §. 138. Wallerius 2. p. 82. gen. 41. spec. 258. Borax crudus saponaceus. Tincal. Syst. Nat. XII. 3. p. 94 Borax (Tincal) nudus. De l'Isle 1. p. 241. Kirvan 2. p. 49. Hauy 2. p. 414. Tabl. comp. p. 20. Lucas 2 p. 88. Reuſs 2. 3. p. 15. tabell. Ueberſ. p. 44. Karſten p. 56. Brochant 2. p. 33. Brongniart 1. p. 145.

b) BORAXSÄURE, (Sädativſalz, Saſſolin, Karſten). Höfer entdeckte dieſe Säure in verſchiedenen kleinen Teichen (Lagunen, die gröſsten 10 Toiſen lang und 7 T. breit) bei Saſſo im Sieneſiſchen (Memoria sopra il sale sedativo u. ſ. w. u. in Samml. z. Phyſ. u. Naturgeſchichte 1. p. 700.), und Mascagni (ſeine Abhandl. im Auszuge von Giobert Bibliotheque italienne 1. p. 134. und 2. p. 69.). Gehlen (Journ. d. Chem. 6. 2. p. 181.) fand ſie in den nämlichen Lagunen die Schwefelwaſſerſtoffgas und kohlenſaures Gas mit beträchtlicher Hitze und mit einem Ziſchen, welches ſich in einer Entfernung von 2 — 3 Lieues hören läſst, entwickelt. Die Boraxſäure iſt in denjenigen Lagunen vorzüglich, aus welchen ſich die ſchweflichen Dämpfe mit ſtärkern Geräuſch entwickeln, und deren Grund aus Thonmergel beſtehet (in den Lagunen von

Castelnuovo und Montecerboli). Im Sommer findet man feste Boraxsäure an und selbst in den Lagunen, und längs den Gräben, um die Oeffnungen, aus welchen Dämpfe heraustreten und dicht bei denselben. Sie ist aschgrau von beigemengter Erde. Die Loupe zeigt zusammengehäufte Krystalle, der Bruch ist blättrig, weisslich, sie besteht aus verschiedenen Schichten, mehr oder weniger dicker Blätter. Die Boraxsäure, die man an den Rändern der Gräben, durch welche die, aus den Lagunen sprudelnden Wasser laufen, antrifft, wittert aus dem Schlamme, als kleine weisse, oder schwach gelb gefärbte Krystallhaufen, selten fasrig, meist blättrig. Am reichlichsten findet man sie, wo die Dämpfe entweichen, auch in dem nahen Gestein in mehr oder weniger grossen leichten, fasrigen Massen, verschieden gefärbt nach der Beschaffenheit der beigemengten Substanzen. — Die himmelblauen und grünen die reinsten, von Conferven gefärbt, die gelben von schwefels. und boraxs. Eisen. Zuweilen auch grau, inwendig weiss, fasrig, fettig (bei Monte Cerchiago und Monte-rotondo), nahe bei einer Oeffnung, wo die Dämpfe mit Heftigkeit austreten. Alles dieses Salz besteht aus erweichtem schiefrigem erhärtetem Thon, der von den Ausdünstungen (deren Temperatur 72°) geschwängert und unordentlich mit Schwefelkies gemengt ist. Diese Concretionen sind, wie der Form, so dem Gehalte nach sehr verschieden. — Die Boraxsäure beträgt $\frac{1}{2}$, $\frac{2}{3}$, $\frac{3}{4}$. Die Beimischungen sind boraxs. Eisen und Ammonium, schweflich- und schwefelsaures Ammonium, schwefelsaures Eisen, Alaun in abweichenden Verhältnissen. Der unaufgelost bleibende Rückstand enthielt Schwefelkies, erdige Schwefelverbindungen, Gyps, Kiesel, Thon, Schwefel u. s. w. Die in zerfressenen Körnern, und kleinen krystallinischen Massen, von graulich-weisser und isabellgelber Farbe vorkommenden Stücke, die Estner (Miner. 3. 1. p. 84.) und nach ihm Reuss beschrieb, bestehen nach Klaproth aus 86 Boraxs., 11 schwefels. Braunst., etwas eisenhaltig, 3 schwefels. Kalkerde — Mascagni scheint den Braunsteingehalt übersehen zu haben. Die Estnersche Beschreibung hat keinen bestimmten Werth, und gilt nur von den Stücken, die er beschrieb. In Thibet kömmt die Boraxsäure, ohne allen Zweifel, unter ähnlichen Umständen, wie in den toskanischen Lagunen, vor. Nur die Gegenwart des Kochsalzes verwandelt sie in Tinkal.

Lucas 2 p. 5. Reuss 2 3. p. 10. Sassolin. tabell. Uebers p. 44. Karsten p. 56. Brochant 2. p. 555. Brongniart 1. p. 105.

KOH-

KOHLENREIHE.

1.

Graphit, Wr. und H.

a) blättriger, Hausmann, (Graphite crystallisé, H.), *Stahl*-Gr. in *eisen*-Schw. — *eingesprengt*, *derb* und kryſtalliſ.

1) Primitiver, (primitif.) Die Kerng. höchſt wahrſcheinlich, ein 6ſ. Prisma, welches ſich ſehr leicht parallel mit den Grundflächen theilen läſst, auch mit Spuren von Theilungsflächen parallel mit den Sfl.

Hauy hat bei dieſem primitiven Graphit aus New-York Andeutungen von abgeſt. Stk. gefunden, die nach ihm eine Varietät (graphite annúlaire), ſo wie von Abſtpf. der Ecken an Graphitkryſtallen aus Grönland, die eine zweite Varietät (gr. épointé) bilden würden.

Oberfl. *ſchimmernd* und *wenig gl. v. Metallg.* — Br. *vollk. grad*- oder *krumm-blättr.* von deutlich *einf.* Drchg.-Brchfl. *metalliſchglänzend*

— Brchst. *unbest. eck. stumpfk. — undrchstg — Glänzender Strich — Schreibt — färbt ein wenig — sehr weich — sehr milde — nicht sudrl. l. zersp.* — 2,0891 — 2,2456 H.

Kohlenstoff 90,9, Eisen 9,10. Berthollet.

Diese Art ist erst durch Hauy bekannt geworden, der schon in seinem Lehrbuch die Vermuthung äuſserte, daſs der Graphit als Kerngestalt eine 6s. S. bilden könnte. Hausmann hat sie, wie billig, von den übrigen Arten getrennt.

Fundort. Bis jetzt in Grönland, von James Bruce in New-York, und von Schuhmacher und Hausmann bei Friedrichswärn und Arendal in Norwegen entdeckt, auſserdem im Passauischen in Speckstein.

Tabl. comp. p. 70. p. 236 und 311. Lucas 2. p. 253. Hausmann Entwurf p. 115. Schuhmacher Verzeichn. p. 3.

b) SCHUPPIGER GRAPHIT. Wr. (Gr. granulaire H.). Farbe und Glanz wie a. — Brch. *grob- und fein-schuppig-blättr.* — Brchst. *unbest. eck. stumpfk.* — etwas undeutl. *grob- und feinkörnig* abgel. — sonst wie a.

An Siegellack und Harz so stark gerieben, daſs er abfärbt, theilt er diesem keine Electricität mit.

Vor dem Löthrohre durch langanhaltendes Feuer flüchtig. Bestandtheile wie a.

Diese Art ist, mit der nachfolgenden, häufig. Sie war lange den Mineralogen bekannt, ward aber durchgängig mit dem Molybdaen verwechselt, obgleich Farbe, Bruch und specifisches Gewicht sie stark von einander trennen. Durch Scheele lernten wir zuerst das eigenthümliche Metall des Molybdaens und zugleich die Bestandtheile des Graphits kennen. Seine Analyse stimmt vollkommen mit der von Berthollet oben angeführten überein. Bekanntlich sah Guyton, wie sich, bei der Verbrennung der Diamanten, Graphit bildete, der den Diamanten überzog. Daraus würde folgen, dass man den Graphit, als ein Kohlenoxyd zu betrachten hätte. Diese Annahme wird durch die neuesten Versuche von Davy nicht bestätigt. Vielmehr beweisen sie, dass der Diamant keinen Sauerstoff, und eben so wenig, wie Biot und Arago aus dem grossen Brechungsvermögen schlossen, Wasserstoff enthält, dass weder der Graphit, noch die Kohle sich durch eine gewisse Menge des mit ihnen verbundenen Sauerstoffs von den Diamanten unterscheide, dass vielmehr der Graphit, so wie alle kohlige Substanzen einen kleinen Antheil Wasserstoff enthält, so dass die ganze Kohlenreihe der Fossilien durch Kohlenstoff und Wasserstoff characterisirt wird, nur so, dass der letzte Bestandtheil, bei den eigentlich öhlichen Substanzen zunimmt. Daſs ſich Graphit bei der Verbrennung des Diamanten erzeugt habe, hat ſich, wie geſagt, durch die Davyſchen Verſuche nicht beſtätigt. (Schweigger Journ. 1814. 12. 2. p. 212.). Auch ſcheinen alle bisherigen Unterſuchungen zu beweiſen, daſs der Eiſengehalt des in der Natur vorkommenden Graphits keinesweges zufällig ſey. Dieſes iſt aber der Fall mit dem Kieſel und Thon, welchen Vauquelin dem Graphit aus der Grube Pluffier in Frankreich beigemengt fand. Hauy ſtellte den Graphit früher unter die Eiſenerze, jetzt unter die brennbaren Foſſilien.

Fundort. Man findet den Graphit in groſsen Maſſen und Lagern, die meiſt eiſenhaltig ſind, in den Schiefergebürgen der Urzeit, im Erzgebürge, Böhmen, Bayern, Oeſterreich, Paſſau, Steiermark, Siebenbürgen, Tyrol, Frankreich, Spanien, Engelland, Norwegen, Island, Grönland. Zuweilen findet man ihn eingeſprengt, in unbeſtimmteckigen Stücken und undeutlich kryſtalliſirt. Es ſcheint, als käme der eingeſprengte vorzüglich in Speckſteinartigen Maſſen vor, wie bei Krems, im Paſſauiſchen u. ſ. w. Nicht ſelten begleiten ihn andere Foſſilien, wie Grünerde und Zeolith in Island, Tremolith in Tyrol, Kalkſpath und Quarz in Engelland u. ſ. w. Leonhard I. p. 204 u. III. p. 85.

c) DICHTER GRAPHIT, Wr. (Graphite lamelliforme, H.) *Dunkel stahl*-Gr. — *derb* — *wenig*-*gl.* von *Metallgl.* — Br. *uneben von kleinem und feinem Korn* ins *ebene* und *flachmuschliche* — Brchst. *unbest. eck. zieml. stumpfk.* — etw. *fett anzufühlen*, sonst wie b.

Fundort. Kommt mit b. und unter den nehmlichen Verhältnissen vor. —

Cronstedt p. 116. §. 153. Schwefel mit Eisen und Zinn, Wasserbley. Die hier beschriebene Gattung mit Molybdaen vereinigt. Wallerius. 2 p. 249. gen. 53. Spec. 134. Ferrum corosum, volatile; mineralisatum, minera nigrescente, squamosa, pictoria, magneti refractaria, mit Molybdaen vereinigt. Syst. Nat. XII. 3. p. 121. Molybdaenum (Plumbago) titura caerulescente, wie die vorigen. De l'Isle 2. p. 500. Kirwan 2. p. 71. Hauy 4. p. 120. Fer carbure. Tabl. comp. p. 70 u. p. 230. Lucas 2. p. 252. Reuss 2. 3. p. 176. Mohs 2. p. 327. Tabell. Uebers. p. 50. Karsten p. 58. Brochant 2. p. 76. Brongniart 2. p. 53.

2.

GLANZKOHLE, Wr. (Anthracit, K. u. H.).

a) MUSCHLIGE GLANZKOHLE, Wr. (Schlackiger Anthracit, K. Anthracite compacte, H.) *Eisen, gräul.*-Schw. ins *braune* auch ins *stahlgr.* — *derb*, *eingesprengt*, *langblasig* (in den Blasenraumen oft *stahlfarbig angelaufen*), als *Ueber*-

zug, kuglich, kleintraubig, glänzend von *Halbmetallgl.* öfters *Metallglanz* — Brch. *vollkommen, grofs- und klein-flach-mufchl.* — Brchft. *unbeft. eck. fcharfk.* — felten eine Annäherung zur *ftängl. Abfndr.* — *weich* — *etw. fpr.* — *zieml. l. zfpr.* — 1,321 K. Wird durch Reiben elektrifch.

Kohlenft. 96,66, Thon 2, Eif. u. Kiefel 1,33. Schaub.

Die mufchliche Glanzkohle hat etwas ungemein characteriftifches und nähert fich offenbar dem Graphit. Sie ward früher, felbft von Werner, zu den Steinkohlen gerechnet, ift aber jetzt von ihm zuerft als eine Art mit der vormals fogenannten Kohlenblende (der nachfolgenden Art) mit Recht vereiniget. Sie gehört zu den fchwerverbrennlichen kohligen Subftanzen, und fcheint aus reinem Kohlenftoff nur zufällig mit Thon, Eifen und Kiefel beigemengt, zu beftehen, und in diefer Rückficht dem Diamant näher zu ftehen, als felbft der Graphit. Dafs fie aber, wie alle fchwarze Kohle, etwas hydrogenifirt fey, ift nach den Unterfuchungen von Davy nicht zu bezweifeln. Ob unter den von Héricart de Thury unterfuchten Anthraciten, von denen unten die Rede feyn wird, einige hierher gehören; läfst fich nicht ausmachen. Sie glüht (ohne zu flammen) zeigt weder Rauch noch Geruch, und hinterläſst eine weiſse ſparſame Aſche. Verhält ſich alſo wie der Diamant, nur daſs ſie ohne allen Zweifel, wie der Graphit, beim Verbrennen im Sauerſtoffgas, etwas Waſſer erzeugen wird. Wir glauben nicht, mit Karſten, den von ihm ſogenannten graphitartigen Anthracit von Kongsberg, als eine eigene Art ſondern zu dürſen. Er kömmt als Ueberzug, kuglich und kleintraubig vor, zwiſchen eiſenſchw. und ſtahlgr. und der metalliſche Glanz iſt zuweilen ſchwächer, als bei der meiſnerſchen Glanzkohle, aber dieſe geringe Abweichung iſt nicht hinreichend, eine eigenthümliche Sonderung zu begründen, ſo wenig als das Vorkommen, da auch die nachfolgende Art bekanntlich ſowohl in Ur- als Flözgebirgen vorkommt. Es iſt Hauy's Anthracite globuleux. —

Fundort. Am ausgezeichnetſten findet man dieſe Art im Fridrichsſtollen am Meiſner in Heſſen, wo ſie mit Pech, Stangen- und Braunkohle vorkömmt, (Schaub. phyſ. mineral. bergmänn. Beſchreib. des Meisners. p. 143) und zwar ſo, daſs von oben herunter erſt Stangen- dann Glanz- darauf Pechkohle ſich zeigt, unter dieſen pechſchwarze Braunkohle in Pechkohle übergehend. Dieſe bedeckt eine Braunkohle mit eingeſchloſſenem bituminöſem Holze. Am tiefſten ſindet man bituminöſes Holz. (Voigt Verſuch einer

Geschichte der Steinkohlen, Braunkohlen u. s. w. p. 190.). Doch berechtigt uns dieses Vorkommen nicht, mit Voigt, die oryktognostisch und chemisch so bestimmt characterisirte Glanzkohle mit der Braunkohle zu vereinigen. Ausserdem in Salzburg, bei Newcastle und in Wales, (Culm of Wales); in kleinen Lagen zwischen Schieferthon mit vegetabilischen Abdrücken bei Valjouffrey im Depart. Isere, ferner bei Venoss in Oisans, bei Mont-Genevre und an mehrern Orten in dem Depart. des hautes-Alpes, endlich findet man sie nierenförmig in bituminösen Kalk an den Ufern der Maas zwischen Visé und Argenteau ohnweit Lüttich nach Omalius d'Halloy, also von derselben Form, welche die muschliche Glanzkohle von Kongsberg auszeichnet, wo sie in grobkörnigem graulichweissem Kalk mit gediegenem Silber vorkommt. Schuhmacher Verzeichn. p. 3. Leonhard I. p. 331.

Kirvan 2. p. 64. Kohle von Wales. Tabl. comp. p 70. Lucas 2. p. 252. Reuss 2. 3. p. 132 unter den Steinkohlen. Mohs 2. p. 318. ebenso. tabell. Uebers. p. 49. ebenso. Karsten p. 68 u. n. 89 p. 96. Brochant 2. p. 50 unter den Steinkohlen. Brongniart 2. p. 5.

b) SCHIEFRIGE GLANZKOHLE, Wr. (sonst Kohlenblende, gemeiner Anthracit K. Anthracite feuilleté H.). *Eisen-* ins *sammt-*Schw. zweilen ins *ſtahlgr. bunt mit Stahlfarben angelauſen* — *derb, eingeſprengt. glänzend* von *Metallglanz* dem *Fettgl.* zuweilen nahe mitunter auch wohl *weniggl.* — Hauptbr. *ſchieſrig*, Querbr. *unvollkommen klein - und ſlachmuſchl.* Der ſchiefrige Hauptbr. ſelten mit *ſchilfartig geſtreiſter* Bruchfläche (bandartiger Anthracit, *K.*). — Brchſt. *unbeſt. eck. zieml. ſcharſk.* — *dunkle Anlage zur ſchaal. ſtängl. und würſl.* Abſndr. — *weich*, zuweilen *ſehr weich* — *äuſserſt l. zrſpr.* — *wenig ſpröde* — *ſchmuzt etwas ab* — 1,753 K. 1,796 H. — Wird durch Reiben electriſch.

Verbrennt äuſserſt ſchwer, nur bei groſser Hitze mit einer blauen Farbe, ohne ſchweſliche Säure, Erdharz oder Ammoniak zu entwickeln.

Kohlenſtoff 95, Thon und Eiſ. 5. Guyton. Kohlenſt. 68, Kieſ. 30, Eiſ. 2. Vauqu. Kohlenſt. 90, Kieſ. 4—2, Thon 4—5, Eiſ. 3. Panzenberg. Kohlenſt. 72,05, Kieſ. 13,19, Thon 3,29, Eiſ. 3,47, Verl. 8,00, Dolomieu, Kohlenſt. 97,25, Kieſ. 0,95, Thon 0,30, Eiſ. 1,50. Hericart de Thury, Kohlenſt. 93, Aſche 7, Prouſt die von Harbas bei Oviedo.

Dieſe Art, ſowohl durch ihre ſchwere Verbrennlichkeit, als durch ihr Vorkommen in den ältern Gebürgen, die keine Spuren von vegetabilischen Ueberresten zeigten, so ausgezeichnet, ward, so viel mir bekannt, zuerst durch Born von den Steinkohlen getrennt, ihre Verwandtschaft mit dem Graphit anerkannt, obgleich auch schon Cronstedt diese, oder vielleicht die vorige Art unter dem Nahmen Kolm von den übrigen Steinkohlen sonderte. Kirvans Kilkenny Kohle, schwarz ins violette, verworren blättrig, deren specifische Schwere 1,526, gehört offenbar hierher. Der bandartige Anthracit des Karsten ist nur als eine Abänderung der schiefrigen Glanzkohle zu betrachten, nur durch die schilfartig gestreifte Bruchfläche des schiefrigen Bruchs von der gewöhnlichen abweichend. Dahingegen wird die muschliche Art von der schiefrigen durch den vollkommnen muschlichen Bruch, ohne eine Spur von schiefrigen und im Ganzen stärkeren Metallglanz, durch die scharfkantigen Bruchstücke, durch das geringere specifische Gewicht sehr bestimmt getrennt. Nach Lucas erwähnt Hauy in seinen Vorlesungen von 1806, krystallisirte Glanzkohle, oder eigentlich eine Anlage zur Krystallisation, die mehr auf ein spitzes als regelmässiges Octaëder zu deuten schien. Diese angedeutete Krystallisation war schwarz, glänzend und in die Quere gestreift. Die oben angeführten Analysen zeigen, wie sehr verschieden der Gehalt des Kohlenstoffs in den verschiedenen analyſirten Stücken ausfiel. Es iſt zu bedauren, daſs die Kohlen, die analyſirt wurden, nicht genauer beſchrieben ſind. Ich bin nehmlich überzeugt, daſs die muſchlige Glanzkohle die reinſte iſt, ſo daſs Héricart de Thury's Kohle, die 97 Kohlenſt. enthielt, Guytons, die 95 gab, muſchlige Glanzkohle war. Schaub's Analyſe der Meiſsnerſchen Kohle gab auch faſt 97 Kohlenſt. Der ſchiefrige Bruch, der auch hauptſächlich im Groſsen ſich zeigt, wird alſo ohne allen Zweifel durch die Beimiſchung von Erden und Eiſen veranlaſst, und ſo war Vauquelins Kohle, die nur 68 Kohlenſt. enthielt, vielleicht auch Dolomieu's mit 72,05 wahrſcheinlich ſchiefrig. Kirvans Kilkenny Kohle hinterlieſs ſogar in 100 Th. 67,13 Aſche. Daher alſo auch das beträchtlichere ſpecifiſche Gewicht. Es iſt zu vermuthen, daſs auch die Hauy'ſche Kryſtalliſation zur muſchligen Glanzkohle gehört.

Fundort. Das Vorkommen der ſchiefrigen Glanzkohle in ausgemachten Urgebirgen iſt wohl keinem Zweifel unterworfen, wenn auch die meiſten Lager die iſolirt und ohne Begleitung von Steinkohlen entdeckt ſind in jüngern (Uebergangsgebirgen gefunden werden. So findet man ſie in Gängen zu Altenberg in Sachſen auf dem daſigen Zinnſtockwerke, mit Eiſenglanz und einigen andern Foſſilien. Ein ähnliches Vorkommen ist das auf den Kluftflächen des Granits des Sonnenberges ohnweit Andreasberg mit rothem Eisenrahm (Hausmann hercinisch. Arch. 1. 2. p. 242.). In Sachsen zu Schönfeld bei Frauenstein kommt sie im Porphyr vor. Am häufigsten bricht sie in Lagern im neuern Thonschiefer und in Grauwackengebirgen. In letztern zu Lischwiz bei Gera. In Gneiss soll sie bei Chaudoline vorkommen; was aber von Brochant bezweifelt wird. (Journ. d. mines. 23. p. 370.) — Bei Tarantaise ein merkwürdiges Lager im Uebergangsgebirge (Brochant), in Spanien in einer Bergschlucht beim Kloster Harbas in der Nähe von Oviedo (Journ. d. phys. 70. p. 332.) Auf Gängen des Uebergangskalksteins findet sie sich mit Erdpech beim Violen- und Iberg auf dem Harze, ferner auf den Rotheisensteingängen bei Elbingerode Leerbach und Polsterberg eben daselbst, mit Steinkohlen zeigt sie sich bei Brandau in Böhmen, (Meuder) auf der Insel Arran bei Schottland. (Jameson.) Die Kohlenblende von Pic Chevalieres aux Chalanches, von Petit-Rousses, von Balme d'Aures u. s. w. von Schieferthon mit Kräuter-Abdrücken begleitet, ist mehr als 1800 Meter über die Meeresfläche erhaben (Héricart de Thury) Karstens bandartiger Anthracit ist ohne allen Zweifel Estners Kohlenblende von Holztextur vom Pacherstolln bei Schemnitz in

Ungarn. Im Ganzen genommen iſt es ſchwer zu entſcheiden, ob nicht mehrere hier angeführte Fundörter der erſten Art zugehören. Es ſcheint faſt, als wenn die ſchiefrige Art ſeltener in jüngern, häufiger in ältern Gebirgen wäre. Leonhard II. p. 106. Kohlenblende.

Cronſtedt p. 169. §. 158. Erdharz mit einem gröſsern Theile der Thonerde und der vitrioliſchen Säure. Kolm. Born. Catalog. 2. p. 296. Kirvan 2. p. 62. Hauy 3. p. 374. Tabl. comp. p. 67. u. n. 103. Lucas 2. p. 249. Reuſs 2. 3. p. 183. Kohlenblende. Mohs 2. p. 323. ebenſo Karſten. p. 58. und n. 89. p. 96. Brochant 2. p. 179. Brongniart 2. p. 55.

3.

FASERKOHLE, Eſtner, (mineraliſche Holzkohle, Wr. faſriger Anthracit, K.). *Dunkel-gräul.*- und *pech*-Schw. zuweilen *ins bläul.* — *derb*, in *dünnen Schichten* und *kleinen würſl. eckigen Stücken* — *weniggl.* von *Seidengl.* — Br. *faſrig*, *fibrös* — Brchſt. *ſplittr.* — *färbt zieml. ſtark ab* — *ſehr weich ins zerreibliche* — *milde* — *ſchimmernd.*

Noch nicht analyſirt. Ohne allen Zweifel faſt reine Kohle.

Dieſe Gattung hat etwas ſehr ausgezeichnetes, und ich glaubte ſie nicht, mit Karſten, als Art der vorigen Gattung anſchlieſsen zu dürfen. Sie ſcheint ſogar in einem höhern Grade als die Glanzkohle unverbrennlich zu seyn. Sie ist den Bergleuten unter dem Nahmen Rahm oder Gisch bekannt, und auf den Coacksbänken in Oberschlesien und in den 40 Fuss hohen Oefen verhält sie sich ganz, wie die gewöhnliche Glanzkohle. Bei 1800 Cubickfuss Luft, welche die Dampfmaschinen in jeder Minute dem hohen Ofen zuführen, und eine fürchterliche Hitze verbreiten, wobei das Eisen ganz dünnflüssig bleibt, verbrennt dieser Rahm nicht nur nicht, sondern er kömmt völlig unzersetzt aus dem Gestelle mit der Schlacke heraus, und ist im Stande, wo er in einiger Menge ist, dem guten Gang des Schmelzens vielen Eintrag zu thun. (Karsten.) Dieses Verhalten berechtigt uns allerdings die Faserkohle zur Familie des Graphits und der Glanzkohle zu rechnen, aber keinesweges sie mit der letztern als Art zu verbinden. Ich habe die Estnersche Benennung gewählt, weil die zusammengesetzte Wernersche mir nicht ganz schicklich dünkt. Ob die Beyersche Kohlenhornblende in dem Pechstein zu Planiz (sieh. 1r Th. p. 316.) wirklich hierher gehört, wie Werner vermuthet, scheint mir noch immer etwas zweifelhaft. Hauy führt diese Gattung gar nicht an.

Fundort. Man findet sie in dünnen Lagen bei Schieferkohle, Grobkohle, Moorkohle und Erdkohle in mehrern Steinkohlenflötzen Engellands, Böhmens, Oberschlesiens, auch sehr fein zerstreut in den Sandsteinlagern bei Mesno (Reuss), und ihr Ursprung aus wirklicher Holzkohle scheint sehr wahrscheinlich. Können nicht andere, als eigentliche Verbrennungsprozesse im Grossen, eine reine Ausscheidung der unverbrennlichen Kohle mit zurückgelassenen Spuren der ursprünglichen vegetabilischen Faserform veranlassen? Leonhard I. p. 436. u. III. p. 93.

Reuss a. 3. p. 144. mineralisirte Holzkohle. Mohs 2. p. 322. tabell. Uebers p. 50. Karsten p. 58. u. n. 89. p. 96. Brochant 2. p. 493.

Karsten beschreibt unter dem Nahmen holzartiger Anthracit ein mir nicht bekanntes Fossil, welches vielleicht hierher gehört. Es findet sich zu St. Denis bei Morteau in Franche Comté, ist äusserl. *graul.*- inwendig *sammt.*-Schw. — In *Stamm*- und *Ast*-Stücken hier und da *aufgerissen* und *durchlöchert*— äusserl. *wenig schimmernd*, inwendig *starkglänzend* von *halbmetallischem* Glanze — Querbr. *eben*, Längebr. *krummfasrig* — Brchst. *langsplittr.* — *krumm* und *concentr. schal.* abges. — *weich* — *ausserordentl. spröde* — *etwas klingend* — 1,469. — Karsten p. 58. u. n. 89. p. 96. Mit diesem Anthracit hat die mineralisirte Holzkohle von Frankenberg in Hessen, die Ullmann (mineralogische Beobachtungen p. 95.) beschreibt, viele Aehnlichkeit.

Die Ausscheidung der unverbrennlichen oder schwer verbrennlichen Kohle in den Gebirgen ist keineswegs auf die hier angeführten Formen eingeschränkt. Sie findet vielmehr im Grossen statt, indem die Kohle dann als färbende Substanz den Gebirgsarten beigemengt bleibt. Diese Beimischung ist, in den Uebergangsthonschiefern oft sehr bedeutend, besonders bei den Alaunschiefern, die auf dem Harz zuweilen schwer entzündlich sind (Hausmann), bei den Zeichenschiefern, auch bei dem lydischen Stein (wie in den Kieselschiefergebirgen bei Hof nach Schneider). Es ist merkwürdig, dass die schwarze Farbe der färbenden Kohle, wenn sie den Schiefer ganz durchdringt — beim schwarzen Strich — eine lockere Textur vorauszusetzen scheint. Die härtern Schiefer — die einen weissen Strich zeigen — sind zwar ebenfalls von Kohlenstoff durchdrungen, aber nicht als Kohle. Diese bildet sich erst in der Luft. Höchst wahrscheinlich ist Wasser eine nothwendige Bedingung ihrer Bildung; wenigstens ist es allgemein bekannt, dass der durch das Schaben gebleichte Schiefer durch Feuchtigkeit sich plötzlich schwärzt. — Eine Thatsache, die interessant wird, wenn wir wissen, dass ein geringer Antheil Wasserstoff den Kohlenstoff in Kohle verwandelt. Dieser Stoff ist also hier wahrscheinlich von einer, bis jetzt nicht bekannten, aber dem Diamant näher liegenden Beschaffenheit, mit den Schiefern verbunden, und färbt sich erst in der Luft, durch die Zerlegung des Wassers. Ein Prozess, der tiefer in das Gestein eindringt, bei den Schiefern, die einen schwarzen Strich gaben, (vergl. Davys oben beim Graphit erwähnten Erfahrungen, und meinen Aufsatz über die Bedeutung der Farben in der Natur, in Runge's Farbenkugel. Hamburg 1810. p. 44). Eine für die Geognosie bedeutende Frage ist es: ob man jeden Kohlenstoff der ältern Schiefer, auch den unverbrennlichen, als die ersten und ältesten Spuren einer keimenden, aber zurückgedrängten Vegetation betrachten dürfe? Man wird sehr geneigt, diese Meinung anzunehmen, wenn man einen allgemeinen Blick auf die Continuität der Bildung durch alle Glieder der Schieferformation, von den ältesten bis zu den jüngsten wirft. Es kann hierbei nicht die Rede seyn von zurückgelassenen Spuren der vegetativen Form, die, wenn sie da sind, allerdings die Behauptung unterstützen würden, deren Abwesenheit aber, gegen die Hypothese nichts beweisen kann. Denn die ersten Keime vegetativer Bildung der Erde könnten sich, wie die niederste Stufe der Vegetation auch jetzt noch, in äusserst vergänglicher Form zeigen. Aber wir dürfen wohl darauf aufmerksam machen, dass die Schieferbildung in den Grauwackengebirgen, bei ihrem wiederhohlten Wechsel, den nehmlichen Typus zeigt, der sich bei den Steinkohlenflötzen wieder findet und zwar so, daſs die Masse und das Chemische mehr Ueberhand hat, daſs auch viele Steinkohlenformationen diesen Uebergangsbildungen untergeordnet, mit ihnen gleichförmig gelagert, und älter sind, als man bis jetzt anzunehmen geneigt war, wie Raumer es von der Schiefergebirgskette in Westphalen, jenseit des Rheins und tief in Belgien hinein, beweisen wird. (vrgl. meine geognostisch-geologischen Aufsätze. Hamburg 1810. p. 29.).

4.

STEINKOHLE. (Schwarzkohle, Wr. Houille, H.).

a) PECHKOHLE, Wr. (Jayet. H.) *sammt-Schw.* — *derb*, *eingesprengt*, *in Platten* — in der Gestalt von *Stämmen*, *Aesten*, selten — *glänzend* und *starkglänzend* von *Fettgl.* — Br. *vollkommen* und *flachmuschl.* — Brchflächen *glatt*, *glänzend* und *starkglänzend* — Brchst. *unbest. eck.* meist *etwas scharfk.* — *weich.* — etwas *spröde* — *n. snd. l. zrspr.* — 1,306 Wiedemann 1,259 Brisson. Wird durch das Reiben schwach electrisch.

Verbrennlich, ohne zu zerfliessen oder aufzuschäumen, mit einem etwas scharfen, zuweilen angenehm aromatischen Geruch. Enthält nach Vauquelin eine Säure, die vielleicht brandige Holzsäure seyn dürfte. Vauquelin wagt es aber nicht, die Beschaffenheit dieser Säure bestimmt anzugeben.

Diese Art hat, wie sie von Werner bestimmt wird, etwas durchaus characteristisches. Farbe, Bruch und Glanz sind bezeichnend. Es scheint aber, als wenn sich Uebergänge bildeten, theils in die nachfolgende Art, theils in schlackiges Erdpech. Zuweilen zeigt sie Spuren von Holztextur und mit diesen Uebergang in bituminöses Holz. Sie nimmt eine schwache Politur an, lässt sich drehen, und ist unter dem Nahmen Gagat allgemein bekannt. Obgleich die ausgezeichnete Pechkohle leicht zu unterscheiden ist, so sind die Grenzen dieser Art dennoch keinesweges genau bestimmt. Hauy sondert sie von den übrigen Steinkohlen. Nach Proust scheint sie auch etwas chemisch Eigenthümliches zu haben. Ein Gagat von Almagre in Murcia gab, ohne dabei weich zu werden, 0,46 Kohle, ein anderer, zu Knöpfen verarbeiteter schmolz wie ein Harz, und gab 0,52 Kohle. Mit Salpetersäure entsteht ein Aufbrausen. Es bildet sich, während der Auflösung, eine dunkelgelbe Gerinnung, die, so lange sie heiſs ist, weich bleibt, das siedende Waſſer gelb färbt, ohne ſich aufzulösen, trocken ein gröſseres Volum einnimmt, bitter wird und auflöſslich in Alcohol. Sie verpufft in gelinder Wärme und giebt Waſſer, etwas Oel, Ammonium, kohlensaures Gas und Kohlenoxydgas. 0,40 Kohle bleiben zurück, die dreimahl mehr Raum einnimmt, als die angewandte Subſtanz. Die Flüſſigkeit, aus welcher ſich dieſe geronnene Subſtanz abſetzte, iſt dunkelgelb, bitter und giebt kryſtalliſirte Kleeſäure und Benzoëſäure. Reſultate, die viel Uebereinſtimmendes mit dem haben, was andere Chemiker aus Indigo und thieriſchen Subſtanzen erhielten. (Gehlens Journ. f. Chem. u. Phyſ. 5 p. 372.

Fundort. Man findet die Pechkohle in ſehr vielen ältern und neuern Steinkohlenflötzen, wo ſie, doch äuſserſt ſelten, ſelbſt ganze Flötze bildet, in Schleſien, Sachſen, Heſſen, Bayern, Oeſterreich, Ungarn, im Departement l'Acide und l'Ardeche in Frankreich. In Lincolnshire in Engelland (wie in Würtemberg) mit Holztextur. Man findet ſie ferner in Irland in groſsen Stücken, wahrſcheinlich als mächtiges Flötz, (Olarius ökonomiſche Reiſe. p. 409.), in Sicilien nach Borch, (Miner. ſicilienne. p. 186.) in Spanien an mehrern Orten, (Bowles.). Leonhard II. p. 266.

Der Nahme Gagat ist von einem Fluss Gagas in Lycien, wo man diese Substanz fand. Die Pechkohle kömmt unter der Flötztrappformation auch mit Braunkohle und muschlicher Glanzkohle vor beim Meisner.

Plinius lib. 37. 10. Samothracia insula ejusdem nominis gemmam dat nigram ac sine pondere, ligno similem. Strabo's Gangitis, Dioscoridis Lapis thracius nach Wallerius. Cronstedt p. 288. §. 283. Gewächse vollkommen durch Steinkohlen durchdrungen. Wallerius 2. p. 106. gen. 42. spec. 266. Bitumen durissimum, purum, polituram admittens, aqua innatans. Syst. nat. XII. p 112. Bitumen (Gagas) solidum, purum, natans. De l'Isle 2. p. 589. Jayet. Kirvan 2. p. 78. Gagat. Hauy 3. p. 392. Tabl. comp. p. 71. Lucas 2 p 264. Reuss 2. 3. p. 141. Mohs 2. p. 317. tabell. Uebers. p. 49. Karsten p. 58. Brochant 2. p. 49 und 68. Brongniart 2. p. 30.

b) KANNELKOHLE, Wr. (Houille compache H.). *Samml-gräul.* Schw. — *derb* — *wenigglänzend* von *Fettgl.* — Brch. *eben* ins *gross* und *flachmuschl.* — Brchst. *ziemlich würfl.* — *wird durch den Strich glänzend* — *weich* — *nicht snd. spr.* — *weniger leicht zrspr. als die übrigen Steinkohlenarten* — 1,275 Blumenbach, 1,276 K. 1,237 Watson, 1,232 Kirvan.

Entzündet sich leicht, brennt mit einer grossen, hellen aber kurz daurenden Flamme, und läſt dann einen ruſſigen Rückſtand, der ſchwer brennt und nicht zuſammenbackt. Erdharz 21,68, Kohle 75,20, Aſche 3,12 Kirvan. Die Kennelkohle unterſchied ſich, nach Prouſt, von der Pechkohle. Sie gab 0,70 Kohle, und hinterlieſs 0,05 einer hellgrauen Aſche.

Die Kennelkohle wird von Rechtswegen, durch Werner, der überhaupt der erſte war, der die oryktognoſtiſch genaue, und meiſterhafte Abtheilung der Steinkohlen-Gattung fixirte, von der Pechkohle getrennt. — Sie zeichnet ſich beſtimmt aus durch geringern Glanz, durch mehr ebenen Bruch, durch die Geſtalt der Bruchſtücke, und durch den Zuſammenhalt. Daſs ſie auch chemiſch verſchieden iſt, zeigen Prouſts vergleichende Unterſuchungen. Er erhielt durch Salpeterſäure jene verpuffende Subſtanz, die die Pechkohle giebt, aber wie bei den übrigen Steinkohlenarten, in viel geringerer Menge.

Fundort. Vorzüglich in Lancaſtershire, wo die eigentliche Benennung Candle-coal, auch in andern Gegenden Engellands, in Schottland. Leonhard II. p. 88.

Wallerius 2. p. 99. Gen. 42. ſpec. 265. Bitumen lapideum. Lithantrax picecés Kirvan a. p. 65. Lucas 2. p. 264. Reuſs 2. 3. p. 130. Mohs a. p. 320. tabell Ueberſ p. 50. Karſten p. 58. Brochant 2. p. 53 u. 58. Brogniart a. p. 3.

c) STANGENKOHLE, Wr. (Houille bacillaire, H.). *Graul.-Sammt*-Schw. ins *bräunl.* — *derb* — *wenigglänzend* von *Fettgl.* — Br. *unvollkommen muschl.*, zuweilen ins *ebene* — Brchst. *unbest. eck. zieml. scharfk.* ins *dicksplittr.* — Sehr *dick- und dick-seltener dünn-* zuweilen *unvollkommen - stängl.* abges. Die Ablndrgfl. *glatt und glänzend* — *weich* — *wenig spr.* — *äusserst l. zrspr.* (besonders trennen sich die abges. St. leicht) — 1,424 Wiedemann, 1,351 K.

Brennt schwer, ohne Rauch und Flamme, hinterlässt weder Schlacke noch Asche, sondern einen weissen Thon, von der Form, die die ursprüngliche Steinkohle hatte. Schaub.

Die Stangenkohle ist von den übrigen Steinkohlenarten durch die characteristische Absonderung hinlänglich unterschieden. Sie bildet einen bestimmten Uebergang in Glanzkohle. Man findet Glanzkohle mit Spuren von stängl. abgesonderte Stücken, und, indem diese an Deutlichkeit zunehmen, der metallische Glanz aber abnimmt, geht sie vollkommen in Stangenkohle über. Wenn ich aber zu gleicher Zeit das Verhalten der Stangenkohle im Feuer bedenke, so muss ich gestehen, dass ich geneigt wäre, die ausgezeichnete Stangenkohle vom Meisner wenigstens von den Steinkohlen zu trennen. Genauere Untersuchungen mögen hierüber entscheiden. Auch Voigt (kleine mineralog. Schriften, 2. p. 89 u. 104.) hält die Stangenkohle für eine bloſse Abänderung der Glanzkohle.

Fundort. Die Stangenkohle iſt zwar eine ausgezeichnete, aber doch äuſserſt ſeltene Art. Man findet ſie zuweilen unter den Steinkohlen bei Schönfeld, am ſchönſten aber mit Pechkohle, Glanzkohle und Braunkohle unter dem Baſalt des Meisners. Leonhard II. p. 437.

Schaub. phyſ. mineral. und bergmänn. Beſchreib. des Meisners, p. 142. Tabl. comp. p 71. Lucas 2. p. 259. Reuſs 2. 3 p. 136. Mohs 2. p. 314 tabell. Ueberſ. p. 50. Karſten p. 58. Brochant 2. p. 51. Brongniart 2. p. 5.

d) BLÄTTERKOHLE, Wr. *Sammt*-Schw. oft *pfauenſchweifig bunt angelaufen* — *derb* — Hauptbr. *ſtarkglänzend*, Querbr. *weniggl.* — Hauptbr. *blättr. von* 1 *f. Drchg.* Querbr. *uneben von feinem Korne* — Brchſt. *unvollkommen würfl.* auch *unbeſt. eck.* — *ins ſehr weiche* — *n. ſnd. ſpröde* — *l. zrſpr.* — 1,312 Wiedemann, 1,257 Kirvan.

Die oryktognoſtiſch ausgezeichnete Blätterkohle verwittert unter allen Steinkohlenarten am leichteſten, brennt mit heller Flamme, und enthält 57 reine Kohle, 41,3 Erdharz, 1,17 Aſche. Kirvan, die von Waitelaven.

Die

Die vollkommenste Blätterkohle gehört zu den vorzüglichsten Steinkohlen, und enthält die grösste Menge Erdharz, sie bildet einen Uebergang in die nächstfolgende Art, indem theils die Kohle zunimmt und das Erdharz abnimmt, theils auch der Gehalt an Erde wächst.

Fundort. Die Blätterkohle kommt in mehrern Steinkohlenflözen vor, sowohl in den ältern, als in den jüngern, doch nicht häufig in vollkommner Reinheit. Meist der nächstfolgenden Art mehr oder weniger sich nähernd. Die leichte Verwitterung rührt von häufig beigemengtem Schwefelkies her. Ausgezeichnet habe ich diese Steinkohle von Löbejün bei Halle, von Waldenburg in Schlesien, aus den Steinkohlenflözen bei Lüttich. Leonhard I. p. 91. u. III. p. 22.

Kirvan a. p. 65. u. p. 647. Kohle von Whitehaven. Reuss a. 3 p. 128. Die Beschreibung passt nicht auf die reine Blätterkohle, vielmehr auf eine Mittelart zwischen Blätter- und Schieferkohle. tabell. Uebers. p. 60. ebenso. Karsten p. 58. Brochant 2. p. 54. Brogniart a. p. 4.

e) SCHIEFERKOHLE, Wr. (Houille feuillete, H.) *Graul.*- und *sammt*-Schw. zuweilen *pfauenschweifig bunt angelaufen — derb — wenigglänzend* und *glänzend* von *Fettgl.* — Hauptbr. *dick-schiefrig*, Querbr. *eben* ins *flachmuschl.*

und *unvollkommen blättr.* — Brchst. *unbest. eck. oft fast trapezoidisch* — *weich* — *n. snd. spr.* — *l. zrspr.* — 1,275 Wiedemann, 1,321 — 1,382 Richter.

Brennt länger als Pech-Kennel- und Stangenkohle, und läſst eine Schlacke zurück. Erdharz 36,875, Kohlenst. 57,993, Erden 5,823, Eis. und Mangan 1,157. Richter, die Schieferkohle von Waldenburg; Erdharz 32,934, Kohlenst. 63,312, Erden u. Eis. 3,904 derselbe, Kohle von Saberse; Erdharz 37,890, Kohlenst. 58,172, Erden u. Eis. 3,937, derselbe, Kohle von Bielschowiz. Hierher gehört die Kirvansche Wigankohle, die Erdharz 30,7, Kohlenst. 61,73 und Asche 1,57 enthält.

Die ächte Schieferkohle ist unter allen Arten die häufigste. Sie grenzt einerseits an die Blätterkohle, andererseits an Grobkohle. Sie enthalt, im ganzen genommen, nicht so viel Oel, als die reinste Blätterkohle, aber mehr als die übrigen Arten. Die schiefrige Struktur rührt von dem Schieferthon her, der seine ursprüngliche Form der Steinkohle aufzudringen vermag. Daher der Uebergang in Brandschiefer. (Siehe 1r Th. p. 204.)

Fundort. Wir müſsten alle Steinkohlenflötze nennen, wenn wir Fundörter angeben wollten. Leonhard. II. p. 349.

Cronstedt §. 157. P. 169. Erdharz mit Thonerde vermischt. Wallerius 2. p. 98. gen. 42, spec. 265. Bitumen lapideum, schisto, vel aliis terris mixtum et induratum. Lithantrax difissilis. Syst. Nat. XII. 3. p. 111. Bitumen (Lithantrax) schistosum. De L'Isle 2. p. 596. Kirvan Wigankohle 2. p. 68. u. p. 648. Hauy 3. p. 384. Tabl. comp. 71. Lucas 2. p. 258. Reuss 2. 3. p. 132. tabell. Ueberſ. p. 50. Karsten p. 58. Brochant 2. p. 4. Brongniart 2. p. 4.

f) GROBKOHLE, Wr. *Graul.* Schw. *ins bräunl.* — *derb.* — *wenigglänzend* von *Fettgl.* — Hauptbr. *unvollkommen schiefr.* Querbr. *uneben von grobem Korn* — Brchst. *unbest. eck.* — *weich* (härter als Schieferkohle) — *nicht snd. spr.* — *l. zrspr.* — *leicht* (doch schwerer als Schieferkohle) — 2,580 Hausmann.

Noch nicht analysirt, enthält aber ohne allen Zweifel mehr Erde als die Schieferkohle.

Die Wernersche Grobkohle verdient, was auch Voigt dagegen einwendet, (Leonhard Taschenb. I. p. 123.) allerdings als eine eigene Art aufgeführt zu werden. Sie ist durch Farbe, Glanz und Bruch, Härte und Schwere hinlänglich ausgezeichnet.

Fundort. Man findet die Grobkohle nicht allein in den Steinkohlenflözen im plauischen Grunde, sondern auch sehr häufig bei Sabrze in

Oberschlesien (nach Karsten), und, wenn die ächte oryktognostisch ausgezeichnete Grobkohle auch selten seyn mag, doch wohl noch an mehrern Orten. Nach Hausmann kömmt sie häufig in niedersächsischen Steinkohlenflözen der Quadersandsteinformation vor. Norddeutsche Beitr. I. p. 88. Leonhard I. p. 416.

Reuss a. 3. p. 124. tabell. Uebers. p. 50. Karsten p. 58. u. n. 88. p. 96. Brochant a. p. 55.

9) RUSSKOHLE, Voigt. (Houille fuligineuse. Lucas.). *Dunkel graul.* ins *sammt* Schw. — theils *zerreiblich* von *losen staubartigen Theilen*, theils *derb*, — inwendig *schimmernd* ins *wenigglänzende* übergehend (im letztern Falle haben die feinen Theile ein verworren blättriges Ansehen) — Br. *uneben*, im kleinen *feinerdig* — Brchst. *unbest. eck stumpfkantig* — Die frische Bruchfläche *matt*, wird aber *durch den Strich glänzend* — *färbt stark ab* — *leicht* —

Brennt mit einem den Steinkohlen eigenthümlichen Geruch.

Diese Art ward zuerst von Voigt fixirt, und zwar mit Recht. Sie ist keine verwitterte Schieferkohle, denn diese brennt nicht. Sie geht in Schieferkohle über.

Fundort. Kömmt bei Manebach in Thüringen mit Schieferkohle vor, und bildet bei Stockheim im Bambergischen ganze Flöze, in welchen die Schieferkohle selten vorkömmt. Ausserdem wird Carron bei Fallkirk in Schottland genannt.

Voigt Vers. einer Geschichte d. Steinkohlen. p. 63. Reuss 2. 4. p. 706. Mohs 2. p. 316. tabell. Uebers. p 49. Karsten p. 58. Lucas 2. p. 259.

Feste Russkohle verbindet Mohs als eine Unterart mit der oben beschriebenen zerreiblichen. — Sie hat dieselbe Farbe, ist *derb* — inwendig *wenigglänzend* aus dem *Fettglanz* ein wenig *in den halbmetallischen* — Br. *uneben von grobem Korne* — zeigt *grobkörnige, etwas verwachsene abgeſ. St.* — Sie geht in Schieferkohle über, und kömmt mit der zerreiblichen Russkohle bei Manebach vor.

Mohs 2. p. 316. tabell. Uebers. p. 49.

LETTENKOHLE nennt Voigt eine Steinkohle von *gräul.* und *bläul.* schwarzer Farbe, zuweilen dem *sammt* Schw. nahe — *derb*, in *ganzen Flözen*, — Hauptbr. *matt*, Querbr. *schimmernd* — Br *etwas gewunden, selten gradschiefr.* — Brchst. *scheibenförmig* — *wird durch den Strich glänzend* — *weich*, — *fühlt sich fett an*, — *leicht* (doch schwerer als die übrigen Steinkohlenarten. Sie hinterläst, nach dem Ausglühen Thon, der fast eben so viel wiegt, als die Kohle selbst. — Sie bricht in den jüngsten Flözkalkgebirgen im Weimarschen und Thüringen, zwischen Letten, und bildet selbst äusserst dünne Schichten. Zeigen sich zwei über einander liegende Flöze, so werden diese durch Lettenschichten getrennt, die selten über 18 Zoll mächtig sind. — Obgleich dieses Vorkommen geognostisch sehr merkwürdig ist und Aufmerksamkeit verdient, so scheint doch die Lettenkohle nicht als eine eigene Art oryktognostisch fixirt werden zu können. Sie ist nur als eine Modification der Schieferkohle zu betrachten, wie man deren viele, mehr auffallende selbst, nachweisen könnte.

Voigt l. c. p 77. Reufs a. 4. p. 707. tabell. Uebers. p. 49.

Anmerk. Das eigentliche Steinkohlengebürge ist aus Sandstein, meist mit Glimmer, Conglomerate, Schieferthon, verhärtetem gemeinem Thon, Mergel, Kalkstein, Thoneisenstein zusammengesetzt. Die Steinkohlen kommen in diesen Gebürgen, deren verschiedene Gebürgsarten, wenigstens ursprünglich, horizontal auf einander geschichtet waren, in mehr oder weniger mächtigen Flözen vor, die von ein ½ Zoll bis 60—80 Fuſs (äusserst selten) wechseln. Das unmittelbare Dach, so wie die unmittelbare Sohle, ist fast immer Schieferthon, meist mit Abdrücken von Farrnkräutern, Rohr, Schilf u. s. w. Zuweilen findet man in, oder unter den Kohlenflözen, verkohlte oder mit Erdharz durchdrungene Bäume. Diese Schichten wiederhohlen sich öfters, die nur 10 — 15 Zoll mächtig sind, werden nicht benutzt, und dennoch arbeitet man bei Lüttich anf 20 Kohlenflözen. Die Mächtigkeit in dem nämlichen Steinkohlengebürge ist sehr verschieden. Dieses Steinkohlengebürge ist von sehr verschiedenem Alter. Dass einige Steinkohlen, die ältesten, selbst mit sogenannten Uebergangsformationen zu wechseln scheinen, haben wir schon oben bemerkt, und Beobachtungen in der Gegend von Halle machen es sehr wahrscheinlich, dass Steinkohlen auch unter dem Porphyr vorkommen. Ob dieses in den schlesischen Gebürgen — bei Waldenburg — der Fall ist, müssen sorgfältigere Untersuchungen entscheiden. Eine zweite Formation gehört dem rothen Sandstein zu, eine dritte dem ältern Flözkalkstein, eine vierte, höchst merkwürdige und mächtige, ist der Flöztrappformation untergeordnet, — eine vierte (ob jüngere?) gehört dem Quadersandstein zu. Einige abweichende Steinkohlenbildungen in Kalkstein, so wie die oben angeführte Lettenkohlenformation, konnen hier nicht genauer dargestellt werden. In Europa übersteigen die Steinkohlenflöze kaum 2200 Meter (1128 Toisen.). In Santa Fé, nahe an dem grossen

Wasserfalle bei Tegrendama liegen sie 2633 Meter (1352 Toisen) hoch, und bei Huanuco in Peru sollen sie 4500 Meter (2308 Toisen) hoch, also über aller jetzigen Vegetation gefunden werden (Humboldt Naturgemälde der Tropenländer p. 150.). Mehreres über die Bildung und wahrscheinliche Entstehung der Steinkohlen wird unten vorkommen.

5.

BRAUNKOHLE, Wr.

a) FASRIGE BRAUNKOHLE, Karsten, (bituminöses Holz, Werner, boix bitumineux, Lucas.) *Lichte* und *dunkel schwärzl.* auch ins *haar leber-holz-gelbl.*, Br. und *bräunl.*-Schw. — *Form* und *Textur des Holzes*, meistens *plattgedrückt.* — Im Hauptbr. *schimmernd* (und heller) im Querbruch *wenigglänzend* (und dunkler) — Br. Nach der organischen Textur — die oft so deutlich ist, dass man die Jahrringe zu unterscheiden vermag — *fibrös* und *schiefrig* im Hauptbr., *flachmuschl.* im Querbr. — Brchst. *splittr.* und *scheibenförmig.* — Wird *glänzend durch den Strich.* — *Ins sehr weiche* — *milde* — *mehr oder weniger leicht zrspr.* — *elastisch biegsam* — *leicht.*

200 Gran der fasrigen Braunkohle von Bovey (Bovey Coal) gaben durch die Destillation:

1) Wasser, welches bald sauer und nachher, wegen etwas beigemischten Erdharzes trübe überging 60 Gr.

2) dickes, braunes, öliges Erdharz 21 —

3) Kohle 90 —

4) Gemischtes Gas, bestehend aus Wasserstoffgas, Kohlenwasserstoffgas und Kohlensäure 29 —

200 Gr.

Die Kohle kam dem Ansehen nach völlig mit der von frischen Vegetabilien überein. Vier Gran Erden (Thon, Kiesel, Eisen) die beim Einäschern übrig blieben, rührten wahrscheinlich von den Thonschichten her, die das bituminöse Holz begleiteten. Aeusserst merkwürdig aber ist es, dass die aus der Kohle von Bovey erhaltene Asche, nicht die geringste Spur von Kali zeigte. Die 21 Gr. des öligen Harzes characterisiren die fasrige Braunkohle von Bovey, und bezeichnen ihren Uebergang zur Steinkohlenbildung, so dass die am wenigsten veränderte, ihren Bestandtheilen nach, fast ganz vegetabilisch seyn wird. Hatchett. (Gehlen Journ. der Chem. 5. p. 312.)

Das bituminöse Holz ist dasjenige Fossil, welches unter allen, sich an die bestehende Organisation am Nächsten anschliesst. Bei den

Stämmen und Aeſten iſt die plattgedrückte Geſtalt eine merkwürdige Erſcheinung, Schon Bergmann (Opuſcula phyſico-chemica 3. de productis vulcaniis. p. 239,) war auf dieſe Erſcheinung aufmerkſam, und erklärte ſie, aus einer angehenden Fäulniſs, welche den Zuſammenhang der Theile geſchwächt hätte, weil ein bloſs mechaniſcher Druck der bedeckenden Schichten, nicht im Stande ſeyn würde, einen cylindriſchen Stamm zuſammenzudrücken. Hattchet glaubt, daſs auſser einer Veränderung in der Dichtigkeit der Pflanzenkörper, nach Bergmanns Idee, und auſser dem Drucke der aufliegenden Schichten, noch die Zuſammenziehung der Thonſchichten als Folge der Austrocknung mechaniſch gewirkt haben könne.

Fundort. Die faſrige Braunkohle bildet oft ganze und mächtige Lager in den aufgeſchwemmten Gebirgen, kömmt auch oft mit den folgenden Arten vor. Die beträchtlichſten Niederlagen findet man in den aufgeſchwemmten Gebirgen, wie im nördlichen Deutſchland, im Mansfeldſchen, bei Artern und in der Gegend von Halle, in dem Cölniſchen Gebiet, in Thüringen, Heſſen u. ſ. w. Bei Glücksbrunn im Gothaiſchen findet man ſie mit einigen der nachfolgenden Arten auf Kalk mit Sand bedeckt. Sie enthält dort vollkommen erhaltene Tannenzapfen von Pinus Picea und Abies, unzählliche Saamenkörner von Erica vulgaris, zerdrückte Erdkäfer und ihre Flügeldecken und einzelne Theile, welche offenbar zum Geschlechte Silpha und Carabus gehören (Schlottheim. Leonhard Taſchenb. 1810. p. 360.). Zu Sutton an der Küſte von Lincolnſhire iſt ein unter dem Meer befindlicher Wald, deſſen Holz in ſeiner vegetabiliſchen Beſchaffenheit wenig Veränderung erlitten hat. Die Flöze zu Bovey in Devon ſtellen aber eine Stufenfolge von dem vollkommenſten Holzgewebe, bis zu einer Subſtanz dar, deren Eigenſchaften ſich der Steinkohle ſehr nähern. Es iſt die, deren Analyſe oben erwähnt iſt. (Hatchett) Cordier beſchreibt eine merkwürdige Niederlage vom bituminöſen Holz bei St. Lazaro in den Apenninen. Dieſe Art findet ſich ohne allen Zweifel in allen aufgeſchwemmten Gebirgen, mit den nachfolgenden. Merkwürdig ſind die Lager, welche von Flöztrapp bedeckt ſind, und, wie beim Meisner, mit muſchliger Glanzkohle, Pech- und Stangenkohle vorkommen. Ob die ſehr beträchtlichen Lager auf der Weſtſeite von Island — dort unter dem Nahmen Surtedrbrand bekannt — die ſich im Steingrimsfiond, im Skirdalsbrun, am Barmehlid finden, von da nach Stigehlid ſich hinziehen, unterbrochen durch Meeresbuſen (Fiorde), ſich wieder bei Grönnehlid und im Stadandal zeigen, mit einer dortigen Flöztrappformation in irgend einer Verbindung ſtehen, iſt freilich unbekannt. Aus den Beſchreibungen (Olaſſen §. 579. Olavius p. 410. §. 238.) erhellt, daſs bedeutende Strecken zu Tage ausgehen, oder mit Sand- und ſchiefrigem mit vegetabiliſchen Abdrücken durchdrungenem Thon bedeckt ſind. Die Stämme ſind oft von auſserordentlicher Gröſse. (Olaſſen Troil Briefe. p. 42.) Leonhard I. 432. u. III. 92.

Wallerius 2. p. 415. Gen. 62. ſpec. 444. Mineralisatum vegetabile bituminoſum. Vegetabile foſſile bituminoſum. Fabroni dell' Antracite. p. 127. Kirvan 2. p. 73. kohliges Holz. Reuſs 2. 3. p. 146. Mohs 3. p. 311. tabell. Ueberſ. p. 48. Karſten p. 58. Lucas 1. p. 289 u. 2. p. 265. Brochant 2. p. 46.

b) ERDIGE BRAUNKOHLE, K. (ERDKOHLE, Wr.) *Lichter und dunkler ſchwärzl.* Br. *bräunl.*-Schw. *gelbl.*- Gr. bis ins *graul.* W. — *derb.* *matte ſtaubart. Theile, oft ſtark zuſammengebacken — wenig mager — wenig abfärbend — ins ſchimmernde —*

Brennt mit einer lichten Flamme, einem unangenehmen bituminöſen Geruch, giebt ſtarken Rauch, und beſteht faſt ganz aus zerfallenen vegetabiliſchen Theilen.

Dieſe Art hängt mit der vorhergehenden genau zuſammen, und ſcheint nichts zu ſeyn, als vollkommen zerfallenes bituminöſes Holz.

Fundort. Kommt mit der fasrigen Braunkohle vor, und fehlt wahrscheinlich nirgends, wo diese ist. In unermesslicher Menge findet man sie im Mansfeldischen und in der Gegend von Halle, wo machtige Flöze in aufgeschwemmtem Sande nur aus Erdkohle mit wenigem bituminösen Holze sich finden. Die helle Abänderung ist selten. Sie kömmt auf den braunen Erdkohlenlagern bei Helbra und Alsdorf in schwachen Lagern, die sich nicht weit erstrecken, und in Nieren vor, brennt sehr hell, und während des Verbrennens tröpfelt Erdharz ab, sie verbrennt mit einem nicht unangenehmen Geruch, und hinterläßt, in der Muffel verbrannt, eine helle Asche. Wenn sie aus der Grube kömmt, ist sie schmierig, ausgetrocknet wird sie staubig. (Voigt Vers. einer Geschichte d. Steink. Braunk. u. s. w. p. 188.) Leonhard I. p. 432. u. II. p. 92.

Kirvan, Bovey Kohle 2. p. 74. Reuss 2, 3. p. 149. u. 2 4. p. 710. Mohs 2 p. 310. Brochant 2. p. 46.

c) ALAUNERDE, Wr. (Terre alumineuse, Lucas.). *Schwärzl.* Br — *derb* — *matt* — zwischen *fest und zerreiblich* — Br. *groberdig ins schiefrige* — Brchst. *unbest. eck* — *wird etwas glänzend durch den Strich* — *sehr weich* — *milde* — 1,747 Kirvan, 1,975 K.

Erhitzt sich zuweilen von selbst, öfter bei hinzukommender Feuchtigkeit. Brennt. In 1012 Th. fand Klaproth

Schwefel		—	—	28,50
Kohle		—	—	196,50
Thon		—	—	160
Kiesel	—	—	—	400
Schwarzes Eis. mit Spuren von Mangan				64
Eisenvitriol	—	—	—	18
Gips	—	—	—	15
Talk	—	—	—	2,50
Schwefels. Kali		—	—	15
Salzs. Kali	—	—	—	5
Wasser	—	—	—	107,50

Die Alaunerde kömmt mit Braunkohlen vor, ist mit diesen verwandt. Da indessen Klaproth das vegetabilische Oel, welches die Braunkohlen characterisirt, nicht fand, so möchte es vielleicht richtig seyn, mit Karsten die Alaunerde von den Braunkohlen zu trennen. Der Ursprung des Alauns ist aus der Mischung erklärbar.

Fundörter. Ob die Alaunerde, welche mit Steinkohlen in den Departements de l'Ardeche, de l'Aveyron, de l'Oise in Frankreich, in Italien mit Steinkohlen vorkömmt, so wie die salzburgische wirklich hierher gehört, möchte ich bezweifeln. Die Wernersche, so wie die von Klaproth analysirte kommt zu Muskau, Düben und

Freyenwalde vor. Den sandigen Gegenden scheint die Alaunerde, den thonigen mehr die Erdkohle eigen zu seyn. Leonhard I. p. 5. u. III. p. 3.

Kirvan 2. p. 27. Reuss 2. 3. p. 152. Mohs 2. p. 311. tabell. Uebers. 48. Karsten p. 58 u. n. 86. p. 96. Lucas 2. p. 267. Brochant I. p. 383.

d) GEMEINE BRAUNKOHLE, Wr. *Bräunl.* Schw. *schwärzl* Br. — *derb* — von *glänzend* bis *stark-schimmernd* von *Fettgl.* — Br. etwas *unvollkommen*, *ziemlich grofs-* und *flach-muschl.* mit Spuren von Holztextur — Brchst. *unbest. eck. nicht sndr. scharfk.* — *wird durch den Strich glänzend* und *lichter* — *weich bis sehr weich* — *etwas milde* — *zieml. l. zrspr.* — 1,286 Wiedemann.

Dem Gehalt und chemischen Verhalten nach mit dem bituminösen Holze zu vergleichen, nur dass wahrscheinlich die Production von Erdharz weiter gediehen ist.

Die gemeine Braunkohle grenzt einerseits an das bituminöse Holz, so dass die von Hatchett analysirte Bovey-Kohle vielleicht mit mehr Recht hierher zu rechnen wäre, andererseits an die Moorkohle. Der Uebergang von bituminösem Holze bildet sich, indem das Erdharz gleichzeitig mit der Zerstörung der vegetabilischen Textur zuzunehmen scheint, und der Uebergang in Moorkohle, wenn der Gehalt an Erdharz noch mehr zugenommen hat, die vegetabilische Textur aber ganz verschwunden ist. Die gemeine Braunkohle muss daher von der Erdkohle unterschieden werden, denn diese ist nur zerfallenes bituminöses Holz, und kann, wie der begrabene Wald zu Sutton in Engeland, chemisch aus vollkommen unveränderten vegetabilischen Theilen bestehen, kann wohl sogar, wie das genannte Holz, Kali enthalten. Ein anderer Uebergang bildet sich in Pechkohle durch eine starke und mehr einseitige Entwickelung des Kohlenstoffs.

Fundort. Die gemeine Braunkohle gehört zu den gewöhnlichsten Arten, und man findet sie in den aufgeschwemmten Gebirgen, wie in Thüringen (bei Kaltennordheim) in Hessen (Meisner) unter der Flöztrappformation, auch sonst mit den vorigen Arten im Saalkreise u. s. w., zuweilen mächtige Flöze bildend. Ausserdem in England (Exeter.), Dännemark (Bornholm), Ferröe u. s. w Leonhard I. p. 145. u. III. p. 31.

Kirvan 2. p. 74. Reuss 2. 3. p. 155. Mohs 2. p. 312. tabell. Uebers p. 49. Karsten p. 58. Brochant 2. p. 47 u. 492.

e) MOORKOHLE, Wr. (trapezoidische Braunkohle, Karsten.). *Dunkel-schwärzl.* Br. —

derb, zerborsten — Br. *unvollk. flachmuschl. ins Ebene* mit einer Anlage *zum schiefr Längebr.* — Brchst. *trapezoidisch* — *ins sehr weiche* — *sehr l. zrspr.* 1,293 Wiedemann. 1,271 Kirvan.

Erdharz 41, Kohlenst. 58. Asche 1. Kirvan.

Das Verhältniss dieser Art zu der vorhergehenden ist oben entwickelt, nur dass es bemerkt zu werden verdient, dass die Moorkohle wahrscheinlich aus ursprünglich zerfallenen und zum eigentlichen Moorgrund umgestalteten Pflanzentheilen entstanden ist, während die Erdkohle erst, nachdem das Holz fossil war, zertrümmert wurde.

Fundort. Bildet in Böhmen, in England mächtige Flöze, eben so bei Hirscliberg in der Nähe vom Meisner in Hessen, wo sie auf jüngern Kalk, mit Sandstein und Alaunerde unter Flöztrapp vorkömmt. (Mohs, Molls Ephemeriden. 2. 3. p. 4.). Leonhard II. p. 239.

Reuss 2. 3. p. 157 Mohs *. p 315. tabell. Uebers. p 49. Karsten 58. Brochant 2. p. 48 u. 49 *.

Diese Arten hat Werner bestimmt, und das Verhältniss ist deutlich. Als Mittelpunkt kann man die gemeine Braunkohle ansehen, die sich theils der unveränderten Vegetation nähert, durch das bituminöse Holz und die Erdkohle theils der ursprünglich als Moorerde umgestalteten, durch die Moorkohle, theils selbst den Steinkohlen durch die Pechkohle. Alle Arten gehören den jüngern aufgeschwemmten Gebirgen zu, selbst diejenigen, die vom Flöztrapp bedeckt sind, obgleich man vielleicht mit Grund eine Uebergangsbildung zwischen Flöz- und aufgeschwemmten Formationen annehmen konnte, deren Sandstein verhärteter, deren Braunkohle mit einigen Arten der Steinkohle und Glanzkohle vermischt ist, die meistentheils von Flöztrapp bedeckt wird.

Außer den erwähnten Arten haben Karsten und Leonhard noch zwei angeführt:

Karstens KÖRNIGE BRAUNKOHLE, auf dem Längenbruch *schwärzl.* Br. auf dem Querbr. *sammt.* Schw. — *holzartig* — Längenbr. *seidenartig schimmernd, zart* und *gradfasrig* — Querbr. *glänzend* und *klein* und *unvollk. muschl.* — Brchst. *trapezoidisch* — auf dem Querbr. *deutlich kleinkörnig* abges. — *weich* — *spröde* — *giebt einen schwärzl. br. Strich* — 1,243 K. kömmt bei Muremma im Gebiete von Siena vor. Karsten p. 58. u. n. 87. p. 96.

Leonhards BASTARTIGE BRAUNKOHLE — ist *dunkel schwärzl.* Br. und *bräunl.* schw. — hat *Holztextur, ganz von Ansehen des Bastes,* und besteht aus einzelnen breiten Fasern, die nach beiden Enden zu gewohnlich gespalten und kraus gewunden sind, so dass das Ganze ein sehr verworrenes Ansehen erhält. Oberfl. *glatt*, zumahl die krausen Parthien — *starkgl.* und *glänzend* von *schwachem Fettgl.* — Br. *zart*- und *gradfasrig* — *elastisch biegsam* — *schimmernd* — brennt mit wenig anhaltender Flamme, unter Verbreitung eines bituminösen Geruchs. — Sie ist mit erdigem Schwefel schmutzig strohgelb überzogen. Findet sich in den Braunkohlenlagern bei Offenheim, einem rodelheimischen Dorfe ohnweit Friedberg in der Wetterau — Leonhard. Studien. p. 40. Beide Arten können nur als Modificationen des bituminösen Holzes betrachtet werden, und es leidet keinen Zweifel, dass man bei genauer Betrachtung, eine bedeutende Menge solcher Varietäten wird kennen lernen.

Merkwürdiger scheint folgendes Fossil, welches wir, ungewiss, ob wir es mit den Steinkohlen oder Braunkohlen verbinden, oder vielleicht von beiden trennen sollen, anhangsweise hierher setzen.

DUSODILE, Cordier, (Houille papyracée, H.). *Graul.* Grn. *graul.*-Glb. — in *derben Stücken*, die sich leicht in *dünne Blättchen* zerspalten — diese werden, im Wasser *durch*-

ſcheinend, weich und *etwas biegſam.* — Das Foſſil giebt angehaucht einen thonigen Geruch. — 1,146 Cordier. Verbreitet, wenn es verbrennt, einen äuſserſt ſtinkenden Geruch, und hinterläſst einen Rückſtand von mehr als einem Drittel ſeines Gewichts. Man findet es bei Melili in der Nahe von Syracus in Sicilien, wo es eine mächtige Schicht im neuern Flözkalk bildet. Das Vorkommen ſtimmt mit dem von Voigts Lettenkohle überein, und auch dieſes hinterläſst, geglüht, einen zartblättrichen Thon. Valmont de Bomare (Mineralogie 2. p. 97.) hat es ſchon als eine Varietät der Terre tourbe bitumineuſe erwähnt.

Cordier Journ. d. mines 23. p. 271. Journ. d. phyſ. 67. p. 277. Leonhard Taſchenb. 1810. p. 181. Tabl. comp. p. 71. Lucas a. p. 260.

6.

BITUMEN, ERDÖL und ERDPECH, Wr. BERGÖL und ERDPECH, K. Bitume H.

a) KLARES ERDÖL. (Naphta liquides, Bergöl, K. Bitume liquide blanchatre H.) *Graul.*-W., durch *das gelbl. Gr.* ins *lichte* und *dunkle rein-*Glb. zuweilen *hyacinth*-R. — *vollkommen flüſſig, fettglänzend* und *fett anzufühlen, drchſ.* — 0,708 Muſchenbroeck, 0,83 Majon — giebt einen scharf bituminösen aber angenehmen Geruch von sich.

b) TRÜBES ERDÖL — STEINÖL, verdicktes BERGÖL, K. (Bitume liquide brunon noiratre, H.). *Bräunl* - Schw. *schwarzl.* - Br. — mehr oder weniger *vollkommen flüssig, ins Zähe* (Uebergang in Erdpech) — *netzt,* — *ist trübe ins undrchsig.* — *fett anzufühlen* — 0,8475 Borisson, wohl auch schwerer, nachdem es der vorigen Art mehr oder weniger sich nahert.

Sowohl das klare als das trübe Erdöl brennt mit einer blaulichgelben Flamme, die je reiner und durchsichtiger das Oel, desto heller ist. Das vollkommen klare Erdöl hinterläßt fast gar keinen, das trübe und verdickte einen russigen Rückstand, und das Oel selbst, durch die Natur auf unbekannten Wegen, aus dem vegetabilischen Oel entstanden, läst sich nicht künstlich darstellen. Es besteht aus Wasserstoff und Kohlenstoff, vielleicht auch Sauerstoff. Das trübe entwickelt freien Kohlenstoff, und besteht nach Kirvan aus 92 Bitumen, 8 Kohlenst.

Das liquide und verdickte Erdöl unterscheiden sich nur durch die grössere oder geringere Reinheit. Das liquide, helle und durchsichtige wird an der Luft trübe und dicker. Auch in den nachfolgenden Arten des Erdpechs geht das Oel allmählich über, und aus diesem Grunde glaube ich das Oel nicht, mit Werner, von dem Erdpech, als eine eigene Gattung trennen zu können. Das zähe Erdpech bildet eine Mittelart, durch welche das Oel mit dem Pech verbunden wird. Die Benennung Naphta ist medisch, und dieses Oel war den Griechen unter dem Nahmen *medisches Oel*, aber auch unter dem ursprünglichen medischen Nahmen bekannt. (λέγεται φάρμακον και ὅπερ μήδοι νάφθαν καλοῦσι, ἕλληνες δέ μηδειας ἔλαιον. (Suidas, unter dem Worte φάρμακον.)

Fundort. Das trübe Erdöl ist nicht selten in den Steinkohlengebirgen, am häufigsten in der Nähe bedeutender Steinkohlenlager. Dennoch fehlt das Steinöl öfters, und die Bedingungen seiner Erscheinung sind noch keineswegs ausgemittelt. Man findet es an mehrern Orten in Deutschland, Ungarn, Siebenbürgen, Frankreich, England, Italien, und es scheint in besonderer Verbindung mit den vulkanischen Gebirgen und ihren Eruptionen zu stehen. So spürt man den Geruch bei den Eruptionen des Vesuvs. Höchst merkwürdig ist die Steinölquelle einige Meilen von Gabian und Pezenas im Departement de l'Herault in Frankreich, die, seit 1618 bekannt in einer Reihe von 80 Jahren 36 Centner Steinöl lieferte, seit 1776 aber nur vier Centner (Marcel de Serres Journ. d. mines. 24. p. 232). Mehrere Quellen in Nordamerika führen Steinöl, einige in groſser Menge (Schöps Beitr. p. 113.) So auch die Insel Trinidad (Lavayissé) und mehrere Antillen. Das klare Erdöl (Naphta) kömmt mit groſser Reinheit in Amiano, einem Dorfe im Herzogthum Parma, bei Iosnovo und Varese an den Grenzen von Ligurien vor, wo es eine reiche und fortflieſsende Quelle bildet, es ist reingelb (Majon Annales d. Chémie. T. 45. no. 134. p. 171.). Die Quellen von Steinöl beim Berge Zibio in Modena finden sich in einem Thale nicht weit von Salse de Sassuolo (unter dieser Benennung versteht man konische Hügel, auf deren Spitze eine Art von Crater, der einen halbflüssigen und salzigen Koth auswirft.) Man findet sowohl das klare als trübe Erdöl, und wenn Salse de Sassuolo erschüttert wird, so nimmt die Menge des Steinöls ab. (Spallanzani Reise 5. p. 246.) In Sicilien ist das klare Erdöl häufiger, als das trübe, vorzüglich bei Leonforte, Bivano, in der Gegend von Girgenti u. s. w. (Borch Miner. sicil. p. 181.) In Asien ist die Gegend von Baku, am caspischen Meer besonders bekannt. Es sind Sandsteingebirge, in welchen mächtige Zwischenschichten von Thon und Mergel mit reichlicher Beimischung von Selenit, Koch- und Glaubersalz, auch Eisen und Erdharz, von welchem letztern die bekannten Naphta-Quellen unterhalten werden. Bei Baku sind diese Quellen in unglaublicher Menge. Balaghan, 12 Werste von Baku hat 25 offene Brunnen. Wenn einige vertrocknen eröffnet man andere, aber die alten stellen sich gleich wieder her. Die Einwohner von Balaghan behaupteten zwar, dass die reichsten Brunnen 1000—1500 Pfund täglich gäben, sie ziehen aber nur 2 — 3mahl täglich Schlauchkübel heraus, die 250 Pfund etwa halten, also erhalten sie täglich 500 — 750 Pfund. Die übrigen Brunnen geben im Durchschnitt 50 — 60 Pfund. Einige von diesen Quellen dünsten aus, und schwängern die Atmosphäre mit leicht entzündbaren Dünsten, die sich anzünden. Wenn nach warmen Herbstregen die Abendluft ebenfalls warm ist, stehen die Felder von Baku in vollen Flammen. In den October und Novembermonaten sieht man stets bei heitern mondhellen Nachten ein helles blaues Lichtfeuer, von welchem das ganze westliche Gebirge von Baku überzogen und erleuchtet ist, am öftersten steht der Berg Soghto-ku in solchen prachtvoll anzusehenden Flammen, wovon man alsdann in der Ebene nichts gewahr wird. Wenn die Nächte dunkel und warm sind, so überziehen unzählbare, bald einzelne, bald zusammenhängende Flammen

men die ganze Ebene, und die Gebirge ſind dunkel und lichtleer. Dieſes Feuer entzündet gar nicht. An der Auſsenſeite luftleerer Gläſer hängt es ſich, als ein phosphoriſcher Schein an, und obgleich die Flamme auf dem Felde erloſchen iſt, ſo erſcheinen luftleere Glasröhren dennoch einige Augenblicke ganz von Feuer durchdrungen, ſtark leuchtend. Das Feuer der angezündeten Dünſte iſt dunkelroth, dieſes weiſsblau. (Kämpfer. Amoenitat. exot. Faſc. 2. relat. 1. §. 6. 7. u. ſ. w. Reineggs hiſtor. topograph. Beſchr. des Kaukaſus. p. 148. u. 155. Bieberſteins Beſchreib. d. Länder zwiſchen Terek und Kur. p. 66. u 68) Ferner ſind in Aſien die Steinölquellen bei Rainangbony im Königreiche Burma ſo ſowohl ihrer Reichhaltigkeit, als Reinheit wegen merkwürdig. Man findet dieſe Quellen (über 400) in einer Steinkohlenformation in Sandſtein. Das Oel iſt in den Quellen grünlich und wird durch bedeutend hohe Temperatur vollkommen flüſſig erhalten, in der Luft verliert es ſeine Flüſſigkeit (Symmer Reiſe durch das Königreich Ara. Sprengels Magaz. 9. Coxe aſiatic. Reſearches. 6. p. 163.) Leonhard II. p. 246. Naphta (klares Erdöl,) I. p. 240. u. III. p. 32. gemeines Erdöl.

Plinius l. 2. c. 105. Nachdem er vom Erdharz (malta) gesprochen, Similis est naturae naphta, ita appellatur circa Babyloniam et in Austagenis Parthiae profluens bituminis liquidi modo Huic magna cognatio ignium transiliuntq. protinus in eam undecunque visam. Ferner l. 35. c. 15 Est liquidum bitumen, sicut hyacinthium et quod a Babylone invehitur; ibi quidem et candidum gignitur — Gignitur et pingue liquorisque oleacei in Sicilia, Agragantino fonte inficiens rivum. Cronstedt p. 160 §. 146 Bergbalsam. §. 147 Bergöl Wallerius 2. p. 89 Gen. 42 spec. 260. Bitumen fluidissimum levissimum. Naphta, spec. 261. Bitumen fluidum crassius. Syst. Nat. 811. 3. p. 109. Bitumen (Naphta) fluidum albicans, Bit (Petroleum) liquidiusculum fusco-rufescens De L'Isle 2. p. 591. Kirvan 2. p. 54. erst. Art Naphta, 2te Art Bergöl. Hauy 3 p 378. Tabl. comp. p. 70. Lucas 2 p. 254. Reuss 2 3. p. 96. Naphta. p 101. gemeines Bergöl. Mohs 2. p 302. Erdöl. tabell Uebers. p. 48. Karsten. p. 58. Brochant 2. p. 59. Brongniart 2. p. 19. bitume naphte p 21. bit. pétrole.

c) ZÄHES ERDPECH. (Bitume glutineux, H.). *Schwärzl.* Br. ins *pech* Schw. — *zähe* — von *schimmerndem Fettgl*, der stärker wird, wenn es ruhig steht — *drchschnd.* in dünnen Flächen, sonst *undrchsig* — *fett und klebrig* — hat *einen starken bituminösen Geruch* — *kaum schwimmend* 1,1 Kirvan.

Bildet eine Mittelart zwischen den vorhergehenden und nachfolgenden Arten, ja oft verwandelt sich das Steinöl, wenn es lange der Luft ausgesetzt ist, von selbst in zähes Erdpech. Werner will diese Art nicht anerkennen, die doch eben um die Uebergänge zu bezeichnen, nützlich ist.

Fundort. Wohl allenthalben, wo das Steinöl vorkömmt, auch wohl öfters bloss mit den nachfolgenden Arten, als das äusserste Extrem öliger Bildung, wie auf dem todten Meere. Merkwürdig ist das Vorkommen auf Gängen, so auf Kalkstein in den Kongsberger Silbergruben, (Schumacher p. 1.), und auf den Andreasberger Gängen, als dünner Ueberzug von pyramidalem Kalkspath. (Hausmann hercynisch. Arch. 1. 2. p. 241.

Plinius l. 2. c. 104 In Comagene urbe Samosata stagnum est, emittens limum (maltham vocant) flagrantem, cum quid attingit solidi adhaeret. Cronstedt. p. 163 §. 148. zähes und pechartiges Bergöl. Bergtheer. Maltha zum Theil. Wallerius 2. p. 92. gen. 42. spec 262 Bitumen segne, crassum, nigrum. Maltha. a) tarde fluens. Syst. Nat XII. 3. p 110. Bitumen (Maltha) tenax, nigrum. De L'Isle 2 p. 592. Kirvan 2 p. 57. Erdpech, Barbadostheer, Bergtheer. p. 58. zähes Erdpech. Haüy 3. p. 380. Tabl comp. p. 71. Lucas 2. p. 254. Reuss 2. 3. p. 105 Bergtheer. tabell. Uebers p. 48. Karsten. p. 58. zähes Erdpech, zum Theil. Brochant 2. p. 62. Brongniart 2. p. 24.

d) ERDIGES ERDPECH, Wr. (Bitume solide terreux, H.). *Schwärzl.* Br. — *derb* — *wenig-ſchimmernd*, meiſt *matt* — Br. *erdig* ins *unebene von feinem Korn* — Brchſt. *unbeſt- eck. ſtumpfk.* — *wird glänzend durch den Strich*, behält aber die Farbe — *ſehr weich* — *milde* — *nicht ſndr. ſchwer zrſpr.* — *bituminöſer Geruch* — 2,066 Kirvan.

Hinterläſst viel Ruſs. Bitumen 50,50, Kieſel 28,50, Thon 15,50, Kalk 15,50, Kalk 4,25, Eiſ. 1,19, Jordan das Harzer. In 12 Th. kohlenſ. Kalk 6, Oel 1, Kohle 4, etwas Eiſ. und Thon von Val de Travers Chambrier.

Das erdige Erdpech iſt ein zähes, welches durch Beimengung erdiger Theile noch mehr Conſiſtenz erhalten hat. Wie das zähe Erdpech ſich an das Steinöl anſchlieſst, ſo geht dieſes durch gröſsere Erhärtung und Reinheit in das ſchlackige über Farbe, Glanz, Bruch und Conſiſtenz bezeichnen es hinlänglich. Bei den Citaten mehrerer Mineralogen findet einige Verwirrung ſtatt. So iſt Karſtens zähes Erdpech, wozu er Kirvans Analyſe citirt, offenbar nicht Werners erdiges Erdpech, ſondern die wahre zähe Maltha, ſein thonartiges Erdpech, worunter er die oben (bei der Erdkohle) erwähnte weiſsgraue Subſtanz von Kelbra, die Voigt beſchrieben hat, versteht, würde, wenn man es unter die Erdpeche stellen wollte, ohne allen Zweifel mit dem erdigen zu vereinigen seyn. Hattchet's Erdpech oder Maltha (Scherers Journ. 4. p. 264,) welches Reuss beim erdigen Erdpech citirt, ist offenbar ein blosses Extrem des zähen, bei seinem Uebergang zum schlackigen. Das Wernersche erdige Erdpech hat seine characterstischen Kennzeichen — den geringen Glanz, den Bruch, die Schwere, immer einer Beimengung von Erden zu verdanken.

Fundort. Ohne allen Zweifel oft mit dem schlackigen Erdpech. Das oben erwähnte analysirte findet man auf Grauwacke ohnweit Grund (Jordan min. Beob. p. 287). Ausgezeichnet kömmt es zu Voltrarers in Neufchatel zwischen Kalk vor, (Chambrier Journ. d. phys. 56. p. 351.) Man findet es ferner bei Prag, in England soll es nach Mohs, wie am Harz, in Uebergangsgebürgen vorkommen. Leonhard I. p. 244.

Tabl. comp. p. 71. Lucas a. p. 254. Reuss a. 3. p. 107. Mohs 2. p. 307. Brochant a. p. 65. Brongniart 2. p. 25.

e) ELASTISCHES ERDPECH, Wr. (Bitume elastique, H.). Inwendig *oliven*- ins *schwärzl.*-Grn. *bräunl.*-R., (heller und dunkler), *röthl.*- und *schwärzl.* Br. auswendig *schwärzl.* Br. und *bräunl.* Schw. — *derb, eingesprengt, tropfsteinartig, kuglich, nierförmig, mit Eindrücken,* (meist von Schwerspath) — Oberfl. meist *rauh*, bei dem kuglichen *glatt* — Inwendig von *glänzend* bis *schimmernd* — Br. *unvollk flachmuschl.* (mit dem meisten Glanz) *schiefrig* (mit geringerm Glanz und lichterer Farbe) Brchst. *unbest. eck.* — *An den Kanten drchschnd* — *fett* — *sehr weich* — *milde* — *elastisch biegsam* — *bituminöser Geruch* — 0,930 Lametherie 0,9053 — 1,0233 Hatchett.

Brennt mit heller Flamme und vielem Ruſs. Kaoutschuck und elastisches Erdharz, die im Aeuſsern so viele Aehnlichkeit mit einander haben, sind auch in ihrem Verhalten gegen Schwefelsäure einander ähnlich. Denn Harze und die meisten übrigen Körper lösen sich beinahe augenblicklich darin auf, diese hingegen nicht, sondern verkohlen sich bloſs auf der Oberfläche. Selbst Salpetersäure verändert das elastische Erdpech nicht so schnell, als die übrigen bituminösen Körper (Hatchett.). Es ist ein reines, auf unbekannte Weise modificirtes Bitumen. Kohlenwasserst. 38 Kubikzoll, kohlens. Gas 4 Kubikz., Bitumen 73, säuerliches Wasser 1,50, Kohle 6,25, Kalk 21, Kiesel 1,50, Eis. 0 75, schwefell. Kalk 0.50, Thon 0.25. Kl. Die unbedeutende Beimischung von Erden und Salz, (5 Procent,) kann billig als zufällig betrachtet werden; 95 Th., alſo waren Bitumen, durch den Proceſs zum Theil zerlegt.

Dieſe höchſt merkwürdige Art ward zuerſt von Born erwähnt, dann von Delametherie beſchrieben, und erregte allgemeine Aufmerkſamkeit. Eine genauere Beſchreibung der mannichfaltigen Modificationen derſelben verdanken wir Hatchett und Faujas St. Fond, die Beſchreibung des erſten nach der vollſtändigen Sammlung von Watſon in Blackwell, die des letztern nach John Mowe's Sammlung. Dieſe Beſchreibungen reduciren ſich bei den ausgezeichneten, friſchen und unveränderten Exemplaren auf die oben angegebenen Kennzeichen. Eine Menge genannte Abänderungen entſpringen theils aus der Veränderung in der Luft. die die Farbe, den Bruch modificirt, die elaſtiſche Biegſamkeit aufhebt, das Erdpech bröcklich, riſſig macht, theils aus dem Uebergang in ſchlackiges Erdpech, der durch mancherlei Stufen bezeichnet wird. Merkwürdig iſt jedoch die Abänderung, welche bei der Bleigrube Odin in einem kleinen Bache gefunden wird, die auf dem friſchen Schnitte, ſowohl der Farbe, als dem Gefüge nach, dem feinen Korke ähnlich ſieht. Wird ſie der Luft ausgeſetzt, ſo verändert ſie ſich ins blaſs röthlichbraune. Im Innern enthält ſie einen Kern von unverändertem elaſtiſchen Erdpech, und ſcheint durch Waſſer verändert zu ſeyn (Hatchett). Bei der Uebereinſtimmung mit Kaoutſchuk, müſſen wir mit Reuſs bemerken, daſs das elaſtiſche Erdpech zwar eben ſo wie das vegetabiliſche Harz, nach dem Zuſammendrücken ſich wieder ausdehnt, aber nicht, wie dieſes, ſich gewaltſam ausdehnen läſst, ohne zu zerreiſsen, ſo wie auch theils die Art, wie dieſes Foſſil ſich in der Luft verändert, theils die Uebergänge in ſchlackiges Erdpech, theils ſelbſt das chemiſche Verhalten, (z. B. gegen Salpeterſäure,) bei aller Aehnlichkeit eine bedeutende Verſchiedenheit vorausſetzen.

Fundort. Bis jetzt nur bei Caſtletown, vorzüglich in den Klüften einer Bleygrube, Odin, in der Nähe von Mamtor, mit Bleyglanz, Fluſs-Kalk-Schwerſpath, Quarz, Blende, Galmey, Gyps und ſchlackigem Erdpech. Mohs führt aus der Nullſchen Sammlung, ein Stück, wenig biegſames, bräunlichſchwarzes Erdpech aus Modum in Norwegen, mit Kalkſpath eingewachſen, an, ein anderes von derſelben Farbe, in einer mit Quarz bekleideten Druſenhohle eines hornſteinartigen Ganggeſteins. Auch dieſes war wenig biegſam. Leonhard I. p. 243.

Born. Catalog. 2. p. 77. La Metherie Journ. d. phyſ. 31. p. 311. Faujas St. Fond. Annal.

d. Museum 3. p. 36. Hatchett, Scherers Journ. 4. p. 28. Kirvan 2. p. 61. mineralischer Caoutschuc. Hauy 3. p. 381. Tabl. comp. p. 71. Lucas 2. p. 254. Reuss 2. 3 p. 110. Mohs 2. p. 305. tabell. Uebers. p. 48. Karsten p. 58. Brochant 2. p. 64. Brongniart 2. p. 29.

Humboldt beschreibt, (Journ. d. phys. 67. p. 76.) eine elastische Substanz, die schwammig ist, einem getrockneten Blätterschwamm, (Champignon,) ähnlich sieht, und mehrere Eigenschaften mit dem Kaoutschuk gemein hat. Sie zündet sich, wie dieses, tilgt die Spuren des Bleystifts, und theilt mit Papier gerieben, diesem — E mit. Allen hat eine vergleichende Analyse angestellt. Salpetersäure löst beide Substanzen fast ganz auf, die Auflosung ist klar, und giebt, bei zugegossenem Wasser einen Bodensatz, der die Hälfte des Gewichts von dem aufgelösten Harz hat.

Die erwähnte Substanz enthielt		Kaoutschuck enthielt
Empyreumatisches Oel	80	92
Säuerliches Wasser	2	0
Kohlenwasserstoffg.	2	2
Kohligen Rückstand	16	6
	100	100

Beide zeigten Spuren von Ammoniak. Man

findet diese Substanz 2—3 Fuss unter der Oberfläche der Erde.

f) SCHLACKIGES ERDPECH, Wr. ASPHALT. (Bitume solide luisant, H.) *Sammt-bräunl.*-Schw. — *derb, eingesprengt, angeflogen, als Ueberzug, tropfsteinartig, kleinnierförmig, knollig, unvollkommen kuglich,* — *glänzend* bis *starkglänzend* von *Fettgl.* — Br. *mehr oder weniger*, zuweilen *höchstvollkommen gross* und *flachmuschl.* — Brchst. *unbest. eck. ziemlich scharfk.* — behält *im Striche Glanz und Farbe* — *etwas fett* — *nicht kalt* — *ins sehr weiche* — *vollkommen milde* — 1,092 K. 1,104 Blumenbach. Wird durch Reiben leicht electrisch.

Brennt mit starker Flamme. In 100 Gran Kohlenwasserstoffg. 36 Kubikzoll, Bitumen 32, schwach ammonikalisches Wasser 6, Kohle 30, Kiesel 7,5, Thon 4,5, Kalk 0,75, Eis. 1,25, Mangan 0,5, Kl. Erdpech aus Albanien. In 32 Theilen, Bitumen 11, Kohle 4, Kiesel 10, Thon 5, Eis. 2. Dauxion-Lavaysse, Erdpech von Trinidad. Beide Analysen stimmen in Rücksicht des Gehalts von Bitumen, ziemlich überein, wenn wir, mit Wahrscheinlichkeit, voraussetzen, dass Lavaysse, die Educte (Kohlenwasserstoffg. Wasser, vielleicht auch Kohlensäure,) nicht mit in Rechnung gebracht hat.

Diese Art war, unter dem Nahmen Asphalt schon den Griechen bekannt. Die Benennung rührt vom tödten Meere her, welches bei den alten Asphaltites hiess (Plinius l. 2. c. 103 und l. 5. c. 16. Strabo I. 16. Diodorus Siculus. l. 19. c. 108.). Die Benennung Asphalt finden wir schon bei Dioscorides (l. 1. c. 10. Ἄσφαλτος διαφέρει ἡ ἰου-δαϊκὴ τῆς λοιπῆς. Ἐςὶ γὰρ καλὴ καὶ πορφυροειδῶς ςίλβουσα, εὔτονος τῇ οσμῇ καὶ βαρεῖα. Ἡ δέ μέλαινα καὶ ρυπώδης φαυλη), aus welcher Stelle erhellt, dass Dioscorides eine hellere, durchsichtigere, und purpurfarbige Art gekannt hat, die er von der uns bekannten schwarzen unterscheidet. Bei Plinius kömmt die Benennung Asphalt nirgends vor. Die Art ist vielleicht hin und wieder mit der Pechkohle verwechselt, unterscheidet sich aber leicht durch Härte, Festigkeit und Geruch. Sie bildet das eine feste Extrem der Gestaltung des reinen Bitumen, so wie das flüssige Erdöl das entgegengesetzte, auch kann man die stufenweise Fortbildung von Naphta bis zu schlackigem Erdpech genau verfolgen, wie Hatchett bewiesen hat.

Fundort. Seit uralten Zeiten war das todte Meer in Palestina, als ein Asphaltsee berühmt.

Auch in andern Theilen des westlichen Asien ist das Erdpech sehr häufig, wie am Euphrat und Tigris, im nördlichen Persien, in den Ländern zwischen Terek und Kur mit Naphta. Eben so merkwürdig scheinen die grossen Asphaltseen auf Trinidad (Dauxion-Lavaysse Voyage I p. 64.). Für die Geognosie sehr interessant, ist das nicht seltene und oft räthselhafte Vorkommen des schlackigen Erdpechs in Gängen, meist des Uebergangs- und Flözgebirges, so zu Kamsdorf mit Kalkspath und Brauneisenstein nesterweise, so findet man es auf einem Gang bei Grund am Harz, der, aus dichtem Brauneisenstein, zelligem Quarze, gradschaaligem Schwerspath besteht, von bedeutender Grösse, mit Kohlenblende gemengt, ausserdem auf allen Drusen aufliegend, eingesprengt und sehr dick angeflogen. In dem Staufenberger Forst findet es sich in dichtem Kalkstein, am Iberge ist der Bleiglanz ganz damit durchdrungen. Man soll das schlackige Erdpech selbst in Granit (wahrscheinlich auch auf Gängen) wie 90 Lachter tief zu Carrarach gefunden haben Bekannt ist der Ueberzug von Erdpech über die Auvergner Chalcedone. Die innerlichen Drusen nicht ganz ausgefüllter Chalcedon-Mandeln, wie in Sibirien bei Nertschinsk, sind zuweilen mit Erdpech mehr oder weniger überzogen. Leonhard I. p. 245. u. III. p. 53.

Cronstedt p 163. §. 149. Erhärtetes Bergöl, Bergpech. Wallerius 2. p. 93. gen. 42 spec. 263. Bitumen solidum, coagulatum, friabile. Asphaltum. Syst. Nat XII 3. p. 110. Bitumen (Asphaltum), friabile, atrum. De l'Isle 2. p. 592. Kirvan 2 p. 59. Hauy 3. p 380. Tabl. comp p. 71. Lucas 2. p. 254. Reuss 2. 3. p. 113. Mohs 3. p. 307. Tabell. Uebers. p. 48. Karsten p. 58. Brochant 2. p. 66. Brongniart 2. p. 25.

7.

RETINASPHALT. Hatchett. *Röthl-gelbl. Br.*, *bräunl.* ins *isabell*-Glb. und *graul.* Glb. bald *heller*, bald *dunkler*, immer von *schmutziger Farbe* — *derb*, *in runden stumpfeckigen Stücken* von allen Graden der Gröſse mit *matter*, *meist erdiger*, zum Theil *undeutlich schuppiger* Oberfl., auch *grob* und *klein eingesprengt* — inwend. *glänzend* und *wenigl.* von *Fettgl.* — Br. *unvollk. flachmuschl.* (dann glänzender und von dunklerer Farbe,) ins *unebene* und *groberdige*, (dann heller und matt) — Brchst. *unbest eck nicht sndr. scharfk* — *undrchstg.*, die dunklern muschligen Parthie *an den Kanten drchschnd* — *weich* — *spröde* — *äuſserst l. zrspr* — *nicht kalt* — 1,135 Hatchett, 1,126 nach eigenen Versuchen. — Wird durch das Reiben nur dann electrisch, wenn er isolirt wird. —

Giebt erwärmt einen schwachen Harzgeruch, ohne sonderlich zu erweichen, schmilzt schwerer als andere Harze, wird dabei sogleich zerstört und schwarz, und zeigt sich nach dem Erkalten auf dem Bruche glänzend. Raucht, während des Schmelzens stark, und verbreitet einen nicht unangenehmen Geruch von vegetabilischem und zuletzt von bituminösem Harz. Der Weingeist löst ein unverändertes vegetabilisches Harz auf (55 Th. nach Hatchett, 91 Th. nach Buchholz,) und läßt ein Erdharz zurück, (44 Th. nach H. 9 Th. nach B.)

Diese merkwürdige Gattung ist zuerst von Hatchett aufgestellt, und verdient auf alle Weise, als eine gesonderte betrachtet zu werden. Sie ist dem Bernstein oryktognostisch und geognostisch verwandt, unterscheidet sich aber durch die schmutzige Farbe, die erdige Oberfläche, die größere Weichheit und leichte Zersprengbarkeit, auch scheint sie etwas schwerer. Der Unterschied zwischen Hatchetts und Buchholz's Analyse, scheint, wie der letztere bemerkt, daher zu rühren, daſs Hatchett wäſsrigen, nicht absoluten Alcohol anwandte, und daher weniger aufzulösen vermochte. Zwar behauptet Hatchett, daſs er nicht im Stande war, nach dem bisherigen Verfahren aus dem Rückstande Bernsteinsäure zu erhalten, doch scheint dieser nach

Buchholz sehr mit dem Bernstein übereinzustimmen, und genauere Versuche mögen darüber entscheiden. Dieses Fossil scheint sich also durch einen bedeutenden Antheil von unverändertem Pflanzenerdharz von dem Bernstein zu unterscheiden. Diese Gattung war den Mineralogen früher nicht unbekannt, ward aber meist mit dem schlackigen Erdpech verwechselt. Voigt gab eine Beschreibung davon. Die obige Beschreibung ist nach einer vollständigen Suite aus der Gegend von Halle entworfen.

Fundort. In der Gegend von Halle in den dortigen Braunkohlenlagern, wie bei Langenbogen, am ausgezeichnetsten in den Braunkohlenbrüchen im Stadtgraben der Stadt Halle selbst, nesterweise, oft so, daſs der Retinasphalt den Kern von sternförmig auseinanderlaufenden Fraueneis und Schwefelkieskugeln bildet. In Braunkohlenlagern von Bowey. (Hatchett). Im österreichischen Landgerichte Wildshut im Innviertel nahe am Salzachstrome in einem Braunkohlenlager zwischen den Jahresringen oder den Aesten des bituminosen Holzes, und zwar derb von 1—2‴, selten von gröſserer Mächtigkeit (Wagner) Ich halte mich für überzeugt, daſs der sogenannte Bernstein, der in Braunkohlen aus Grönland eingesprengt, in mehrern Sammlungen vorkömmt, auch hierher zu rechnen ist. Wahrscheinlich gehört auch hierher das röthlichbraune schlackige Erdpech, welches eingewachsen in Mergel und Steinkohlen bei Wolkow in Mähren vorkömmt, (Estner Mineral. 3. 1. p. 114.), das honiggelbe Fossil in Schieferkohle von Uttigshof in Mähren, (Wondraschef n. Abh. d. k. böhm. Gesellsch. d. Wissensch. 3. p. 8.) u. s. w., und wenn dieses sich bestätigte, würde diese Gattung nicht blos in den aufgeschwemmten Gebirgen, sondern auch in einigen Steinkohlenformationen vorkommen. Leonhard II. p. 310.

Hatchett Ns. allgem. Journ. d Chem. v. Gehlen 5 p. 314. Buchholz, Schweiggers Journ. p. 291. Wagner Molls Ephemeriden 4. 1. p. 17. Reufs 4. p. 308. tabell. Uebers. p. 50. Lucas 2. p. 258.

8.

BERNSTEIN, (Succin, H.)

a) WEISSER BERNSTEIN, Wr. *Gelbl.* - W., *lichte stroh*-Glb. — in *rundl. stumpfeck. Stücken* mit *rauher* Oberfläche — *wenigglänzend* von *Fettgl.* — Br. *muschl.* — Brchst. *unbest. eck. stumpfk.* — *durchscheinend* — *Ins Halbharte* — *nicht sndr spr.* — *zieml. l. zrspr.* — *nicht kalt* — *leicht* — Erhält durch das Reiben — E.

b) GELBER BERNSTEIN, W. *Spargel* Grn., *wachs*-*citron*-*honig*-Glb., *hyacinth*-R. bis ins *röthl.* Br. — In *runden stumpfeckigen Stücken* mit *rauher* oft *dunkler* und *undrchsitger* Oberfl., von der *Gröfse eines Kopfs* bis zu *kleinen Körnern* — Aufsen fast *matt*, inwend. *starkgl.* von *Fettglanz* — *durchsichtig* (Strbr. einf.). Sonst wie a. 1,078 — 1,0855 Brisson.

Entwickelt einen bekannten angenehmen Geruch beim Reiben, Zerstofsen und Verbrennen. Verbrennt mit Aufschäumen, und hinterläfst einen glänzenden Rückstand. Liefert die Bernsteinsäure (Nach Baumann 4,5 Th. in 100.) und hinterläfst ein Erdharz.

Die beiden Arten sind hinlänglich getrennt, doch findet man weifse undurchsichtige Stücke mit durchsichtigen Streifen. Der Bernstein war den Alten bekannt, das Electrum der Griechen, dessen Eigenschaft, leichte Körper an sich zu ziehen, die Aufmerksamkeit ihrer Philosophen auf sich zog. Die durch Destillation erhaltene Substanz nannte Agricola Bernsteinsalz. Boyle entdeckte zuerst, dafs sie eine Säure sey.

Fundort. Ostsee, an der preufsischen Küste am häufigsten, auch an den Küsten von Kurland, Liefland, in Dänemark nicht häufig nach Kattegat zu auf Seeland — in Odcherred — Fühnen, häufiger an der Küste von Jütland. Man fischt den Bernstein in losen Geschieben aus der See, auch kömmt er eingewachſen in eiſenſchüſſigen Sandſteinbreccien vor, oder findet ſich am Seeſtrande im Sande, von der See ausgeworfen. Er enthält oft Spinnen, Mücken, Ameiſen eingeſchloſſen, auch wohl Schuppen von Zapfen und Nadeln von Nadelhölzern. Auf ähnliche Weiſe findet man den weiſsen bei Licata und Capo d'Arzo, den gelben bei den Flüſſen Symète, bei Raduſa und Girgenti u. ſ. w. in Sicilien (Borch. p. 185.). Auch im bituminöſen Holz und gemeinen Braunkohlen in Deutſchland, Frankreich, in der Schweiz, ſo bei Villeri - en - Prayer nach Gerard, in Siberien nach Herrmann. Nach der Entdeckung des Retinasphalts wird es nöthig, mehrere Subſtanzen, in Braun- und Steinkohlen eingeſprengt, genauer zu unterſcheiden, die ohne allen Zweifel mit Unrecht für Bernſtein gehalten werden. Der Urſprung des Bernſteins aus verändertem Harz iſt höchſt wahrſcheinlich, und wird durch die Beſchaffenheit des Retinasphalts noch mehr beſtätigt. Die Hermbſtädtſche Hypotheſe, daſs ein Bergöl im Meer oben auf ſchwimmt, dort Sauerſtoff einſaugt und ſich verwandelt, iſt viel zu gekünſtelt und paſst nicht. Oft findet man Holz noch anſitzend. In der kopenhagner königlichen Sammlung wird ein merkwürdig groſses und helles, ungetrübtes und durchſichtiges

Stück, an der jütschen Küste gefunden, aufbewahrt. Ein flaches, 2⅞ Zoll dickes weisl. gelbes Stück, 13 Pfund 16¼ Loth schwer, mit einem kubischen Inhalt von 318¾ Kub. Zoll. rheinl., überzogen mit der gewöhnl braunen undurchsichtigen Rinde, gefunden zwischen Gumbinnen und Insterburg, wird in der Mineraliensammlung des Bergdepartements in Berlin aufbewahrt. Leonhard I. p. 86. u. III. p. 19.

Theophrast. lib. de gemmis 53. ἤλεκτρον. Plinius l. 37. c 3. Succinum, glessum Germanorum. Er kannte den durchsichtigen und undurchsichtigen, und mehrere Farben, auch die eingeschlossenen Insecten. Liquidum primo destillare succinum, argumento sunt quaedam intus transfluentia, uti formicae, culices, lacertaque, quas adhaesisse musteo, non est dubium et inclusas indurari. Auch erklärt er den Ursprung nicht unrichtig. Cronstedt p. 161. §. 145. Bernstein. Wallerius 2. p. 108. Gen. 143. spec 967. Succinum. Syst. Nat. XII. 3. p. 108. Succinum electricum. Delilsle 2. p. 589. Kirvan 2. p. 79. Hauy 3. p. 394. Tabl. comp p. 71. Lucas 2. p. 268. Reuss 2. 3. p. 166. weisser. p. 169. gelber Bernstein Mohs 2. p. 296. tabell. Uebers. p. 47. Karsten p. 68. Brochant 2. p. 69. Brogniart 2. p. 49.

9.

HONIGSTEIN, Wr. (Mellite, H.) *Wachs—honig* Glb. bis ins *dunkel gelbl.*-Br. — kryst allis.

1) Primitiver, (Mellite primitif. T. 62. f. 12.) Kerng eine flache niedrige dpp. 4f. Pyr, deren gemeinschaftliche Grundfl. ein Quadrat. Neig. der Stfl. beider Pyr. gegen einander 93°22, Neig. der Stfl. derselben Pyr. gegeneinander 118°4'. Die Endsp. sind zuweilen zugerundet. Integr. Molec. Tetraeder. Die Richtung der Blätter der Kerng. entdeckt man durch das Schillern am Licht einer Kerze.

2) Tafelartiger. 4f. T. mit sphärisch convexen Stfl. Entsteht aus der abgerundeten Modification der Var. 1.

3) abgestumpfter Var. 1. an den Ecken der gemeinsch. Grundfl. abgest.

4) Dodecädrischer, (dodécaèdre. f. 14.) wenn die Abstg var. 3. so stark wird, daſs daraus eine niedr. 6f. S. 3f. zugesp., so daſs die Zuspgfl. auf die abwechselnden Stfl. widersinnig aufges. sind, (Granatdodecaeder) entsteht. Neig. der Abstgfl. Var. 3 gegeneinander 90°, Neig. dieser Abstgfl. gegen die Stfl. der 4f. Pyr. 120°58'. Dieses Dodecäder unterscheidet sich von dem eigentlichen Granatdodecäder dadurch, daſs bei dem letztern die Neigungen aller benachbarten Flächen gegeneinander 120, dagegen beim Honigstein Dodecäder, die einen 120°58', die andern 118°4' betragen, ferner sind dort die Neigungen zweier, an einem aus vier ebenen Winkel zusammenge-

ſetzten körperlichen Winkel auf zwei entgegengeſetzten Seiten liegenden Flächen allemal 90°, indeſs beim Honigſtein, bloſs die Abſtgfl. Var. 3. unter ſich einen rechten Winkel machen, die Neig. der übrigen iſt entweder 93°22′, oder 86°38′.

5) ſäulenförmiger. Wenn die Abſtgfl. Var. 3. nicht wie in Var. 4. ſich bloſs in einer gemeinſchaft. Spitze, ſondern, indem ſie wachſen, ſich durch eine verlängerte Kante berühren, wodurch eine rechtwinkl. 4ſ. S. 4ſ. zugeſp, ſo daſs die Zuſpgfl. auf die Stk. aufgeſ. ſind, entſteht (Hyacinthkryſtalliſation).

6) enteckter (epointe. f. 13.) Var. 1. an allen Ecken abgeſt. Neig. der Abſtgfl der Endſp. der Pyr. gegen der Sifl. derſelben 113°19′. Dieſe Abſtgfl. iſt gewöhnlich etwas gerundet, wie bei der oben erwähnten Modification von var. 1.

Die Kryſtalle ſind *mittlerer Gröſse* und *klein* bis *äuſserſt klein* — *einzeln, in Druſen zuſammengehäuſt*, zuweilen *pyramidal auf einander gewachſen* — Oberfl *meiſt glatt*, zuweilen *rauh* und *uneben*, nicht ganz ſelten ſind die Kryſtalle *zerfreſſen, durchlöchert*, und wie *ausgehöhlt* — äuſserl. *ſtarkglänzend*, inw. *ſtarkgl.* und *glänzend* von *Fettgl* der ſich *dem Glasglanz* nähert — Br. *muſchl.* — Brchſt. *unbeſt. eck.*

zieml. scharfk. — *drchschnd.* oft nur im geringen Grade (Strbr. doppelt) — *weich* (läſst ſich mit einem Meſſer ſchaben) — *nicht ſnd. ſpröde* — *leicht zrſpr.* — 1,5858 — 1,666 H. — Die reinen Kryſtalle zeigen, wenn man ſie ſchnell, nachdem ſie gerieben ſind, an das Electrometer bringt — E, merklicher, wenn ſie iſolirt ſind.

Auf einer glühenden Kohle, überhaupt in mäſsiger Hitze bleicht der Honigſtein, und wird undurchſichtig, ſtärker erhitzt wird er ſchwarz und zerfällt in Aſche Honigſteinſäure 46, Thon 16. Waſſer 38. Klaproth.

Dieſe merkwürdige Gattung ward von Werner zuerſt in das mineralogiſche Syſtem aufgenommen, und ihre Verwandſchaft mit dem Bernſtein ſowohl, als ihre Verſchiedenheit anerkannt. Der Honigſtein muſs zu den kohligen Subſtanzen gerechnet werden, ſchon wegen ſeiner chemiſchen Eigenthümlichkeit, da er in bedeutender Menge eine vegetabiliſche Säure enthält, die ſogar mit der Kleeſäure viel ähnliches hat, ſo daſs er, unter den Foſſilien, die am wenigſten veränderte Pflanzenſäure beſitzt, wie der Retinasphalt das reinſte Pflanzenharz. Selbſt chemiſch nimmt daher der Bernſtein die mittlere Stelle zwiſchen beiden ein, indem er eine mehr veränderte Säure, und ein bituminöſeres Harz zugleich enthält. — Dann aber ist die oryktognostische Verwandtschaft, bei aller Verschiedenheit, in die Augen springend, so wie das übereinstimmende geognostische Vorkommen allgemein anerkannt. Der Honigstein kann mit keinem andern Fossil, auch nicht mit Bernstein, verwechselt werden.

Fundort. Bis jetzt nur zu Artern in Thüringen in einem Lager von bituminösem Holze, in zusammengehäuften Krystallen, die die Höhlen ausfüllen, auch wohl eingewachsen sind, mit gediegenem Schwefel. Reuss, Brochant, nach diesen Hauy und Lucas nennen als zweiten Fundort die Schweiz, wo er mit Asphalt vorkommen soll. Mir sind die Quellen dieser Angabe unbekannt, die Unbestimmtheit macht sie verdächtig. Leonhard I. p. 439.

Hoffmann bergmännisch Journ. 1789. 1. p. 380. u. 395. Kirvan 2. p. 82. Hauy 3 p 403. Tabl comp. p. 72 u. n. 108. p. 237. Lucas 2. p. 271. Reuss 2. 2. p. 52 neben Chrysoberyll (!) — Mohs 2. p. 360 tabell. Ubers. p 47. Karsten p. 58. Brochant 2. p. 75. Brongniart 2. p. 52.

Anmerkung über die Kohlenreihe überhaupt.

Avicenna hat bekanntlich die bestehende Classen-Eintheilung der Mineralogie erfunden, auch er hatte die Classe der Inflammabilien angenommen. Agricola hatte eine eigene Classe, (die Succi concreti), die in zwei Abtheilungen zerfiel. Die fetten waren die Inflammabilien, (de natura fossilium, Witteb. 1612). Caesalpin, (de rebus metallicis. Romae 1602.) trennte die Salze, (als humore solubilia,) von den brennbaren Körpern, (als oleo solubilia). Bromel (Catalogus generalis rerum curiosarum. Gothenb. 1698) fing an, Schwefel und die öligen Körper, (unter den Namen sulphurea und pinguia) in eine Classe zu bringen. Ihm folgte Hiärne, Wallerius, Cronstedt, und so alle die übrigen. Bergmann wagte es, mit einseitig chemischer Consequenz „den Edelsteinen ihr Haupt zu nehmen, und es in die Klasse der brennlichen Fossilien zu setzen," (Sciagraphia regni mineralis. p. 96.), und so entstand allmählich die noch angenommene Klasse der Inflammabilien, ein trauriges Beispiel, wie weit die Eingriffe einer unentwickelten, in Gährung begriffenen Wissenschaft es vermögen, die auffallendste natürliche Verwandsohaft zu trennen, nur um ihren rohen, unvollständigen Entwürfen zu huldigen. Werner war natürlich genug, dem Diamanten seinen Platz troz aller Widersprüche zu lassen.— „Avicenna non scienter, sed more chemistarum sulphureo duas species subjecit: sulphur et arsenicum."

cum." (Agricola.) Mit viel gröſserm Rechte könnte Werner die Worte ſeines groſsen Vorgängers bei der weit unnatürlichern, noch herrſchenden Anordnung wiederhohlen. Wir haben uns über dieſen Gegenſtand an einem andern Orte hinlänglich geäuſsert (Beitr. z. innern Naturgeſch. d. Erde. p. 54), und verweiſen darauf, um ſo mehr, da Strohmeyers Verſuche die da geäuſserte Vermuthung beſtätigen. Wodurch zeichnet ſich dieſe Klaſſe aus, welches iſt das gemeinſame Kennzeichen dieſer durchaus verſchiedenen Körper? Die Verbrennlichkeit? — Als wenn nicht alle Metalle verbrennlich wären, als wenn nicht Arſenik, Tellurium, Wismuth, ein bedeutender Theil der geſchwefelten Metalle, mit Flamme verbrennten!

Dem Diamanten laſſen wir ſeinen natürlichen Platz. Die kohligen und öligen Subſtanzen bilden eine zuſammenhängende, völlig natürliche Reihe, und den Schwefel verbinden wir mit den *Metallen*, wodurch die Claſſe der Inflammabilien völlig überflüſſig, an ihrer Stelle aber für eine eigene, genau in ihren Gliedern zuſammenhängende Claſſe, in ihrer völligen eigenthümlichen Reinheit Platz gewonnen wird. Unſere Gründe ſind folgende:

Schon vor vierzehn Jahren wagten wir, damals aus Gründen einer allgemeinen Combination, die Behauptung, dafs Schwefel und Phosphor sich an die Metallreihe anschliessen. Vor zehn Jahren bestimmten wir den Begriff der Metallität genauer, dahin, dafs alle Substanzen, die in dem Zustande völliger Reinheit, ein von Oxydation oder Hydrogenisation mehr oder weniger unabhängiges eigenthümliches Daseyn behaupten, verbunden mit der Fähigkeit sich nach beiden Richtungen zu bewegen, die ferner sich unter sich metallisch verbinden, Metalle wären, wie Kohle mit Eisen, Schwefel mit den meisten Metallen, (Grundzüge d. philos. Naturwissensch. p. 89. 90. 93.). Es ist allgemein bekannt, wie sehr die spätere Entwickelung der Wissenschaft diese Ansicht unterstützt. Richtiger als Metalle, nennt man diese Substanzen vielleicht Substrate. Aber giebt denn nicht die Oryktognosie selbst Gründe genug an die Hand, die diese Verbindung fordern? Ist nicht das Rauschgelb dem Schwefel oryktognostisch nahe verwandt, so dafs selbst in ihren Krystallisationssuiten einige Uebereinstimmung gefunden wird? Mohs setzte daher, um nicht Substanzen, die so nahe verbunden waren, zu trennen, das Rauschgelb mit dem Schwefel in die Classe der Inflammabilien. Wie viel richtiger hätte er beide unter die Metalle ordnen können. — Sind ferner nicht *alle* Schwefelverbindungen metallisch? Aus einer entgegengesetzten Consequenz verbanden daher Cronstedt und Wallerius die Kiese mit den brennbaren Fossilien, um nicht den Schwefel von seinen Verbindungen zu trennen. Da nun die neuesten Erfahrungen die metallische Natur des Schwefels sehr wahrscheinlich machen, da eine natürliche Verwandtschaft den Schwefel mit den Metallen verbindet, und da dadurch die unnatürliche Classe der Inflammabilien ganz überflüssig wird, so halten wir uns berechtigt, den Schwefel von jetzt an den Metallen beizuzählen: Keiner wird uns hoffentlich den Einwurf machen, dass das geringe specifische Gewicht den Schwefel von den metallischen Substanzen trennt. In der That ist die ausserordentliche Schwere, als ein Hauptkennzeichen der Classe der Metalle, ein Kennzeichen, welches sich durchaus nicht consequent anwenden lässt. Man vergleiche Erdkobolt, Koboltblüthe, Wad, Rauschgelb, Arsenikblüthe, Uranglimmer, mit Schwerspath, Zirkon, Almandin, Saphir, Corund u. s. w.

„Nous ne pouvons mettre dans la détermi-„nation des bitumes la meme précision, que dans „celle des especes qui sont proprement du do„maine de la Mineralogie. Ce n'est que par

„une forte de tolerance, que l'on a introduit dans „les methodes relatives à cette fcience, des corps „d'origine végétale, qui ne font cenfés lui ap„partenir qu'a raifon du changement d'etat, qu'ils „ont subi pendant leur fejour dans le fein de la „terre. Hauy Tabl. comp. p. 236.

In der That, ich wüfste nicht, wie ich den Begriff der Mineralogie auffaffen follte, wenn Subftanzen, die durchaus den Gebürgen eigenthümlich find, die wir durch keine Kunft darzuftellen vermögen, fo dafs die Bedingungen ihrer Bildung mit den grofsen Operationen der Erdbildung zufammenfallen, die grofse, weit fich erftreckende Lager in allen Gebürgen, in den ältern wie in den jüngern, bilden, die fich durch Graphit und Kohlenblende an die älteften Erzeugniffe anfchliefsen, die endlich genau verwandt find mit jenem fchwärzenden Stoff, der die mächtigften Maffen der Gebürge, (die Thonfchiefer,) durchdringt — nur *par une sorte de tolerance* in der Mineralogie betrachtet würden. Der blofse Kryftallograph follte fie billigerweife gar nicht toleriren.

Nur einiges über den vegetativen Urfprung diefer ganzen Claffe. Wir können ihn als Thatfache anfehen. Der Hauptbeweifs wird durch den Zufammenhang im Grofsen geführt. Wir verdanken ihn mit allen seinen höchst wichtigen Folgerungen Wernern. Vom Torf bis zum Graphit, gelagert in den Urgebirgen, geht eine grosse continuirliche Reihe, deren Glieder wir in dem vorhergehenden bestimmt haben. Chemisch ist das Zusammenseyn des Pflanzenharzes und des bituminösen Oels von Hatchett nachgewiesen. Denn durch die Untersuchung der Braunkohlen von Bovey ist es bewiesen, dass nicht allein der in der Boveykohle eingeschlossene Retinasphalt grösstentheils noch aus einem wahren Pflanzenharz besteht, sondern, dass auch die Kohle selbst ein Harz zugleich mit Erdpech enthalte, dass dieses Harz abnimmt, der Gehalt an Erdpech zunimmt, bei der Verwandlung der Braunkohle in Steinkohle. Kirvan und Proust sind die berühmtesten Bestreiter der Annahme eines vegetabilischen Ursprungs der Steinkohlen. Einer der Haupteinwürfe war, dass wir durch keine Kunst Bitumen erzeugen können. Ein Einwurf, den wir von einem Chemiker kaum erwarten sollten. Zeigen uns nicht eben die vegetabilischen Substanzen die überraschende Erscheinung, dass eine ganze Welt eigenthümlicher Bildungen, Säuren, fette und ätherische Oele, Gummi, Harze, Gummiharze, Alcohol, Aether, Gasarten, aus den nämlichen Bestandtheilen (Kohlenstoff, Wasserstoff und Sauerstoff), sich entwickeln, so dafs kleine Schattirungen des Processes eine alte bestehende Eigenthümlichkeit zu verwischen, eine neue hervorzurufen im Stande sind? — und wir sollten uns wundern, wenn die Natur, die mit grofsen Massen, in langen Zeiten, auf unbekannten Wegen operirt, eine eigenthümliche Bildung hervorruft, die wir nicht darzustellen vermögen? Proust glaubt daher eine Einwendung nehmen zu können, dafs keine bekannte Pflanze so viel Kohlenstoff liefert, wie die Steinkohlen. Aber wenn wir auch nicht auf die Erfahrung Hatchetts Rücksicht nehmen, der durch Schwefelsäure, aus Eichenholz, nicht wie Proust 19—20 Theile Kohle in 100, sondern 45, enthielt, eine Erfahrung, die um so wichtiger ist, da er es zugleich sehr wahrscheinlich gemacht hat, dafs eben die Schwefelsäure bei der Verwandlung vegetabilischer Oele in Erdpech thätig ist, so müssen wir auf ein anderes Verhältnifs aufmerksam machen, welches allein im Stande ist, eine grofse Menge scheinbarer Einwürfe zu heben. Man hat nämlich, ohne Grund, angenommen, dafs die Steinkohlen vergrabenen Wäbdern ihren Ursprung zu verdanken haben. Gegen diese Behauptung tritt Proust nicht mit Unrecht auf:

„Jene höchsten Punkte der Erde, sagt er, „wo man noch Niederlagen von Steinkohlen an-

„trifft, wie die in den Cordilleren von Peru, „wo Lebland sie fand, mehr als 2000 Toisen „über der Meeresfläche, fügen sich nicht leicht „den Erklärungen, in welchen man durch die „Gewässer fortgeführte und zerkleinerte Wälder „oder Kräuter zu Hülfe nimmt. „War der Bo- „den des Meeres damals nirgends niedriger, als „die Cordilleren von Peru, daſs es seinen Schlamm „von zerkleinerten Pflanzen dort absetzte? Und „waren für ihr Theil die Cordilleren wohl eine „für Pflanzenwachsthum sehr günstige Gegend? „Dieser Einwurf von Patrin, ist gewiſs nicht „leicht zu heben. Bedenkt man dazu noch den „ungeheuern Umfang dieser Steinkohlenschich- „ten, die, gleich Strömen von geschmolzenem „Harze, welche ein Vulkan auf einmahl in die- „se Thäler von 10,15 und 20 Lieues Länge und „in Flachen von 30,40 und 60 Fuſs ergossen hät- „te, nicht die geringste Unterbrechung, nicht „die mindeste Spur von Fischen, Muscheln, Ge- „beinen, oder Steinen zwischen ihren Lagern, „gar keinen ihrer Masse fremden Körper zei- „gen, kurz nichts, was diese Zerstörung, diese „Unordnung andeutete, die man so schwer von „der Verwüstung von Erdstrichen, Gebürgen, „Wäldern u. s. w. wegdenken kann, so wird „man sich genöthigt sehen, darin einzustimmen, „daſs dergleichen Erzeugnisse sich auch nicht

„durch solche Zufälle erklären lassen, wie sie „die gegenwärtige Thätigkeit der Natur uns bis- „weilen beobachten lässt. — Ausser dass die Wie- „derhohlung von 30 — 60 Steinkohlenschichten, „abwechselnd mit eben so vielen Lagen von Sand- „stein, unserer Einsicht nach, auch nicht besser „begreifen lässt, wie sich ausschliesslich die bei- „den Arten von Niederschlägen haben aufhäufen „können, als wenn die Natur vor jenen Epo- „chen nichts hervorzubringen gewusst, als Bäu- „me, damit das Meer sie zermalmen könnte, und „Kieselerde, dass es sie niederschlage, und nie „weder vierfüssige Thiere, noch Vögel, noch „Gebürgsarten, noch Kieselsteine oder Kies, wel- „che die Stetigkeit jener Schichten hätten un- „terbrechen können: so muss man auch darauf „achten, dass die Steinkohlen in dem Zustande, „worin sie jetzt vorkommen, eine gewisse An- „zahl von Characteren haben, die sie vielleicht „in einem grössern Abstande von den Pflanzen, „als von den Thieren halten. — Was für Data „haben wir denn, um den Ursprung der Erd- „harze von den Pflanzen abzuleiten? Einige Sä- „cke voll Haarmoose, Farrnkräuter u. s. w., die „in den Thonschichten, zwischen welchen sie „liegen, zerstreuet sind? Dergleichen Spuren „würden höchstens beweisen, dass die Natur, „zu der Zeit, als sie mit diesen grossen Opera-

„tionen beschäftigt war, auch Pflanzen wachsen „liess; selbst Thiere nährte, da man in einigen „Gegenden in den Schichten, die sich zwischen „den Steinkohlenlagen befinden, Schaalthierge„häuse findet: aber nicht, dass sie bei eben „diesen Pflanzen Erndte hielt, um davon jene „unerschöpflichen Seen von Erdharz anzufüllen, „mit welchen unsere Erdkugel von einem Pole „zum andern besäet ist, und die auch die kom„menden Geschlechter vielleicht nie erschöpfen „werden.“ u. s. w.

Man sieht, dass Proust gar nicht auf den Hauptbeweiss Rücksicht nimmt, nämlich auf die jüngern Braunkohlenlager, die als Mittelbildungen die Verbindung zwischen dem Torfe und den Steinkohlenformationen vermitteln, die eben so, wie Steinkohlen in abwechselnden Schichten vorkommen, und an deren vegetabilischen Ursprung, wie bei den bituminösen Hölzern, durchaus nicht zu zweifeln erlaubt ist. Aber was zwingt uns denn, jene mächtigen Steinkohlenlager nur aus vergrabenen Wäldern herzuleiten? Entstehen die Torfmoore, und in diesen eine mächtige Absonderung des vegetabilischen Oels nicht unter unseren Augen? Bilden sie sich nicht auf den höchsten Gebürgen, wie in den niedrigsten Gegenden? Die Reste von Farrnkräutern, Sumpfpflanzen u. s. w., deren Ueberreste wir in den Schiefern finden, die oft den Schiefer meilenweit auf allen Punkten mit ihren Abdrücken bezeichnen, erklären freilich nicht die Entstehung der Steinkohlen allein. — Aber *sie* sind in mehr als einer Rücksicht wichtig. Sie beweisen, dass gleich volle Tropenvegetation selbst in jetzt nördlichen Gegenden herrschte, da bildeten sich ungeheure Sümpfe, getränkt mit vegetabilischem, und nothwendig auch mit thierischem Oel, wie in den Gegenden am Oronoko und Amazonenfluss, wie in Batavia. Die Processe, die hier, mit den grossen Massen vorgingen, durch Bedeckung, durch Säuren, durch Wasser, die hier das Oel, dort den Kohlenstoff hervorriefen, kann unsere chemische Kochkunst freilich nicht nachahmen. Dass die Steinkohlen mit Kali Blutlauge bilden, dass sie Ammoniak liefern, spricht nicht gegen, spricht *für* die allgemeine Annahme. Ja in Meeresbusen mögen sich Sümpfe erzeugt haben, grösstentheils aus gallertartigen Mollusken, die durch die Gährung selbst angelockt, sich vermehrten (vergl. meinen Aufsatz über den Oxydations- und Desoxydationsprocess der Erde in Schellings Zeitschrift für specul. Physik, I. 1. 1800.) Auch fand Buchholz in mehrern *Torfarten* Ammoniak. Am wichtigsten aber ist in dieser Rücksicht die Klaprothsche Untersuchung eines fossilen Brennmaterials, welches elastisch biegsam war, in Ostpreussen unter einem Torfmoor auf Sand ein mächtiges Lager bildete, und aus fast reinem Bitumen bestand, welches blausaures Kali gab, $26\frac{1}{2}$ Pr. C. Ammoniak enthielt, und nur $8\frac{3}{10}$ Pr. Rückstand. Dieses ganze Lager steht offenbar mit der Torfbildung in Verbindung, thierische Theile hat das vegetabilische Oel durchdrungen, wie nicht allein das Ammoniak, sondern auch der freilich geringe Antheil an phosphorsaurem Kalk beweist, und, so wie Hatchett die Spuren des vegetabilischen Harzes bis in die Steinkohlenbildungen verfolgt und nachgewiesen hat, so haben wir hier eine mächtige bituminöse Bildung, in Verbindung mit einer ganz neuen Torfformation. Ob nun gleich viele Steinkohlenarten ammoniakalisch sind, und seyn müssen, so ist dennoch keinesweges die Gegenwart thierischer Theile nothwendig, um Bitumen zu bilden, wie viele Braunkohlenlager beweisen. — Dass in diesem grossen Process die vegetabilischen sowohl als animalischen Formen verschwinden, und nur dürftig in den Schiefern übrig bleiben, darf uns das wundern? Ein wichtiger Gegenstand der Untersuchung ist allerdings die Wiederhohlung der Schichten in weitausgestreckten Gegenden — einen Einwurf aber enthält diese Erscheinung nicht, auch dann nicht, wenn wir sie nicht zu erklären vermögen, weil sie auch da statt findet, wo die Kohle offenbar vegetabilischen Ursprungs ist, ja selbst bei dem Pechtorf in Jütland. Sie fängt, wie ich oben bei der Kohlenblende gezeigt habe, schon da an, wo der Kohlenstoff die Gebürgsmassen im Grossen mächtig durchdringt, so dass die Grauwackengebürge, die mit Thonschiefer wechseln, völlig den nämlichen Typus der Bildung haben, den wir später bei den Steinkohlen finden, der die Braunkohlen, selbst den Torf characterisirt. *Hier* diese Erscheinung erklären zu wollen, wäre zwecklos, aber wir dürfen wohl darauf aufmerksam machen, dass, so wie von der ersten Kohle, die den Thonschiefer färbt, bis zu dem Torf, der noch immer entsteht, ein grosser continuirlicher Zusammenhang sich zeigt, auch der nämliche Hauptcharacter der Struktur vorwaltet, und auf eine mächtige, in den ältesten Gebürgen schon vorbereitete, durch mancherlei Kämpfe, durch manchen Widerstreit, mehr angeregte als zurückgedrängte, immer freudiger sich entwickelnde Vegetation hindeutet. —

REGISTER.

VERBESSERUNGEN.

Pag. 5. Zeile 9 von unten geringeres lies bedeutenderes. Pag. 10 bis 31 muss der Columnen - Titel Metallische Fossilien Kieselreihe in Anhang zur Kieselreihe umgeändert werden. Die übrigen minder bedeutenden Druckfehler werden beim dritten Theile mit angezeigt.

---

www.ingramcontent.com/pod-product-compliance
Lightning Source LLC
La Vergne TN
LVHW092110300926
849161LV00002B/94
9783112667071